大舘右喜

古文書が語る近世農村社会

吉川弘文館

はしがき

今も昔も労働は辛い。辛い話は叙述という観念の世界であっても忍びないものがある。

去来二四〇年前の天明三年（一七八三）、武蔵国比企郡八ツ林村の名主松本半蔵は「闇夜の鉄炮」（「「闇夜の鉄炮」について」〔『近世史藁』第一〇号、二〇二〇年〕参照）と題し一書を遺している。

半蔵は自戒をこめながら社会の在り方を、百姓・僧侶・武士の三身分に措定し、おのおのの主張を述べている。半蔵は冒頭「農人程骨を折り泥まみれになり常に騒敷、しかも米を作りても食ふ事もならず、もつけな者也（間尺に合わない）」と語る。「出家聞きていわく、実や百姓は米を作りても食わず、武士や坊主は骨も折らずに米を食ふは、思えば勿体無きもの也」という。「武士のいわく、尤百姓は骨は折れ共心安き者は百姓也、我等ごとき無下（身分の低い）の奉公人なれども、少しの間違いにてもゆるしなきは奉公人、百姓は御年貢・諸役だに勤めれば心苦の無きもの也」という。

半蔵は反論を述べさらに労働の始終を語っている。意訳すれば次の通りである。

百姓の忙しさは正月の年始も済まぬうちに、藁細工を始め、麦畑の畝に土寄せ作業を三、四回おこなう。麦畑には下肥を撒き、冬期に田を二回鋤き、水を入れて田を掻くこと三、四回、その間、土手の繕い、用水堀の普請、農具の修理など休む間もない。

初夏には麦刈りと田の植え付けがあり重労働になる。夜のうちに苗代から苗を抜き束ね、昼は終日、田植えである。梅雨時は蓑笠を付けない日はない。強雨の日は蓑から漏れた雨水は腹へまわり、腰は痛み、かたや蛭は手足に喰いつき血を吸う。

せめて煙草を吸おうと火打ち石を出すが、手はかじかみ、火口は湿り、火石を打てども着火しない。声立てて泣きたいようだ。家に帰り着替えようとするが、連日の雨で乾かず、濡れ物をしぼり着て田に出る。夜の苗取りは暗い水田のなかの作業である。肌には蚊が喰いつき、手足は蛭に攻められる。まことに地獄というものだ。他の地方は不明だが当地最高の難儀の季節である。

夏に入れば田の除草、田水は熱湯のように沸き、太陽は強く、汗は雲なくして雨のごとく、という有様である。牛虻はこのときとばかり肌に喰いつく。針で刺されるよりも痛く、避けようと頭を振り、身を揺すり、腰を揺り振りしても牛虻は逃げない。叩き殺したいが泥手のため不可能だ。かがんで作業すれば群れをなして襲う。ものに酔うような状態になる。午前はブユという小虫が身体中を刺し、内股まで喰いつく。

ようやく秋の季節になれば、畑作は大豆・小豆など収納し、二度耕して肥やしを入れる。その後、麦蒔き付けである。同時に早稲の刈り取り、さらに晩稲の収納時には、霜が降り田は凍る。稲刈りも湿田・深田は素足だから傷つき出血。あまりの痛さに畔に上がり、足の甲に小便をかければ痛みも和らぐ。

作業を継続しても手指はかじかみ、束ねられず休止するようだ。大霜の日は寒気のために、吾身の感覚を失うようである。刈り取り作業を済まし、夜は稲扱きの藁を片付け、縄・俵を編みあげて、年貢皆済すれば万事快哉ではない。残る米を数え、翌年の扶持に悩むのも、逃れぬ百姓の不幸である。

と、松本半蔵は述べている。近世農村における労働の実態は、ほぼ右のようなものであったと思われる。

さて本書は二〇一〇年前後より筆者が、研究の多様な潮流にやや距離をおきながら叙述した論考を一書にまとめたものである。筆者は農村史の分野より近世史研究の課題を念頭にそれぞれ追究したが、近世の農民が松本半蔵のように、身を粉にして生業に携わり、あるいは避けられない事態にとる行動の本質について言及できなかったのである。本書はそれらの反省を含め「民衆的心性」に意識しつつ論考を編成したものである。

以下において各章の概要について述べておきたい。

序章　近世地域社会の幕開けの第一節＝『新編武蔵風土記稿』を読むは、重田正夫・白井哲哉氏編の『同書名』（さきたま出版会、二〇一五年）にしるした拙文から、家康の関東入国による家臣団配置にともなう、三宅・花井・朝日という旗本と、百姓身分が織りなす領主支配の実態を述べ、第二節＝慶安期花井庄右衛門の知行地は、同家知行村の慶安検地帳を分析し、近世初期の百姓村落の構成を明らかにしたのである。

第一章　近世農業経営の確立―肥料資源をめぐる争論―の第一節＝慶安・寛文期における「肥料資源」の争奪、第二節＝入会芝野刈草権争論の展開過程は「慶安・寛文期における山野入会権争論」（『帝京史学』第二〇号、二〇〇五年）を、争論の根底である本百姓村落の生活基盤、すなわち、肥料資源の確保を中心に改めたものである。

第二章　貢租をめぐる旗本と農民の抗争は、「近世後期における旗本知行と村落」（『鳩山の修験』鳩山町史調査報告書第四集、二〇〇三年）より、旗本内藤家・旗本日比野家の際限のない年貢増徴策をとりあげ、百姓の抵抗する心性の基盤をおのおの分析したものである。

第三章　近世地域社会における産業形成のネットワークは、「近世後期における小規模酒造業の展開」（『帝京史学』第二一号、二〇〇六年）をもとに、越後出稼ぎの杜氏がネットワークを形成し、経営主体を確立する方向を分析し、なお、〔補論〕江戸近郊における茶業稼ぎの展開をそえて改稿している。

第四章　「日記」に見る農民生活―作業をめぐる地域史―は、「農事日記を読む」（『近世史藁』第一一号、近世村落史研究会、二〇二一年）を補正のうえ、岡田家・野中家・小林家の日記を分析し、農事の実態を詳細に述べ、村と百姓の織りなす心性、村人のもつ心性の特質にふれたものである。

第五章　近世地域社会をみつめる人々の第一節＝近世社会における人々の鬱屈―近世人の行動原理―は、「江戸時代における人々の鬱屈―行動原理の一端―」（『近世史藁』第八号、二〇一六年）において、中世より寺社法具を鋳造する伝統的な鋳物師・村役人が凋落し、村落を離れる心情を紹介し、なおそれに替る新勢力が村落を象徴する流鏑馬神事をも停廃させる村共同体の深奥を述べたものである。

第二節の幕末・明治における淘宮の展開―自助論的人格陶冶の修行―は、関東近世史研究会編『関東近世史研究論集2　宗教・芸能・医療』（岩田書院、二〇一二年）に発表し、横山丸三の創始した淘宮について、究極的には人格陶冶の哲学であり、大名より農民・町民、あるいは地方の豪農や自治組織などへ流布する動向を解明したものである。

以上のように、本書はさまざまな村と多様な農民〈百姓〉の存在を分析し、その心性をとらえ、行動原理に迫ろうと試みたものである。

目　次

序章　近世地域社会の幕開け

第一節　『新編武蔵風土記稿』をよむ

一　旗本三宅康貞の妻——渡辺崋山『訪瓶録』を著す

『新編武蔵風土記稿』巻之二二七によれば、天正十八年（一五九〇）、徳川家康の関東入国にともない、武蔵国幡羅郡三ヶ尻村は三河国より入府した三宅惣右衛門康貞の知行地となった。康貞は幡羅郡において采地五〇〇〇石を賜り、また弟の弥次兵衛は同国足立郡指扇領で采地五〇〇〇石を給されている。中古三ヶ尻（甁尻）は寿永二年（一一八三）二月二十七日付の源頼朝より鎌倉鶴岡八幡社への寄進状や、『吾妻鏡』によって知られるように、武蔵北部の重要な拠点であった。家康は関東入国にあたり、上級家臣団を小田原北条氏の旧支城に配置したが、それに継ぐ家臣団は、中世以来の豪族層の居館跡を陣屋とし、知行地形成の中核としたのである。甁尻氏の居館跡へ三宅康貞が陣屋を構えたのもその一環であった。康貞は五〇〇〇石の新領主として入府すると、直ちに家臣団の編成と、領内における社会的分業の確立をはかり、切迫した情況に対処する。

その一は、年貢徴収制の確立。その二は、家臣の田畑名請制による自給体制。その三は、職能による分業編成。その四は、中世的世界の刷新と多様な宗教者の把握、などである。

表１　武蔵国幡羅郡三ヶ尻郷の三宅氏由来の名請人

名請人	上田	中田	下田	計	上畑	中畑	下畑	畑	計	合計
	畝歩	畝	畝	畝	畝	畝	畝	畝	畝	畝
紀伊守	11.06	28.24	35.06	165.06	130.22	66.11	2.06	11.11	203.00	368.06
同内二蔵						4.1	0.05		4.15	4.15
同内三郎右衛門	6.12			6.12		4.00	8.20		12.20	19.02
雲把（派）ははあ	157.17			157.17	41.25			20.08	66.03	223.20
同内小物作							5.25		5.25	5.25
同内七郎右衛門	2.16			2.16			1.04		1.04	3.20
おさあ局中間衆							8.00		8.00	8.00
おさあ局内善六					18.16		1.26	1.10	21.22	21.22
おさあ局内源六							7.06		7.06	7.06

これらの達成は、まず知行主としての私検地（地頭検地）の断行により着手され、その結果、本百姓の把握、家臣による地方知行の遂行、職能集団や宗教者の把握等がおのおのなされたのである。

研究史上、その一・その二などは周知されており、ここでは言及しない。したがって、その三以下の名請を紹介しよう。天正十九年（一五九一）、三宅康貞は次のように把握した。

①鷹匠・鷹屋・餌差・催促、以上四人（名請地二町四反六歩）。領主的儀礼に不可欠な鷹の保持育成。

②紺屋　二人（名請地二町三反五畝二六歩）。武装のための被服技術の保持。

③鍛冶　二人（名請地一町三反三畝一六歩）。武具・武器・農具の製作技術。

④博労　一人（名請地一町五反一畝八歩）。軍馬・農耕馬の保持。

⑤てうり（長吏）二人（名請地一町一反二畝）。非人統制の保持。

⑥とんび（鳶）二人（名請地九反三畝一歩）。陣屋の防火保持。

⑦下男・中間五人（名請地一町五反七畝二歩）。地方知行家臣団の賦役。

⑧その他宗教者一七人（名請地六町九反五畝四歩）。僧侶・別当・禰宜・修験・芸人。

右の編成は上級領主支配にとって不可欠の職能集団であり、なおかつ住民全てを農民身分とし、手作り耕作による再生産構造を維持させていたことである。

以上のほか、三宅康貞家と所縁の一族の名請の存在である。表1のように、この私検地の最高名請反別をもつ紀伊守（三町六反八畝六歩）は、小笠原運派という在地土豪の子と推測される。三宅康貞は領主としての「家」を維持するため、この小笠原氏一族より夫人「おさあの局」をえらび、由縁をなしたと思われるのである。いわゆる現地妻である。その他、「おさあの局の母」すなわち「運派のばばあ」と「おさあの局の従者」などが（二町七反二歩）を名請している。

関東入国当時、臨戦態勢の下で、三河より武具・家財・糧秣の運送など繁忙をきわめ、旗本同士の続縁も定かでなかったから、旗本は在地の土豪や戦国大名の旧臣と、おのおの縁を結ぶのである。

この点について三河国（愛知県）田原藩の渡辺崋山は、『全楽堂日録』や『毛武遊記』に見られるように、天保元年（一八三〇）正月、および天保二年の晩秋十一月、三ヶ尻村に滞在し、二〇日間を費やして藩祖康貞の事跡を精査し、『訪瓶録』を藩主に提出した。調査は三ヶ尻知行時代の「上祖ノ烈蹟ヲ録スルヲ主ト」する報告書であった。田原藩においては「大檀越御先祖由来記」「三宅氏由来並系譜」「三宅康貞自筆御家禄写」「三宅氏御系図之事」「三宅氏御系譜」などの記録に、康貞の父政貞以降、各夫人の記載を見るが、康貞についてのみ記載を欠く。この一事こそ崋山が究明すべき課題であった。

渡辺崋山は三ヶ尻村の古記録を採訪したが、紀伊守家の子孫は逼迫し、銭五〇〇文で文書を売却した後のことであった。しかし、崋山は上祖（藩祖）康貞が知行した、天正十八年～慶長九年までの事跡について村民より聞き取り、矢立を片手に古碑を調べたが（『訪瓶録』に自身を「登」と描写している）、上祖の夫人については確証が得られなかった。史眼の鋭さと考証の正確さにおいて、当代随一の碩学であった崋山が「謹按スルニ小笠原運派　其子紀伊守等上祖御親家ト申伝フルコトハ　御家記ニ考フル所ナシ（系譜に記録がない）去レト夫人ハ即チ小笠原佐渡守ノ女ニヲハシマセハ全ク御外戚ニテモアルヘキカ」と推断し、資料不足もあって歯切れが悪い。崋山が旗本三宅氏の天正検地帳と遭遇したならば、事実を確認できたと思われるゆえ、残念なことであった。

二　家康に拾われた孤児——旗本花井庄右衛門

『新編武蔵風土記稿』巻之一五八によれば、武蔵国入間郡北野村は家康による知行割により、旗本三給の村落となった。そのうち青木杢右衛門の知行は、慶長八年（一六〇三）より旗本花井庄右衛門の知行分に替った。花井家の祖は『寛政重修諸家譜』（以下、本書では『寛政譜』という）第一八や「御地頭花井庄右衛門様系図写」によれば、尾張国愛知郡鳴海村（名古屋市緑区）において家康に拾われた赤子であった。家康は戦勝を祝し、赤子を酒井左衛門尉忠次に預け養育を命じた。桔梗の花の傍らに置かれていた赤子は元服し、花井源次郎（桔梗の家紋）と名を与えられ家康の直臣となった。その子庄右衛門吉高は家康の小姓、一三歳にして大和において采地を給い、その後、天正十八年（一五九〇）に関東へ入国し、知行替により、前掲慶長八年七月二十八日、武蔵国北野村三〇〇石、蔵米三〇〇俵合わせて六〇〇石を知行した。この間、大坂両度の陣に出兵し御使番、また寛永三年（一六二六）秀忠の上洛に供奉したが、同十六年十一月に病没し、江戸四ツ谷南寺町（新宿区）勝興寺に葬られている。

吉高の子は一男一女、長男は庄五郎吉政と称した。慶長頃の花井家は他の旗本と同様に地方知行であり、吉高は北野村海谷に住み、勤役にあたり江戸に出府した。しかし、長男の吉政は病弱のため在所に蟄居。吉高の女子が旗本浅井七平元吉の三男を養子として継嗣した。これが庄右衛門吉久である。

吉政は同村の名主助右衛門の娘を妻として男子をもうけたが、「萬治元戊戌年九月廿七日病死仕候、年齢相知不申候、法名前翁松岩、同所北野村無量寺ニ葬申候」と居村で死去した。『新編武蔵風土記稿』も同様に記載している。吉政は花井家の菩提寺である江戸勝興寺に葬られず、在地の海谷無量寺を葬地としたのである。また、吉政が没すると妻は剃髪し、菩提を弔ったという。

吉政に替り北野村を知行し、江戸に出府した養子の庄右衛門吉久は、慶安四年（一六五一）九月二十七日、知行の本拠である同村において、検地（地頭検地）を実施し、財政の基盤確立を試みている。この検地で三〇石を打ち出し、三三〇石分を課税基礎額とした。

吉久は義兄吉政を弔い、無量寺墓地に墓石を立て「帰元前翁松岩居士」（所沢市指定文化財）と刻んでいる。帰元とは、涅槃の世界に赴いたという意味である。

この検地名寄帳に旗本の用人、関口根次兵衛が特に黒印を捺し、花井氏との関係を示した喜兵衛（名請地北野村に一町一畝七歩、他に打越村に水田）という農民がいる。喜兵衛は土着した吉政と名主の娘の子孫であった。関口根次兵衛はこれを証して捺印したのである（次節「慶安期花井庄右衛門の知行地」参照）。

三　旗本朝日十右衛門妻を斬る――祀られて「おあちゃ稲荷」

『新編武蔵風土記稿』巻之二四〇によれば、「児玉郡下浅見村は民戸四十五、東西七町余・南北十町、当所は寛永二年七月、朝日重郎兵衛に賜り、今に其子孫八十五郎知行せり」と記されている。下浅見は一村一給であった。しかも『正保田園簿』によれば同村五〇〇石（田畑各二五〇石）である。ところで旗本朝日家は『寛政譜』第五に清和源氏頼親流に属し、同じ氏姓は他に見られない。初代近路（号寿永）が武田家滅亡のとき東照宮・台徳院殿に拝謁し児玉郡のうちにおいて五〇〇石の采地を賜り、信州の郡代をつとめ、慶長八年（一六〇三）死すという、朝日氏は武田の旧臣だった。二代近次は、十三郎・十右衛門といい、母は某氏である。近次は大番をつとめ、慶長・元和の大坂両陣に出陣したが、寛永二年、三五歳で死去。知行地の下浅見村真福寺に葬られたのである。

同寺の墓地中央に「寛永二稔（年）」と判読できる大きな宝篋印塔がそれである。また並んで立つ墓塔は「寛文三癸卯歴卍縁慶良園大禅定尼」と刻まれている。永田弥左衛門重直家より嫁いだ近次の妻である。

朝日氏は下浅見村に残る中世居館跡を陣屋とし、地方知行をおこなっている。入府と同時に旗本私検地（地頭検地）を実施したのは前掲の事例と同様である。采地を給されたとき、一村一給、五〇〇石（田二五〇石・畑二五〇石）の宛行は「みなし高」であろう。朝日氏は以後代々変化無く知行し維新を迎えている。

堀と土塁をのこす居館跡の南隅に、松の巨木が立ち、その陰に立派な社殿がある。「あちゃの局」という女性を祀った「おあちゃ稲荷」である。下浅見村を知行した初代の朝日近路に仕えたのが名主の娘あちゃである。二代近次の母は某氏と『寛政譜』第五にあり、以後の母は出自が明記されている。したがってあちゃは初代の妻女とみられるのである。

いつのことであろうか、知る術も無いが、現地妻のあちゃは夫の無体に抗して、衣類に多数の縫い針をいれ傷害を試み、そのため、松樹に逆さつりのうえ殺害されたという。歌舞伎の実録先代萩（早苗鳥伊達聞書・ほととぎすだてのききがき）と同じような、残虐な行為がなされたのであろうか。

表2　武蔵国児玉郡浅見村名請人

名請人	屋敷	田	上畑	中田	下畑	計
平右衛門	畝 8.20	畝 222.26	畝 44.18	畝 134.17	畝 52.10	畝 463.09
あちゃ		7.06	21.11			28.17

朝日氏の地頭検地帳は、おそらく慶長年間に作成されたものであろう。元和・寛永の新開部分、若干の後筆がある。同帳の最高名請は表2のように四町六反三畝九歩の名主平右衛門である。総人数五八名を数え、近次の葬地、真福寺も一町四反三畝歩を名請けし、地頭御手作場も四反五畝一三歩存在する。さらに「あちゃ」は田畑合わせて二反八畝一七歩を名請していたのである。菜園は女性が手作して、日々の惣菜の工夫を重ねていたのであろう。

地頭陣屋跡にのこる伝承は真実であった。
戦国時代から徳川平和への江戸開幕、そしてむらの歴史も幕を開ける頃の史実である。

第二節　慶安期花井庄右衛門の知行地

一　相給支配の花井知行地

武蔵国入間郡北野村は狭山丘陵の北斜面に包摂され、生業は谷津からの湧水による湿田耕作と、丘陵の緩傾斜地の畑作によりなされていた。地表に縄文・弥生・土師などの土器破片がみとめられ、また古墳や中世の館跡も存在するので集落形成の適地であったと思われる。

さて、北野村の実像は北野天神社所蔵の中世文書により、室町・戦国時代の一端を垣間見ることができる。しかし、村の全容は幕藩制の確立した一六〇〇年代中葉をまたねばならない。断片的な史料から推測を加えて検討すると次の様な動向がみとめられる。すなわち、慶長年間の村高は七〇〇石ほどで、その内訳は次のような三給知行地であった。

①二〇〇石　伊丹権阿弥康直（または虎康）
②二〇〇石　青木五左衛門高頼
③三〇〇石　青木木工右衛門

①伊丹氏は『寛政譜』第五によれば、その祖は摂津国川辺郡伊丹城に住み代々細川氏に従ったが、その後、権阿弥康直・権阿弥虎康父子の時代に今川・武田・徳川家康に仕えている。虎康は別家をたておのおの采地を与えられ

ているので、権阿弥は父康直か、子虎康のいずれかであろう。
②青木五左衛門は『寛政譜』第一一によれば、近江国甲賀郡正福寺の城を本拠とした武士、青木安頼の次男であった。父は織田信長に属したため、本能寺の変後、豊臣秀吉の家臣青木左京進某に焼き討ちをうけ所領を奪われたという。その後、五左衛門高頼は家康に従い小田原城を攻め、関東入国以降、武蔵国足立・上総国天羽両郡において采地六五〇石を与えられたのである。
③青木安頼の三男は木工右衛門某と称し、父の敵討を果たすべく慶長三年（一五九八）、美濃部新右衛門茂忠・美濃部助三郎重次・神保八郎長利等と謀り、近江国勢田において秀吉の旧臣青木左京進を滅ぼし、仇讐を遂げている。『寛政譜』には、①・②・③の三件とも北野村知行の記事を欠くが、②青木五左衛門は、元和元年より足立郡南部領の中川・中野・新井の三村を知行したことが『新編武蔵風土記稿』（第七巻二九一頁以下）にみられ、同領中野村の真義真言宗正法院を代々の葬地としている。したがってそれ以前の慶長期に、武蔵国入間郡北野村を采地としていたのであろう。
その後、①伊丹権阿弥と②青木五左衛門高頼の知行地は代官支配地になり、次いで井上主計の知行地、続いて内藤外記の知行地と替り、寛永年間（一六二四〜一六四四）に小林勝之助知行となった。小林氏の知行地は四〇〇石であったが、弟小林七郎兵衛に一六〇石を分知し兄勝之助は二四〇石となった。しかし享保二十年（一七三五）、七郎兵衛家は収公され、以後この知行地は代官支配地となったのである。

一方、③青木木工右衛門家三〇〇石は、慶長八年より花井庄右衛門の知行地となり、以後代々花井家の知行するところとなった。

その他、天神領があり、家康の入国頃は朱印高八石であったが、慶安二年には四二石を数え、その後朱印高五〇石の神社になっている。『正保武蔵田園簿』によれば次のようにみとめられる。

一高七百石　北野村

内弐百七拾九石弐斗四升　田方
四百弐拾石七斗六升　畑方

此分ケ

四百石　小林　勝之助知行

三百石　花井庄右衛門知行

外高八石　天　神　領

したがって北野村は、正保期には、小林・花井の相給村であったと解せられよう。以後、前述のような知行替により、維新期には『旧高旧領取調帳』記載の、

一高八百六石九斗三升九合　北野村

此分

百八拾九石五斗一升七合　松村忠四郎代官所

三百三拾石　花井　源次郎知行

二百四拾石　小林　正太郎知行

四拾七石四斗二升二合　天　神　領

となるのである。

なお埼玉県が明治初年に調査した『旧旗下相知行調』によれば、

氏名	本高	相給	草高	総高
花井源次郎	六〇〇石	武蔵入間　北野村	三二九石六斗五升七合	六二九石六斗五升七合
		下野都賀　戸室村	一八八石	
		船津川村	一一二石	
小林正太郎	四〇〇石	武蔵入間　北野村	二四〇石	四一〇石
		多摩　今井村	一〇石	
		豊島　東京	一六〇石	

とみえ、旗本花井氏は総高六〇〇石余の知行、旗本小林氏は総高四〇〇石余の知行であった。

ところで花井家の先祖は前述のように、『寛政譜』第一八および、「御地頭花井庄右衛門様系図写、慶応二年三月」によれば、尾張国愛知郡鳴海村において家康によって拾われた戦争孤児で、酒井忠次により養育のうえ、花井源次郎と名を与えられ家康の家臣になったという。慶長八年武蔵国北野村三〇〇石を知行した花井氏は慶安四年、検地をおこなっているので検討しておきたい。

二　慶安期の検地名請人

武蔵国入間郡北野村のうち旗本花井庄右衛門知行分は、慶安四年（一六五一）九月二十七日に検地がおこなわれた。このことは『新編武蔵風土記稿』にも記されている。現在、慶安検地の本帳は残されていないが、のちに明和五年（一七六八）、世襲名主制に反発した組頭が、名主に就くという年番名主制が発議されたとき、慶安検地の名寄帳を、旗本花井氏の用人関口根次兵衛立会いのもとに筆写され（知行主捺印）、今日に伝存する。この簿冊には全頁に継目印を押し、その最後に次のような記載がみられる。

一武州入間郡北野村三百三拾石、慶安四年卯縄名寄帳、内百六拾五石下村分
明和五年子七月ニ至而、名主・組頭退役に付右百姓代方ニ而相対役人相立差出候様ニ被仰付、依之先帳相改メ壱畝壱歩も無相違書写シ、其上村方役人相定申候処ニ、向後名主・組頭・百姓代立会之上、勘定等者不及申相談之上ニ而取計ひ可申候様ニ仰渡候ニ付、高引分ケ前々役人持高之内引来り候通り、名主・組頭・百姓代・小役其外迄も中間相談之上、同様ニ可仕と御窺之上ニ而相定申候上者、不依何事御地頭様之御用等出精可仕と合互ニ間違無之様可仕候、惣百姓中間内出入ヶ間敷事一切無之様ニ可仕候、若又無拠出入ニおよび候ハヽ、しなに依百姓一同ニ手傳可申候事

一御公儀　御定法百姓一同ニ相守可申候

墨付五拾九枚

年番 組頭名主 源兵衛㊞
同 組頭名主 四郎左衛門㊞
組頭 九兵衛㊞
同 喜右衛門㊞
喜右衛門（無印）
百姓代 長兵衛㊞
同 武左衛門㊞
同 市郎兵衛㊞

関口根次兵衛㊞

この名寄帳は美濃半紙横簿冊、表紙は次の通りである。

慶安四年　　花井庄右衛門分
武州入東郡北野村名寄帳
辛卯九月廿七日　関口根次兵衛㊞

また内容は次の通りである。

㊞（関口根次兵衛の印、以下同じ）
一上田《ミのまへ》六畝拾弐歩　　小左衛門
一上田《やはた》壱反畝歩　　同人
一中田《又ロ》壱反六畝廿六歩　　同人
（後略）

以上のような記載により、花井庄右衛門知行分のうち、北野村下分の田畑屋敷の名請の全容を知ることができる。

名請人の記載をみると、
Ⓐ自己名請地のほか分付百姓を有するもの
Ⓑ自己名請地のみで分付百姓をもたないもの
Ⓒ分付百姓となっているもの
以上の三類型である。

次に、これらの内容を整理した表3と表4にもとづき具体的に検討する。この名寄帳によれば、Ⓐの分付主は一二名で以下の通りである。
⑥左次右衛門（二町二畝一九歩）が、八左衛門・与惣右衛門・三右衛門・隼人・惣右衛門・与五左衛門の六名の分付をもつ。

表3　武蔵国入間郡北野村階層表（慶安4年）

名請反別	A	B	C	計
50(反)以上	1			1
42 以上				
39 ～ 41				
36 ～ 38	1			1
33 ～ 35				
30 ～ 32				
27 ～ 29	1	1		2
24 ～ 26	2			2
21 ～ 23		1		1
18 ～ 20	1			1
15 ～ 17	2	2	1	5
12 ～ 14	2 } 50%	2 } 47%	4	8
9 ～ 11	2	3	5 } 77%	10 } 58%
6 ～ 8		2	11	13
3 ～ 5		2 （寺1)	3	5
1 ～ 3		1 （寺1)	2	3
1 以下		1 （寺1)		1
計	12	15 （寺3)	26	53 （寺3)

③源兵衛（二町九反七畝二四歩）が、長兵衛・久三郎・彦兵衛の三名をもつ。
⑦市左衛門（一町七反九畝二〇歩）が、加右衛門・十左衛門・金十郎の三名をもつ。
①太郎右衛門（五町四反一畝一歩）が、三郎兵衛・九右衛門の二名をもつ。
②助右衛門（三町七反四畝二歩）が、金左衛門・新兵衛の二名をもつ。
⑧五郎右衛門（一町七反二畝四歩）が、長四郎・善内の二名をもつ。
⑪新右衛門（一町一反歩）が、庄左衛門・半右衛門の二名をもつ。
⑫藤右衛門（九反三畝一七歩）が、長五郎・七兵衛の二名をもつ。
④惣左衛門（二町六反四畝二歩）が、二郎左衛門をもつ。
⑤茂左衛門（二町五反五畝二歩）が、六右衛門をもつ。
⑨清右衛門（一町四反五畝一歩）が、助兵衛をもつ。

⑩小左衛門（一町三反七畝二七歩）が、彦十郎をもつ。
以上のように分付主と分付百姓の関係は、反別・人数に拘らず単線型で、分付百姓が複数の分付主に属する例はみられない。この点は近世前期の村落にみられる複線型の分付関係と様相を異にしているのである。

Ⓐの分付主の名請反別をみると、五町歩以上が一名、三町歩以上が一名、二町歩以上が四名、一町歩以上が五名、九反歩以上が一名であり、一例を除いて一町歩以上である。分付主の名請反別が一町歩前後より一町七反歩層に集中し五〇%をしめ、それより上層は分散的である。

Ⓑの分付百姓を擁していない名請人は一五名（三寺含む）である。このうち二町歩以上は、⑬与右衛門（二町九反一畝歩）、⑭九郎右衛門（二町三反七畝一歩）の二名。ついで一町歩以上は、⑮新左衛門（一町六反四畝歩）、⑯長左衛

（単位　畝）

下　　畑	下 々 畑	当発下畑	合　　計
195.04	173.09	15.22	541.01
			48.15
20.02	5.22		26.18
120.16	106.08	1.19	374.02
35.23	14.04	6.15	84.29
21.04	30.25		79.14
124.07	12.26		297.24
101.09	13.20	6.15	162.08
74.24	17.03	4.00	123.02
48.25	12.28		84.12
101.13	63.17	8.22	264.02
49.12	19.11		82.23
133.27	34.16	5.24	255.02
5.21	17.01		30.06
59.13	44.24	14.15	202.19
48.18	48.10	6.23	141.24
39.09	24.06		87.19
24.15	9.06	4.12	79.00
33.00	0.21	1.24	73.04
3.09	35.12	6.20	65.26
	10.13		17.03
89.15	49.02	2.00	179.20
58.03	51.00	17.20	139.15
51.04	13.25	8.00	101.02
16.24	15.12	2.06	34.12
76.04	20.04	13.28	172.04
65.20	44.07	6.17	144.25
67.12	18.00	8.03	107.19
51.06	51.23		145.01
94.22	16.12		116.11
86.04		6.23	137.27
72.08	19.23		69.16
35.12	11.26	3.06	110.07
46.10	18.18	0.24	82.01
24.01	18.22		68.05
27.10	11.00	17.20	93.17
36.04	15.18	19.23	107.23
21.00	13.17		83.03
80.21	41.29		291.00
97.04	34.15	24.28	237.01
58.19	36.11		164.00
55.01	74.20		160.11
66.29		2.26	147.26
34.13	9.26	16.28	127.25
56.08	5.26		104.14
38.08	4.16		101.07
31.09	20.11	2.04	98.14
23.07	2.12	10.20	73.11
15.00			73.04
26.17			55.21
43.22			43.22
14.03	10.11		27.22
	0.28		4.08

表４　武蔵国入間郡北野村検地名寄帳（花井庄右衛門知行分）（慶安４年）

名請人	分付	屋敷	上田	中田	下田	上畑	中畑
①太郎左衛門		5.10	40.18	4.10		40.07	66.11
２名　㉘	三郎兵衛					14.25	33.20
㉙	九右衛門	0.24					
②助右衛門		6.00	44.06	22.21	21.11	14.12	36.29
２名　㉚	金左衛門	3.08				10.18	17.29
㉛	新兵衛	3.06					24.09
③源兵衛		2.12	63.06	10.25	33.22	28.23	21.23
３名　㉜	長兵衛	3.00				14.12	23.12
㉝	久三郎	2.20					24.15
㉞	彦兵衛	3.06				17.02	2.11
④惣左衛門		4.10	23.29		43.17		27.06
１名　㉟	二郎左衛門	3.06					2.02
⑤茂左衛門		2.20		38.07		16.18	23.10
１名　㊱	六右衛門	2.10				5.04	
⑥左次右衛門		1.18	13.06	15.27	30.08	7.06	9.22
６名　㊲	八左衛門	1.12				25.03	11.18
㊳	与惣右衛門	1.18				3.09	19.07
㊴	三右衛門	1.18					39.09
㊵	隼人	2.28					34.21
㊶	惣右衛門	1.18					18.27
㊷	与五左衛門					6.20	
⑦市左衛門		1.18	10.00	11.14		16.01	
３名　㊸	加右衛門	2.12					10.10
㊹	十左衛門	4.00				6.28	17.05
㊺	金十郎						
⑧五郎右衛門		3.18	19.24	21.26		6.00	10.20
２名　㊻	長四郎	2.28				13.16	11.27
㊼	善内	1.06				12.28	
⑨清右衛門		2.12	11.22	11.20		3.06	13.02
１名　㊽	助兵衛	1.19					3.18
⑩小左衛門		1.18	17.12	16.26		9.04	
１名　㊾	彦十郎	4.15					
⑪新右衛門		（２筆）3.28		15.22	17.18	13.28	8.17
２名　㊿	庄左衛門						16.09
(51)	半右衛門	3.20				3.00	18.22
⑫藤右衛門		4.20				4.27	28.00
２名　(52)	長五郎	2.20					52.18
(53)	七兵衛	1.18				8.26	38.02
⑬与右衛門		3.27	47.02			44.10	73.01
⑭九郎右衛門		2.20	15.22		13.10	6.26	41.26
⑮新左衛門		2.00	18.10				48.20
⑯長左衛門		1.24	11.24			5.06	11.26
⑰源左衛門		2.10	31.20				44.01
⑱七郎右衛門		2.20	11.21		2.13	6.08	34.16
⑲兵　庫		2.00		8.00	10.18	21.22	
関口根次兵衛㊞ ⑳喜兵衛		2.04	25.26			5.00	25.13
㉑太郎左衛門		1.10			25.29	3.06	14.05
㉒孫右衛門						6.23	30.09
㉓十右衛門		1.24	29.29			5.07	21.04
㉔弾左衛門		1.00				4.15	23.19
㉕勝光寺							
㉖無量寺		3.08					
㉗永勘寺		3.10					

註　新右衛門の屋敷名請２筆の内１筆は，分付庄左衛門屋敷である．

門（一町六反一一歩）、⑰源左衛門（一町四反七畝二六歩）、⑱七郎右衛門（一町二反七畝二五歩）、⑲兵庫（一町四畝一四歩）、⑳喜兵衛（花井吉政孫）（一町一畝七歩）、以上の六名である。

一町歩以下は三寺を除くと四名であり、㉑太郎左衛門（九反八畝一四歩）、㉒孫右衛門（七反三畝一一歩）、㉓十右衛門（七反三畝四歩）、㉔弾左衛門（五反五畝二二歩）である。

寺の名請地をみると、㉕山口勝光寺分が四反三畝二二歩あるが、これは入作である。ついで㉖無量寺が二反七畝二二歩をもつ。無量寺は北野村海谷にあり、今日は無住であるが現存する。㉗永勘寺は四畝八歩で、屋敷のほかは僅かに二八歩で菜園程度である。この寺は廃寺となったので今日みることはできない。

以上のように分付をもたない名請人の規模は、九反歩層より一町七反歩層に集中し、四七％を示している（寺の名請を除外すれば五八％）。

次にⒸの分付百姓の名請反別について検討しよう。分付百姓は総数二六名で、分付主と分付をもたない名請人合計二四名（寺三を除く）を若干超過している。

分付百姓の名請反別

一町歩以上四名

㉜長兵衛（一町六反二畝八歩）、㊻長四郎（一町四反四畝二五歩）、㊲八左衛門（一町四反一畝二四歩）、㊸加右衛門（一町三反九畝一五歩）

九反歩より一町一反歩層五名

㊽助兵衛（一町一反六畝一一歩）、㊾長五郎（一町七畝二三歩）、㊼善内（一町七畝一九歩）、㊹十左衛門（一町一畝二歩）、㊾彦十郎（九反六畝一六歩）

六反歩層より八反歩層一一名

㉚金左衛門、㉛新兵衛、㉞彦兵衛、㉟二郎左衛門、㊳与惣右衛門、㊴三右衛門、㊵隼人、㊶惣右衛門、㊿庄左衛門、51半右衛門、53七兵衛

この層は分付百姓の二六名中の四二%にあたり、分付百姓の中核的な存在である。さらに六反歩層から一町四反歩層を併せると二〇名を数え、七七%がここに集中している。

五反歩層以下五名（寺を除く）

㉘三郎兵衛、㉙九右衛門、㊱六右衛門、㊷与五左衛門、㊺金十郎

以上の検討によりⒶ・Ⓑ層よりⒸ層は一階梯下に位置したと考えられるのである。

次に名請地の田品（上・中・下・下々の地位）についてみておきたい。

慶安期の花井知行分北野村の地目は田・畑・屋敷しか知ることができない。狭山丘陵内の耕地は、湧水を水源とする「谷津田」（湿田）と畑地であり、それは丘陵のふところに抱かれたような地帯に存在していた。丘陵の北方に展開する平地、いわゆる小手指ヶ原は、いまだ慶安期には開発が部分的にみとめられるのみである（名寄帳に寅開き、すなわち慶安三年に一部の新開がみられ、その後、寛文年間に新畑の村が開発される）。したがって自給的農業経営は「谷津」ごとの湿田を中核とし、その上に存在する緩傾斜面の畑作に補完されて成立していたのである。このことは慶安四年の名寄帳にみられる田畑の「小字《こな》」と現在の「小字」が合致するので、その地形をとおして復元的に指摘することが可能である。

かように慶安期の農業経営が「谷津田」に比重を大きくしていた事実は、名請内容からも窺知することができる。それは表4に示したように、水田を名請しているものは、ⒶとⒷに限られており、Ⓒの分付百姓は一筆も水田を名請

していないのである。ここに水田をもつ古い血筋の家と、水田をもつことのできない新興の層が截然として存在したことを知りうるのである。

すなわち、戦国期以来、狭山丘陵内において村落を形成していた農民のうち、名田地主のような分付主や、それと同じ古い家筋の農民は、兄弟・叔伯の分家（新家）や下人の独立にあたって、水田を分与しなかったという事実を示すものである。

さきに検討したごとく、Ⓒは Ⓐ・Ⓑに対して名請反別において一階梯下にあり、そのうえ水田を持たず、なお上畑の名請もⒸ二六名中一三名（五〇％）が保有していなかったのである。面積にして、この相違が存在するのであるから、当然、持高ではさらに懸隔していたのであろう。

村落内は以上のような諸相を含むものであり、近世前期から均質的な社会ではなかった。しかし、名請反別の多少にかかわらず、Ⓐ・Ⓑ・Ⓒともに大半が屋敷地を保有しており、幕藩制下の村落の原型は成立していた。

Ⓒのうち㉘三郎兵衛、㊷与五左衛門、㊺金十郎、㊿庄左衛門の四名は屋敷名請をもたないが、㊿庄左衛門は分付主の⑪新右衛門が二筆の屋敷をもち、その一筆を分付庄左衛門の屋敷と記しているので、無屋敷者は実質三名にすぎない。また Ⓑでは㉒孫右衛門と㉕勝光寺が屋敷の名請がみとめられない。しかし、勝光寺は近村の山口村からの入作であるから、㉒孫右衛門一名が無屋敷である。したがって花井知行分北野村では僅かに四名の無屋敷名請人を数えるにすぎない。このことは、分付百姓もすでに自立し、畑・屋敷を有して小農民経営を確立しつつあったとみられるのである。

このような近世社会へと胎動する村において、花井庄右衛門は生涯をおくったのである。

参考文献

『新編武蔵風土記稿』第八・一一・一二巻。

『寛政重修諸家譜』第五・一一・一八。
『新修埼玉県史』資料編一〇・近世一・地誌。
『田原町史』中巻。
『田原の文化』第一一号。
『所沢市史』近世史料一巻・二巻。
『所沢市史』検地帳集成一・二巻。
拙著『幕藩制社会形成過程の研究』(校倉書房、一九八七年)。

第一章　近世農業経営の確立

――「肥料資源」をめぐる争論――

第一節　慶安・寛文期における「肥料資源」の争奪

――武蔵国比企郡赤沼原をめぐって――

はじめに

関東における近世村落の確立を寛文・延宝期（一六六一〜一六八一）にもとめる見解は、第二次世界大戦後の農村史の研究によりえられた成果である。それは村落において、中世社会の桎梏から解放された新たなる百姓衆が、生産者階級の中核となり、幕藩制支配のもとにおいて本百姓体制を形成することを意味している。そして、村々における本百姓は、耕地の拡大を基本とする農業生産力の上昇に自己の存立をかけていたのである。

本章において検討する武州比企郡の越辺川とその周辺地域は、農業生産の維持発展に不可欠な肥料資源を確保するため、山野における採草を重要な課題とした。耕作地は平地および緩傾斜地に造成した畑と、一方に、湧水や溜池の利水が可能な保水土壌地域では、水田を拓いていたのである。このような耕作地の地力を維持するためには、恒常的に肥料として〈堆肥・灰・糞尿〉を投入する必要があったので、農民は年間に自家田畑に必要な肥料の総量〈堆肥・

灰は畚・俵数。糞尿は樽・桶数）について、たえず配慮していた。たとえば、後述のごとく、入会刈草地の一角に代官や知行主が「御林」を造成する命令を出しても阻止をはかるほどであるから、採草量の減少に結果する他村の新開行為など、とうてい認めることができなかったのである。

関東において近世前期に発生する山野入会権争論は、以上のような生産維持をめぐるものであった。本章では慶安～寛文期の争論を具体的に追究し、争論の裁許にあたる領主の仲介的機能についても検討を試みたい。

一　永続的地力保持意識と入会権争論

代官田中丘隅は『民間省要』(1)のなかで農民の生活信条は「厩肥の年々入田畑は、土肥て耕作よし、百姓只是に心を尽して、正月より極月に至迄こやしを溜る」という肥料保持意識であったと指摘し、自からの体験をもとに「百姓四季之産」という記録を残している。

近年世上の秣場を連々田地に切開尽してこやし払底に、皆干鰯を以て耕作を勤るゆへ、浦々より古しへに十倍して取出すといへど、国土に用ひて足らず、次第に高直なり、且又、城下々の近隣は舟にてこやし（下肥）を取て、苗代より用ふるなり（中略）惣じて青草、枯草、藁、物からなど、年中馬屋へ取入りて馬に踏せたる、百姓第一のこやしの程、田畑土肥て跡々迄能出来、耕作の実入も又よしといへど、次第に秣場尽てすることならず、百姓の山抔多持て地広成所へ渡り、一年切に其土地を買ふて、柴草の青葉を刈て厩へ入れ、馬に踏ませてことをなす有り、世上の人充満するに随て国土に田地なく、百姓耕作の為苦しむ。（傍線筆者、以下同）

丘隅が伝える、関東地方の農業について正確・細緻な情報に学びながら本章を叙述しようと思う。さらに丘隅は採草について次のように語る。

夫れ五月より九月迄夏草の茂ル間は、毎日朝草と言を人々に刈る也、或はふご（畚・もっこ、藁製の背負い袋）を荷ひ、又籠を負ふて田畑の畦、土手、堤辺を至らぬ隈もなく走り廻りて刈に、朝の間、露草鎌能切てよし、又所により秣場遠きハ、馬に乗りて往て刈る、夜の内より或は一、二里余を経て、五ツ過四ツ頃迄刈て帰る有、又昼前ハ農事を勤て昼過より原野へ出て刈もあり、一草一葉も不断心に懸て、兎角馬屋江日々に取入されは、其かさ（量）大にのぼりかたし、夫れ草をかる鎌にも品々あり、凡、堤、土手、畔、林、山にして用ルの鎌は、其亘り（刃渡り）短く打曲りて、柄の短を以よしとす、又曠原にして、諸江手なぐり（両手でなぐり刈り）にする鎌は、其の亘り柄ともに遥に長く、直なるに利ありと。

以上のように、寛文・享保頃における農民の肥料確保と地力保全の営農策を知ることができるのである。

さて、武州比企郡越辺川とその周辺における採草は、原野・丘陵山地に密生した芝草・柴草（通称みちしば）と茅（ちがや）を、初夏より秋まで鎌で刈り取るのである。芝・茅は刈跡の株から夏季のあいだ生育を繰り返すので、農民はそのつど採草できた。台地も丘陵も山地も草原状態が多く、一方、樹木はそのなかに点々と群れをなすように原生林・赤松林・屋敷林・宗教区域の林などがかたまって生育していたのである。

低い丘陵を覆う芝や茅は乾燥に強く、根茎は地中を横に伸び茅域を拡大し、日照りが続くと地中深く穿入して、赤土や瓦礫のなかにも根を張り、他の植生を阻止した。

近世初期の武蔵野の図をみると、「茅地帯」のなかに乾燥に強い赤松の群生地が「松林」「松野」と描かれ、また、これより「萱野」などと区画された地域が展開する。

原野のうち農民が刈草を続けるために保持した茅・芝原と対照的な植生は、村側・領主側ともに開発を認めた「萱野」（薄・かや、屋根葺きに用いる萱）や「林」であった。

川越藩主松平信綱は、父大河内久綱（代官）とその手代衆より、農業技術の指導法を学び、領内の土地生産性を高めている。たとえば、領内の畑作新田の造成にあたり、肥料を確保するため、前掲の「茅地帯」と「萱地帯」を峻別している。

慶安二年、河越領高倉之内上新田村検地帳（比企郡鳩山町史編さん室資料）によれば、新村の起立にあたり、入村農民に対し、

ⓐ萱野を地割りして開発させ、開発請負人には萱野七町歩余をあたえて、その後の開発予備地とした。

そして上新田村の開発農民には、

ⓑ芝野（柴）＝茅野（ちがや野）を、郷中入会地として五町歩弱を保障した。

ⓐすすきの原（萱）と、ⓑちがやの原（茅）の相違は、営農者にとって自明の常識であった。それゆえ、慶安二年、入間郡大井村が武蔵野の芝・柴・茅野を潰した新畑造成は、入会村々に反対され敗訴に追い込まれている。武蔵野入会村は「武蔵野（芝・柴・茅）」の減少を阻止するために結集したのである。論地見分に出張した検使一座連印の裁許状によれば、大井村の開いた新畑を「武蔵野の原型」に戻せという厳しいものであった。そして、境に、すなわち、ⓑと大井村境に「杙」（くい、杭に同じ）を打ち、境界として「塚」を築きサイカチ樹（マメ科の落葉高木でトゲがある）を植え、以後、ⓑ地域に対する武蔵野開発を禁じたのである。

大井村の場合は次のような裁許状である。

武蔵野と大井村新畑論所之事、見分之上遂穿鑿、年ちかき新畑を破、杙（くい）を打、境を立候、此之杙之所ニ野守出合、塚を築、上に西海子之木を植、自今以後、塚より武蔵野之方へ開発并立出不可仕、為後日証文双方へ出置者也

慶安二年丑四月九日

勘左衛門㊞（勘定設楽能利）、次郎右衛門㊞（勘定雨宮忠俊）、与兵衛㊞（目付黒川正直）、半左衛門㊞（目付猪狩正久）、新　蔵㊞（新番頭北條氏長）、越　前㊞（大目付宮崎和甫）

大井村　名主・百姓中

武蔵野開発の農民的規範はこのように成立し、以後、寛文・延宝・貞享の出入りにおいて裁許の判例となった。近世初期の検地により本百姓が急速に増加した結果、耕地の拡大と不可分な刈草量をめぐる対立が発生する。耕地の拡大は石高を上昇させるが、地域の刈草地反別（面積）を減少させるからである。

図式的にいえば、旧来からの本百姓は耕地は維持するが刈草量を減らし、一方に新本百姓は耕地を獲得し年貢負担者として独立する。当然のことであるが、旧来からの本百姓は土地生産性を低下させることになり、独立した新本百姓は地勢劣悪な新耕地をえて経営維持のために極限的な労働力の投下を課せられたのである。したがって幕藩制社会の編成原理である石高制によって農民支配を確立した武士（領主）階級は、土地生産性と労働生産性を維持・管理する仲裁機構となって、農民間の訴論の処理にあたったのである。

二　新畑開発における芝野と萱野――慶安期武州川越領高倉之内上新田村検地の分析

慶安二年（一六四九）十月、川越領高倉の上新田村において実施された検地は、菅谷喜兵衛・古野彦右衛門・新井彦左衛門により全五冊の水帳にまとめられている。検地の案内者は九右衛門・庄兵衛・半右衛門の三名である。記載形式は次の通りである。

十六間・二十六間　榎戸　上畑壱反三畝二十六歩　庄兵衛分　加兵衛

十間半・三十八間　山王前　上畑壱反三畝九歩　庄兵衛分　太郎左衛門
十四間・三十間　山王前　上畑壱反四畝歩　九右衛門分　五右衛門
十二間・二十七間　山王前　上畑壱反二十四歩　九右衛門分　大　膳

このように把握された全筆に、庄兵衛および九右衛門二名の「分」付主記載がみとめられる。また屋敷帳には次のような記載がある。

十八間・二十七間　屋敷壱反六畝六歩　庄兵衛分　加兵衛
二十七間・六間　屋敷五畝十二歩　同分　加兵衛抱　足軽
二十七間・六間　屋敷五畝十二歩　同分　加兵衛抱　足軽
二十七間・十間　屋敷九畝歩　半右衛門
二十七間・六間　屋敷五畝十二歩　同分　半右衛門抱　足軽
二十七間・六間　屋敷五畝十二歩　同分　半右衛門抱　足軽
二十七間・十三間　屋敷壱反壱畝二十一歩　九右衛門分　久左衛門
二十七間・六間　屋敷五畝十二歩　同分　久左衛門抱　足軽

右のような記載形式で纏められた検地帳の例は少ない。検地帳の表現はさまざまな村落の事情を反映しているので、記載から発信する情報を注意深く読み取る必要がある。分析したデータを紹介するまえに、記載からの、それを解析しておきたい。

①丈量についての間数は武州の他村の例と同様である。
②小字も同様である。

③田品・反別の記載も同様である。

④「庄兵衛分　加兵衛」のごとき記載が検地帳の名請全筆にみられるのは異常な感じをうける。一般的な分付関係をしめすものではなかろう。ところでこの検地の案内者は分付主の庄兵衛と九右衛門であり、他に半右衛門の名がみえる。しかも検地帳全冊の記載を検討すると、庄兵衛と九右衛門に錯綜して分付になっている百姓は見出せない。このことは、他に傍証する史料がないので確定的ではないが、次の事柄を示唆している。

すなわち高倉のうちに上新田村（同時に中新田村・下新田村）を開発するに際し、高倉村の二人の有力者が請負、その下に新本百姓層が参加して地割をうけ新畑を開発したことを示す「分」の表記であろう。

さらに両者は、開発者として現実に住居するはずの、自己の屋敷地を、「屋敷帳」に記載していないのである。この記載はかれらが開発請負人であったことを決定的に示している（両人は高倉村に居住し、上新田村へ出百姓として赴かない）。

ただし案内者の一人、半右衛門のみが地割通りの九畝歩を名請し、新田村において耕作に従事したのである。半右衛門の屋敷には「分」が付いていない。庄兵衛・九右衛門のように開発を取り仕切る立場ではないが、それに次ぐ役割をもっていたのであろう。

⑤次に屋敷地について検討しよう。屋敷の形状が新開発地特有の規定性を保持している。基本的に二七間を一辺とし、開発百姓の屋敷割を定めたようである。そして、開発にあたり足軽・下級武士までそれに従事するようにと、江戸から指令を出し続けた藩主松平伊豆守信綱（老中）の方針が反映した足軽の屋敷割である。信綱の「従江戸御一ツ書之覚」には、慶安期より下るが万治四年（一六六一）に、

一武蔵野開之内並木ニ杉植させ可申事

一はちや柿（柿の種類）弥々方々ニ多ク継置（接木）可申候事
一郷足軽武蔵野開致罷出、いつもの通奉公相勤候而、年貢なし差置可申候、但三年之間ハ只今迄之通弐石宛
　充切米為取可申候事
一武蔵野開江罷出候者、牢人ニテも足軽ニテも中間ニテも、或ハ百姓ニテも相勤者ニテも聴置出し可申候
（『川越市史　史料編　近世Ⅰ』）

と指令を発し、名主屋敷に貼付のうえ百姓に残らず読み聞かせるようにと、村々へ伝達させている。このような方針が足軽屋敷を、開発百姓の屋敷の一辺である二七間に沿い、各六間幅を百姓の抱地として造成させたのである。上新田村において、足軽が日常的に開発作業に従事したのか不明であるが、藩主の農政策は貫徹されたとみられよう。しかし、新興大名の松平信綱は加増にともなう家臣団の補充に苦慮しており、足軽についても同様であり、雇用策の一斑であったかとも考えられる。

⑥次に検地帳を分析してみよう。前掲のように名請田品は上・中・下・下々畑を耕地とし、他に林・萱野・芝野・竹林がみられるが、それらはほぼ請負人の名請けにすぎない。

表5のように、耕地の名請人は二五人、惣反別は二八町六反三畝二歩である。新畑開発の特徴として下々畑が二分の一ほどをしめている。

名請の最高位は検地案内人の九右衛門で三町一反九畝一〇歩、ついで案内人の庄兵衛が二町六反八畝八歩、長三郎が二町三反五畝一五歩、案内人で屋敷地を名請けした半右衛門が二町一畝二一歩で四位である。二五人中一三人が一町歩以上をもち、残る一二人中九人が五反以上で一町歩に近い。それ以下は三人（内一寺）となる。上位田品の名請は庄兵衛と加兵衛が突出し、ともに一町三反から一町五反を越えている。九右衛門は四反六畝二一歩で上・中畑に限

表5　武蔵国川越領高倉の内上新田村検地名請一覧（慶安2年）

氏　名	上　畠	中　畠	下　畠	下々畠	合　計
九右衛門	21.15	25.06	17.08	255.11	319.10
庄兵衛	92.23	37.27	19.06	118.12	268.08
長三郎	57.15	56.02	46.22	75.06	235.15
半右衛門	52.14	56.16	45.17	47.04	201.21
加兵衛	80.08	73.04	7.20	8.12	169.14
七兵衛		30.24	63.24	60.04	154.22
大　勝	15.28	23.24	36.12	60.23	136.27
太郎左衛門	13.09	18.11	52.09	35.20	119.19
六兵衛	9.10	9.00	26.26	66.02	111.08
玉三郎	23.01	6.12	52.09	29.01	110.23
権三郎	55.18	17.19	17.07	17.20	108.04
善太郎		41.22	32.15	32.13	106.20
長右衛門		26.09	15.02	60.21	102.02
次郎右衛門		8.11	22.28	62.22	94.01
源左衛門		21.20	23.05	47.05	92.00
惣右衛門	6.15	30.14	36.14	9.10	82.23
作　内	10.25	5.03	25.14	37.15	78.27
玉右衛門	14.00	5.16	18.29	27.22	66.07
久右衛門	6.12			59.07	65.19
又右衛門		17.29	23.11	20.00	61.10
彦兵衛		13.18	27.20	15.22	57.00
半左衛門		8.06	6.01	36.02	50.09
永　言			8.12	33.20	42.02
長福寺			18.18		18.18
善次郎	9.23				9.23
合　計	479.06	523.23	643.29	1216.04	2863.02

（単位　畝）

ると低い。屋敷反別も加兵衛が一反六畝余で他を圧倒している。

屋敷の名請人は表6のようになる。前述のごとく抱え地として足軽屋敷を保有し、そのうち永言（最小屋敷面積四畝二〇歩）のみ有していない。農民名とはいえないようであるから、堂庵をまもる宗教者であったかと思われる。

次に林・萱野・芝野・竹林について表7に整理したので言及しておきたい。名請は山王山の名称で林八畝二四歩が

表6　武蔵国川越領高倉の内上新田村屋敷検地表（慶安２年）

氏　名	屋敷反別	抱足軽屋敷反別
長五郎 同	9.00	5.12 5.12
加兵衛 同	16.06	5.12 5.12
半右衛門 同	9.00	5.12 5.12
太郎左衛門 同	9.00	5.12 5.12
惣右衛門 同	9.00	5.12 5.12
丑之助 同	11.21	5.12 9.00
長右衛門 同	12.18	5.12 5.12 5.12
大勝	15.22	5.12
権三郎 同	12.21	5.12 5.12
善太郎	9.00	5.12 5.12
源左衛門	9.00	5.12
半左衛門 同	11.21	5.12 5.12
久左衛門	11.21	5.12
彦兵衛 同	9.00	5.12 5.12
長三郎 同 同 同	9.00 12.21	5.12 5.12 5.12 5.12
長福寺	13.15	5.12
作内 丑之助抱作内	9.00	5.12
七兵衛 同	9.00	5.12 5.12
次郎右衛門 同	9.00	5.12 5.12
六兵衛 同	9.00	5.12 5.12
又右衛門 同		5.12 5.12
永言	4.20	
屋敷合計	479.12	

（単位　反）

表7　武蔵国川越領高倉の内上新田村林・萱野・芝野・竹林検地表（慶安２年）（単位　畝）

氏　名	林	萱　野	芝野	竹　林（古屋敷）
山王山	8.24			
庄兵衛	13.06 2.08	27.27 5.24 3.00 29.07 216.20 47.18 33.18		36.03 36.03
九右衛門	13.06 2.08	27.27 5.24 3.00 29.07 216.20 47.18 33.18		
郷　中			498.00	
合　計	39.22	727.18	498.00	72.06

ある。僅かな反別であるが、山王社分か、あるいは村持ち分であろうか。また上新田村が郷中分として保有した芝野は四町九反八畝歩、ほぼ五町歩に及ぶ入会採草地が、耕地に付属する権利として名請農民に利用されることになったのである。

上新田村の検地帳が示す特徴的な点は、前述のように「分」と「抱足軽屋敷」のほか、庄兵衛と九左衛門が名請した、「林・萱野」の問題である。表7のごとく林・萱野は上記両人のみの名請であり、しかも均等面積であった。林は各二筆で三反九畝二二歩である。また萱野は各七筆全て均等面積であり、その合計は実に七町二反七畝一七歩である。その他、庄兵衛は古屋敷が竹林となった二筆七反二畝六歩を名請している。

ともあれ、上新田村の畑惣反別は二八町六反三畝歩余であり、山王山・郷中・庄兵衛・九右衛門の保有した林・萱野・芝野・竹林が一三町三反七畝一六歩であるから、合計反別四二町歩余で出発したことが判明する。

なお庄兵衛と九右衛門は開発の請負人的立場から、総反別の四分一を萱野で名請した。それは慶安期以降の開発予備地として確保して置き、新規参入百姓が生じた場合に、売却あるいは借地させる分であった。近世前期の開発が土豪層の請負や、領主の恣意により進められることが各地においてみられ、川越領高倉郷の一角もその範疇にあったといえるのである。

第二節　入会芝野刈草権争論の展開過程

一　承応期武蔵国比企郡赤沼原入会争論の分析

武蔵国比企郡赤沼村の山野の一部が、芝原としての植生を開始した時代は不明である。しかし徳川氏の関東入国（一五九〇年）頃は、広大な芝原が展開していたと思われる。台地や急傾斜を含む原野全面が、自然界の寒暖・乾湿の変化などにより、地質に応じて芝原・芝山（芝・柴・茅）として植生が形成されたのであろう。また、これら芝原の草を刈る権利が成立する時期は不明である。地域住民が不要な樹木の伐採をなし、芝原の保全を集団の認識としたのは近世初期であろう。

すでに承応二年（一六五三）、赤沼村が保持していた馬草の刈草権を川角村・市場村が侵害したとする事件が起きている。なお赤沼原入会争論に加わる川角・市場・苫林・大類・長岡・善能寺などの村々については、寛文五年赤沼村絵図（後掲図1）の越生川（おっぺ川）南岸部分を参照されたい。

次に掲げる［史料1］のごとく、赤沼村が川角村の不法な侵害を非難し、幕府代官に提出した承応二年の手形下書によれば、川角村が赤沼野に刈草権を有した理由として、寛永十四年（一六三七）の青柳野に関する川角村の訴訟に赤沼村が連帯しており、両村が共同体として入会刈草権を行使していると主張しているが、当時この一件を見分した代官設楽庄右衛門・同高室喜三郎、代官手代藤平七左衛門（比企郡玉川陣屋付）は、「赤沼村は青柳野に関わり無し」と裁定している。したがって川角村との一体化は無い、と主張したのである。

この訴訟にあたり、さらに赤沼村は旧来の慣行を証明するため、［史料2・3］のように、同年十二月末より、翌年五月にかけて、近郷の善能寺村・長岡村・大類村・竹之内村・小用村・泉井村（大類村・竹之内村は決着後の五月七日付）の各名主・惣百姓から連印の証文を取っている。その文面に、川角・市場両村は「あかぬま村しはまのへ、前代より入申候儀ハいつわりニ御座候、当代もかり申候儀ハ見不申候」とみえる。

かくして、赤沼野をめぐる訴論は代官段階の仲裁により、［史料3］のごとく、川角村に年間四〇枚の馬札（山札・草札・芝札等という）を出し、違反者からは過料銭一〇貫文をとることに決定して採草を認めることになった。承応三年（一六五四）五月六日、赤沼村名主市兵衛・新右衛門・杢左衛門・六左衛門・惣左衛門より川角村名主・百姓中宛の手形によれば、以上のように確約されたのである。代官の見分によれば、両村の主張は法定の証文としてみとめられないとされた。おそらく川角村の主張する寛永十四年青柳野出入りにおける、川角村・赤沼村一体の論拠薄弱、今回の赤沼村側の近郷への立回りによる同意書の作為性などが、両村に妥協点を求め、落着させる方向を醸成させたのであろう。さらに穿った見方をすれば、川角村の決定的な採草量不足を、農政に重点をおく代官が斟酌した結果であろう。史料は以下の通りである（［史料1〜10］鳩山町史編さん室資料）。

［史料1］

指上申一札之事

一川角村より赤沼村野へ先規より入来申候由、御訴訟申上候儀偽ニ御座候、先規より壱人成共川角村より赤沼村野ニ而馬草かり申と申者、御せんさく之上しれ申候者、如何様之御法度ニモ可被仰付候、其上丑年十六年以前（寛永十四年）青谷木野（青柳）と川角村野ろん御座候時分、赤沼村野之儀御公儀迄申上候由、川角村より被申候偽ニ御座候、其時分之様子設（設楽か）庄右衛門殿・高室喜三郎殿・御手代衆藤平七左衛門殿御改ことく、あをやき野の出入ニ赤沼野少（ママ）もかまい無御座候、若此野ノ出入ニ赤沼野儀（ママ）入組候と御せんさく之上しれ申候ハその儀以　御公儀へ被仰立、いかやう之御法度ニも可被仰付候、仍而如件

承応二年（抹消）

御代官様江御手形之下書也

［史料2］

一今度川角村市場村より、あかぬま村しはまの（芝間野）へ、前代より入申候儀ハいつはりニ御座候、当代もかり申候儀ハ見不申候、右之通少もいつわりニ而無御座候、御せんさくのため如此候、（ママ）仍以上

承応弐年巳十二月二十二日　善能寺村名主太郎左衛門㊞

惣百姓㊞

あかぬま村参（以下、長岡・大類・竹之内・小用・市場・泉井省略）

［史料3］

指上申手形之事

一今度川角村・赤沼村野論仕候処ニ、御見分の上、双方申口御せんさく被成候へ共、双方ニ慥成証文無之ニ付、当春中扱有之御つもりを以、川角村より赤沼村野へ馬四十疋の札を以入候様ニと御代官様被仰付候間、双方ともニかつてん仕候、若札無之候而参候者を改出し申候者、過銭拾貫文請取可申候、拾貫文請取不申候得ハ、右之四十疋之馬留可申候、過銭十貫文請取申候者馬入可申候、ぢこん以後右之趣たかいニ違返申間敷候、為後日仍而如件

承応三年午五月六日

市兵衛・新右衛門・杢左衛門・六左衛門・惣左衛門

川かと村名主・百姓中

寛永期に出入りの発端をみる赤沼原の野論は、承応三年に至り論所見分に赴いた幕府代官の仲裁により決着をみた。その他、同時代（寛永十八年）における、近郷の武州玉川郷と、上・下古寺村、青山村の山論も、関係村落より玉川陣屋付代官の手代藤平七左衛門、陣屋役人高山甚右衛門・小沢弥右衛門へ手形を出して決着しており、この時期に入会と村境・百姓居山境などが確定するのである。したがって、承応期の争論は寛永のそれを踏襲した、代官による論地裁許・論地仲裁により「手形」をもって決着したのである。

このような、論所出入りの研究は裁許文書と裁許絵図を検討することにより深められている。(2)

二　寛文期武蔵国比企郡赤沼原入会争論の分析

1　大類村・善能寺村・長岡村・苦林村の訴訟

寛永～承応（一六二四～一六五五）年間より、前述のように周辺の村落が赤沼野へ入り刈草を強行する様子が窺えるのである。その後、寛文期（一六六一～一六七三）まで史料は残存せず、訴論の展開を知ることはできないが、おそらく日常的に入会地侵入の刈草事件は起きていたことであろう。

ところで、赤沼原とその周辺地域において、寛文五年（一六六五）は支配関係の変動を迎えていた。それは同四年代官天羽七右衛門支配に替り、旗本内藤式部少輔の知行地となり、旧来の村落慣行が転機をむかえようとしていたのである。これを契機に各所で出入りが発生した。

たとえば、比企郡熊井村と高麗領大谷・和田村の馬草場争論がみられ、その代表的事件は［史料4］のように、同五年六月二十三日、赤沼村芝野山の利用権を主張して、大類・善能寺・長岡・苦林四ヵ村（下書によっては苦林村は無く三ヵ村）が幕府に訴状を提出したことより発した事件である。この訴訟に対し評定所は同月二十五日、訴訟の村々と赤沼村は七月二十五日、評定所に出頭し対決せよと命じた。

［史料4］

乍恐以書付を御訴訟申上候事（写）

一武州松山領赤沼村之馬草場、前々より拙者共入付之馬草場ニ御座候所を、内藤式部少輔様御知行所ニ罷成、赤沼村之百姓我まま申、先規ニ相替り新山仕立植木を致、其外之所せいとうを致、草刈りニ参候得者、赤沼村之百姓大せい罷出、無躰ニかまを取、ちやうちやく致候所迷惑に存候、拙者共馬草場ニ御座候所ニ、内藤式部少様御知行ニ罷成、新方ニ此野江被入不申候ニ付而、馬持申事罷成不申　御公儀様之御伝馬ハ不及申、御地頭之御役等も罷成不申、田畑あらし、作致事成不申、何共迷惑ニ存候、赤沼村ノ百姓御召出し仰付被下候ハヽ、有難奉存候事、仍而如件

右之条々御召出し仰付可被下候、乍恐御尋之上ニ而、口上ニ而具ニ可申上候事

寛文五年巳ノ六月二十三日

安藤九右衛門知行所大類村　小右衛門

水野伝蔵知行所　大類村　大　膳

竹嶋七十郎知行所　長岡村　与左衛門

稲生七郎右衛門知行所・河村善七郎知行所善能寺村　権七郎

（高室喜三郎御代官所　苦林村　下書になし）

御奉行所様

此如目安指上候条、双方誓紙仕論所江立会、壱枚絵図ニ仕立、其上致返答書、来七月二十五日ニ評定所江罷出可対決、若於不参者可為曲事、但誓紙案文大類村之百姓ニ相渡し遣之者也

巳ノ六月二十五日

彦右（勘定奉行妻木彦右衛門）・豊前（同岡田豊前守義政）・大隅（町奉行渡辺大隅守綱貞）・長門（同村越長門守吉勝）・甲斐（寺社奉行加々爪甲斐守直澄）・河内（同井上河内守正利）

赤沼村　市兵衛・年寄まいる

右のように赤沼野の馬草刈取りにつき訴えたのは、旗本安藤九右衛門知行所大類村小右衛門、同水野伝蔵知行所同村大膳、同竹嶋七十郎知行所長岡村与左衛門、同稲生七郎右衛門・同河村善七郎相給知行所善能寺村権七郎等で、赤

沼野の南方、越生川を越えた対岸の村であった。四ヵ村（三ヵ村）の主張は以下の通りである。

ⓐ赤沼野は旧来より四ヵ村（三ヵ村）入り付の馬草場であったが、同所が代官支配より寛文四年旗本内藤式部少輔の知行所に替わると、赤沼村は新山を仕立て植樹を強行するなど、村落相互の慣行を破っている。

ⓑ四ヵ村（三ヵ村）の者が刈草に入ると赤沼村百姓は鎌を没収し、そのうえ打擲など村落間の禁止慣行を無視している。

ⓒ内藤氏の知行に替わるとともに、赤沼野の利用を強硬的に禁止され、馬の保有が不可能になり、公儀御伝馬・地頭所御役も負担できない。

ⓓ刈草の禁止は「田畑あらし、作致事成不申」状況となり、結局、肥料・飼料の不足が農業生産を破壊するものであると、最後に結んでいる。

寛文四年（一六六四）、赤沼野を管掌した代官天羽氏より旗本内藤氏の知行替わりを期に、一斉に入会争論が惹起したのは何故であろうか。それは刈草権が共同体の規制をはなれ、幕藩領主支配の枠内にある「入会芝野」という認識に変わったからであろう。したがって、四ヵ村（三ヵ村）にとって、支配替わりは有効な権利獲得の機会であると判断したのである。

訴状をうけた評定所は裁許仕法、すなわち、宮原一郎氏の指摘[3]により明らかなように、訴訟村の目安（訴状）に裏書をもって、「此如目安指上候条、双方誓紙仕論所江立合、壱枚絵図ニ仕立、其上致返答書、来る七月二十五日ニ評定所江罷出可対決、若於不参者可為曲事、但誓紙案文大類村之百姓ニ相渡し遣之者也」と、勘定奉行妻木彦右衛門・同岡田豊前守義政・町奉行渡辺大隅守綱貞・同村越長門守吉勝・寺社奉行加々爪甲斐守直澄・同井上河内守正利が連署して赤沼村へ渡したのである。評定所は、①訴答両者の誓紙、②両者立合いによる一枚絵図、③赤沼側の返答書の提出を命じ、④七月二十五日を対決日と定めたのである。このとき誓紙案文は訴訟側の大類村に渡され、「双方誓紙仕」るように、との指示であった。

今日の近世史料学的考察によれば、返答書とともに立会い絵図、誓紙の行為を目安裏書で命じた例は、寛文十二年を古例としているので、本章で紹介する寛文五年六月の事例により、同仕法の開始は、若干さかのぼることになろう。(4)

返答書を求められた赤沼村は目安裏書の到達した六月二十五日、反駁の返答書を奉行所宛提出した。要約すれば、おおむね以下の通りである。

ⓐ赤沼村芝野において大類・善能寺・長岡・苦林四ヵ村の百姓は前々馬草を刈り取っていたと主張しているが、全くの偽りである。その証拠を示すと、たとえば川角村などは一三年以前、すなわち承応二年(一六五三)より寛文元年(一六六一)まで赤沼野の芝刈りを、馬四〇疋札と定めて利用を許されている。これは前述の出入りにおいて馬札(山札)の交付により(うち四枚を市場村に与えた)承認されたものであり、利用権は赤沼・今宿・大豆戸・川角・下熊井村がもち、合計二〇〇〇石の村々により刈り取るのである。承応二・三年の公事出入りに大類・善能寺・長岡・苦林は参加していない(赤沼村は返答書に四ヵ村をあげているが、提出された目安・訴状に苦林村は加わっていなかったのであろう。苦林村は七月一日独自に目安を出している)。

ⓑ八年以前(万治元年)赤沼村芝野山のうち町田山を全て「御林」に仕立てる計画であると、代官天羽七右衛門殿が命じたとき、赤沼・今宿・大豆戸・川角・苦林村はこれに反対し、町田山のうち七〇間四方に限定して「御林」の造成を受け入れたのである。この訴訟にも大類など四ヵ村は参加していない。

ⓒ昨年(寛文四年)八月、代官支配所(天羽七右衛門景安)より内藤式部少輔の知行所になった機会を利用して大類など四ヵ村は共謀し、新たに赤沼村芝野へ入り込み、芝を刈り取ったのである。新規利用慣行の既成事実をつく

る強行的手段であるから、赤沼村側はそのような不法行為を禁ずる証拠堅めに、鎌二五具を取り上げたのである。このように鎌取の正当性を主張するのは、藤木久志氏が論証された通り(5)、近世初頭における自検断慣行の踏襲を意識した常套行為であった。

また禁止された戦闘行為、すなわち暴力の行使を相手方の非法として訴えるために、殴打の実行を併せて訴文にした大類に対し、赤沼村が大類側の主張する点を、偽証として批判を加えたのは当然の文書作法である。

ともあれ赤沼村は対決の法廷において具体的に返答するむね、寛文五年六月二十五日、奉行所へ訴えたのである。この返答書に今宿村が連名したのは、村段階では代官天羽氏より寛文二年（一六六二）に検地を受けており、今宿村は正式に起立されたと認識していたからであろう。

赤沼村は六月二十五日、右のような返答書を作成したが、さらに赤沼原の入会権をもつ川角・市場・大豆戸・下熊井村連印の返答書を作成し、翌七月に追って提出した。赤沼村の市兵衛・李左衛門・勘左衛門・庄兵衛、川角村の作右衛門、市場村の忠兵衛、大豆戸村の藤兵衛、下熊井村の孫兵衛が加わっている。[史料5]がその全文である。赤沼野の入会権が前述の通りであることを重ねて主張し、入会村の形成にいたる史的経緯を次のように訴えている。

訴訟方の入西郡は、戦国時代北条安房守の領分であり、その給人の分知した村々であった。松山領は上田安独斎の領地であり、山奉行杉浦惣左衛門が山見役の百姓佐渡に命じて村切（山野分切）をおこない、山野の利用権もこの頃に形成された。家康の関東入国以後も、前代の慣習を踏襲し、他領の利用を禁止している。なお論所内において寛永二、三年頃四五〇枚の新畑を開き、その後代官の検地を受けている、などのことを加え返答書を補強したのである。赤沼原の利用権を有した村々は、返答書を六月下旬より七月初旬に急ぎ作成した事情が知られるのである。

［史料5］

乍恐返答書を以御訴訟申上候

一武州松山領赤沼村之芝山、大豆戸村・下熊井村・川角村・市場村五ヶ村高弐千石之馬草場ニ而、前々より他領之入会一切無御座候処ニ、此度入西郡大類村・善能寺村・長岡村之者共入相之由申上候儀、偽ニ而御座候事

一入西郡ハ先方北条安房守殿御持候而、其外御給人分々ニ而御座候、松山領ハ上田安独斎御持之時、山奉行杉浦惣左衛門と申人、山見佐渡と申百姓ニ被仰付、分切ニ御せいとう被成、松平内膳様御代ニモ堀小左衛門と申山奉行被仰付、分切ニ御せいとう被成、六拾年御領所ニ而罷有候得共、先方引付を以、他村之者一切入不申候、其上同領之内末村（須江村）・泉井村・大橋村・小用村・奥田村、此村々も御地頭御代官分々ニ而御座候得者、先例之引付を以他領之者一切不入申、分切ニ而御座候、右論所之内四拾年以前より開畑四百五拾枚御座候高ニ出、御代官御検地被成高ニ入、去年八月当御地頭江帳面相渡り申候事

一同所町田山、八年以前、御代官御下知を以御公儀様御林ニ被仰付候節、入会之者共様々御訴訟申上候ニ付、間御詰七拾間四方之御林被仰付候、其砌も入西之者入会ニ無御座候故いろい不申候、其上拾参年以前、川角と我等共弐年越野論仕候ニ付、御代官天羽七右衛門殿松山領へ御越、双方并隣郷他領迄御せんさく之上、入あい之村々連判之神文被仰付候、其砌も入西之者共連判ニ乗り不申候証拠、御代官様へ御尋被遊可被下候、去年八月内藤式部殿御知行ニ罷成候処ニ、入部之衆へ一応之断も不仕、只今ニ罷成如何被申懸、何共迷惑仕候事

右之通り、先規之証拠御詮議之上被仰付被下置候者、難有可奉存候　以上

寛文五年巳七月

内藤式部殿知行所松山領赤沼村　市兵衛（外三名）

同川角村作右衛門

天羽七右衛門御代官所同市場村　忠兵衛、同大豆戸村　藤兵衛、
同下熊井村　孫兵衛・惣百姓

赤沼村は返答書を作成し、刈草＝入会採草権を持つ五ヵ村の結合を強化し、神文・絵図問題の解決に向かった。まず、赤沼村は評定所より大類村に示達された案文を受けて、名主市兵衛が［史料6］のような起請文を作成した。起請文の前書は、

①論所は正確に山・川・道・谷・田畑・林など双方立会いのうえ、ありのままに「壱枚絵図」に仕立てること。
②論地へ双方が立会うとき、非義を言い張り口論をしてはならない。
③「壱枚絵図」を描く絵師にも贔屓偏頗のないように、誓紙をださせる。

というものである。この前書にそえ、起請文には、

◎赤沼村馬草場へ四ヵ村（苦林・大類・善能寺・長岡）は旧来より刈草に入っていない。
◎赤沼村論所の場を、山・川・道・谷・田畑・林にいたるまで正確に一枚絵図に仕立てる。

と神文を記したのである。この文言は下書であり、いかに完成されたか不明であるが、前書は評定所より大類村に示達された案文であろう。起請文は赤沼村市兵衛の主張である。

［史料6］

起請文前書之事

一論所少茂無相違、山川道谷田畑林等如有来、双方立会壱枚絵図ニ仕立可申事
一論地江双方立会之節非義申懸間敷候、勿論口論仕間敷候事
一絵師ニも贔屓偏頗不仕候之様ニ誓紙為致可申候事

右之条々少茂於相違者
梵天帝釈四天王総而日本国中六十余州大小神祇可制之

起請文事
一赤沼村馬草場江、苦林村・大類村・善能寺村・長岡村右四ヶ村之者、前々より入付不申候
一赤沼村論所之場、山川道谷田畑林迄少もいつわりなく仕申候事
上梵天帝釈四天王惣日本国中六十余州大小神祇、殊ニ伊豆箱根両所ノ権現三嶋大明神八幡大菩薩天満大自在天神部類眷属神罰冥罰各々可被蒙者也、仍而起請文如件

寛文五年巳六月　　　　　　　　　　赤沼村　市兵衛

起請文は神文であり、焼くので本紙は残存しない。赤沼側が提示した神文下書は右のような文面であった。同村名主市兵衛が草した第一条は返答書の冒頭部分を端的に表現するもので、赤沼側の意思はこれに尽きている。しかしこの時点で、訴答村の一枚絵図と起請文作成をめぐる駆引きは互いに譲らず、激しい対立を続け収拾点は見出せなかった。評定所が入会争論の裁許にあたり、以上のような神文を求めるのは、村々に自検断の機能があり、村の次元で収拾される慣行が存在したことを前提にしたからである。村内の神文事例を収集し体系的に分析を加えた、落合延孝の考察(6)からも知ることができる。

2　訴訟の激化と終焉

赤沼原馬草刈取の熾烈な争いが、公儀の裁許を求める抗争として展開するのは、領主支配下にある村は、芝原・村を切り取る武力闘争を、権威としての平和令により禁圧されているからである。村々は統一権力の階級支配に裁許を

委ね、石高制搾取に従属する生産力維持（刈草権）のために階級内対立を続けた。しかしこの抗争を、さまざまな形式をとるにせよ結果的に公儀の仲裁で収める構造は、幕末の世直し騒動をも含めて、階級的反権力闘争とならない日本封建制の特質を示すものであろう。

さて、赤沼原における刈草権を要求し訴訟に及んだ四ヵ村（実は三ヵ村）は、起請文案に不満を示し、寛文五年六月末まで評定所における対決を拒むような動向にあった。ところが苦林村は七月一日、独自に赤沼村を訴える行動を起こしたのである。訴訟の内容は前記六月の四ヵ村（三ヵ村）訴状［史料4］と同質であった。

酒井因幡守知行所苦林村名主半右衛門と惣百姓一同の差出した訴状［史料7］に、評定所が裏書をもって、八月六日、双方の対決を命じたのである。

［史料7］

乍恐以書付を御訴訟申上候

一武州松山領赤沼村之馬草場、前々より拙者共入付馬草刈申候処ニ、内藤式部少輔様御知行ニ罷成、赤沼村之百姓我儘ニ分切りと申新山仕立、新法ニせいとう致、馬草かりニ参候得者、赤沼村百姓大勢罷出かまを取、其上ちやうちやく仕候、拙者共儀ハ赤沼村・今宿村と一村同前ニ御座候、子細之儀者、当六、七年以前（万治二、三年）ニ赤沼村之馬草場を川角村と相論仕候にも、赤沼村・今宿村両村と一所ニ拙者共罷成入目之儀迄出シ、万事両村と相談致川角村と相論致候所ニ、去年中内藤式部少輔様御知行所ニ罷成俄ニ分切と申せいとう仕候、拙者共此野ニ而馬草取不申候へハ作致候事罷成不申、田畑荒可申と存何共迷惑に存候、赤沼村・今宿村之百姓御召出し被仰付被下置候者難有奉存候事

右之条々御尋之上口上ニ而具ニ可申候、仍而如件

寛文五年巳七月朔日　　　　　　　　　　　　酒井因幡守知行所

苦林村　半右衛門・惣百姓

御奉行所様

如此目安指上候条、双方誓詞仕論所へ立会、一枚絵図仕立、其上致返答書、来月六日評定所へ罷出可対決、若於不参者可為曲事、但誓詞案文ハ苦林村百姓ニ相渡遣之者也

豊前（勘定奉行岡田豊前守義政）・彦右（同妻木彦右衛門重直）・大隅（町奉行渡辺大隅守綱貞）・長門（同村越長門守吉勝）・甲斐（寺社奉行加々爪甲斐守直澄）・河内（同井上河内守正利）

右の概要は次の通りである。

ⓐ苦林村は前々より赤沼野の馬草場へ入り付き刈草をしていたが、代官天羽氏支配より寛文四年旗本内藤式部少輔の知行に替わると、赤沼村は原を分切りして新山を仕立て、馬草場利用につき独自に新法をつくり、従来の慣行を破っている。

ⓑ苦林村から刈草に出ると、多数の赤沼村百姓により鎌を没収され、打擲を受けている。

ⓒ苦林村は旧来より赤沼村・今宿村と一村同様の地域構成にある。その理由をあげれば、かつて万治二、三年に、川角村が赤沼村の馬草場利用権を主張して争論に及んだ際、苦林村は訴訟経費なども、赤沼・今宿と相談して分担し共闘態勢を組んだほどである。またこのとき、代官天羽七右衛門が入会地内の町田山「御林」化を命じ、入会側は反対し七〇間四方に限定している（前述）。苦林村は、赤沼・今宿・大豆戸・川角村に同調し訴願に参加している。それは利用権があってのことである。

ⓓそれにもかかわらず、苦林村は内藤式部少輔の知行地になるやいなや分切りして締め出された。苦林村は赤沼野において、馬草の刈取りを禁じられては、耕作不可能となり田畑は荒廃する。すなわち、採草ができなければ肥料・飼料を欠き農業生産は破壊されるというのである。是非とも赤沼・今宿の百姓を召出して対決させてほしいと、訴えたのである。

ⓔ評定所は三ヵ村からの目安（訴状）と同様に、訴答両村の誓紙・両村立会いによる一枚絵図・赤沼側の返答書の提出を命じ、誓紙の案文は仕法通り訴訟方の苦林村に渡したのである。対決は一ヵ月後の八月六日とさだめ、評定所に不参すれば曲事であると命じたのである。苦林村は赤沼・今宿に接し村落生活の態様に同調することが多かったのであろう。そのため目安も遅れて出されたのである。

さて、その数日後、赤沼村名主市兵衛と今宿村同杢左衛門は、六月二十三日、大類・長岡・善能寺村より出された訴状を、評定所より同二十五日に受け取り、その目安裏書の命令について、訴訟方と折衝を重ねたのである。しかし前記三ヵ村が目安裏書を承服せず、反抗的であった。したがってその経緯を記し、奉行所へ次のごとく［史料8］訴訟に及んだのである。

［史料8］

乍恐以書付御訴訟申上候事

一武州松山領赤沼村之馬草場ニ付、大類村・長岡村・善能寺村此三ヶ村より去二十五日ニ御訴訟申上候ニ付、来る二十五日ニ罷出対決可仕旨、御裏判并立合之絵図神文御案文被成下畏入申候

一右三ヶ村江我等共使を立、従　御公儀様如御意双方出合神文仕、其以後両方より絵師壱人宛出し、論地之様子絵師次第ニ為書申様ニと相断申候処ニ、未神文も不仕、去三日ニ、三ヶ村より百姓四拾人余論所へ罷越、芝野

近辺之田畑谷川迄、村大境より芝間之内ニ仕間を打可申由申ニ付而、何共迷惑ニ存押置申候、其上三ヶ村より絵図書出し不申、自分に書可申由申候而迷惑仕候

一右之通り弥神慮仕候以後、誓紙前書御文言之通り無相違双方より絵師出シ、谷河田畑惣而如有来無偽絵図仕候様ニと、三ヶ村へ御指紙頂戴仕度奉願候　以上

寛文五年七月四日

内藤式部少輔殿知行所

松山領赤沼村　市兵衛㊞、今宿村　杢左衛門㊞・惣百姓㊞

御奉行所様

赤沼村は評定所目安裏書にもとづき、大類・長岡・善能寺三ヵ村へ使者を送り公儀の命令通り、双方神文をなし、その後双方より絵師各一人宛出して、訴論の土地状況を把握させ、絵師の手により作成すべきであると申し入れたが、いまだに神文も作られない。それのみか、昨三日には三ヵ村から百姓四〇人を論所へ入れ、芝野近辺の田畑・谷川までを、村境より芝間のなかに加えて、間数を打ち出す行動を開始したので制止を加えたのである。これは三ヵ村が刈取り要求の草地面積を拡大しようとする意思の表現であったとみられよう。

また三ヵ村は絵師作成の地図を差し出さず、自分勝手に作り上げるなどと、我儘な主張を繰り返している。公儀より三ヵ村に対し誓紙文言通り「双方より絵師を出し、現況の正確な絵図を作成するように」と、大類・長岡・善能寺にたいして命じていただきたいと。

赤沼村の訴えは七月四日付で奉行所におくられ、翌々六日には目安に従い、その実施を求める指紙を受けたのである。しかしながら三ヵ村は、なお屈服しなかった。

赤沼村の反撃は［史料9］の通りである。

［史料9］

乍恐書付を以申上候

一武州松山領赤沼村野論ニ付而今（月）六日ニ御指紙頂戴仕、入西郡三ヶ村へ相渡申候、双方立合之神文仕候節ニ相定、一昨十日ニ大類村・長岡村・善能寺村之者共赤沼村へ罷越候、則神文之御案文、御公儀様より被下候へとも、三ヶ村之者用不申、案文書替我等共方へ遣シ申候事

一我等共方へ三ヶ村より取申候神文之前書、出し申候様ニと申ニ付而、右御公儀様より被下候御案文も遣候処、此通ニハ書申事罷成間敷由我かまゝ申候而、神文相済不申候、来ル二十五日ニ対決可仕旨御裏書被下候間、一日も早ク神文相究立合之絵図調罷出度と奉存候へとも、三ヶ村之者何角と我かまゝ申何共迷惑仕候間、無是非御訴訟申上候、何分にも神文絵図相済申様に被仰付被下候者難有可奉存候　以上

寛文五年巳七月十一日　内藤式部少輔殿知行所　赤沼村　市兵衛、今宿村　杢左衛門

御奉行所様

此如目安差上ヶ候間、致返答書、来月六日ニ評定所へ罷出可対決、於不参者可為曲事者也

巳七月十二日　豊前（以下略）

右にみられる赤沼村の主張は概略以下の通りである。

赤沼村は三ヵ村の訴状に反論を加え、野論に終止符をうつべく評定所目安裏書の遵守実行をせまった。さきに検討したように三ヵ村に目安の実現をもとめ、七月六日の御指紙を渡し双方立会いの神文作成を決定した。かくて同十日、三ヵ村の代表が赤沼村へ到来したのであるが、三ヵ村は公儀の案文を無視し、書き替えて赤沼村へ届けたのである。そのうえ三ヵ村の神文を絵図作成の誓紙とするようにと主張し、公儀より下達された案文を否定し続けたのである。

そこで赤沼村は評定所に「相手三ヵ村に対し、直ちに反抗を中止し、神文をすませて立合絵図を作成し、同月二十五日、評定所における対決裁許を受けるようにと、命令を出していただきたい」と訴えたのである。

評定所は、対決の日時も切迫した一件ではあるが、いまだ神文・立合絵図作成もできないほどの、訴答村落間における深刻な対立を考慮し、まず訴訟の第一段階の解決策として、神文作成問題の返答書を三ヵ村に指示し、八月六日に評定所における対決を命じたのである。

赤沼村の市兵衛・杢左衛門は直ちにこの目安を三ヵ村に提示し、翌十三日、大類村小右衛門・大膳、善能寺村権七郎、長岡村四郎左衛門は「御公儀様巳ノ御うらはん慥ニ請取申候　以上」と押印したが、その後、いかなる返答書を作り評定所において対決したか、またその裁許結果は不明である。しかし、公儀神文の案文を否定することは許されないことであり、この時点において、三ヵ村の敗北は決定的であった。

赤沼原馬草入会争論に最初より加わりながら、単独訴訟に走った酒井因幡守知行所苦林村はいかなる情況をむかえたであろうか。

さきに検討したように［史料8］、苦林村名主半右衛門の七月一日付の訴状に対し、評定所は目安裏書をもって三ヵ村と同様に、八月六日の対決を命じた。争論は赤沼原をめぐるもので、前記三ヵ村との異同は少ない。しかし苦林村は赤沼・今宿と一村同様の地域構造にあり、しかも万治二年（一六五九）川角村の赤沼原をめぐる訴論には、赤沼と共闘したと主張し、三ヵ村と一線を画したといい、独自訴訟を試みたのである。

評定所は当代の裁許仕法に則り、三ヵ村の場合と同様に赤沼村も対決の返答書等の提出を命じた。赤沼村は所定の準備をはかり、その経過を八月六日付の訴状［史料10］に次のごとく記している。

[史料10]

乍恐書付を以御訴訟申上候事

一武州松山領赤沼村と入西郡苦林村野論ニ付、今月六日に罷出対決可仕旨、赤沼村へ御裏判并立合之絵図神文之前書被下成候間、苦林村半右衛門方へ使を立、絵図神文致候様にと申断候処、大類村・善能寺村・長岡村此三ヶ村之者共と一身仕、御公儀様より被下候神文之御案文書替申候事

一先月より右之半右衛門江戸へ罷出、爾今在所へ不罷帰候故、絵図神文可仕様無御座、其上入西三ヶ村へ一身仕、前書書替申候様子、今六日ニ評定所へ可申上と奉存候処ニ、慮而昨四日ニ半右衛門偽申上、御指紙頂戴仕候儀何共迷惑仕候、入西三ヶ村より六月二十六日ニ御裏判我等共請取申候、苦林村よりハ七月朔日之日付ニ而御裏判請取申候処ニ、只今へ罷成入西之者共と一身仕、神文前書迄書替申候間、彼半右衛門被召出御僉儀被仰付被下置候ハヽ、難有可奉存候　以上

寛文五年巳八月六日　　武州松山領赤沼村　市兵衛㊞・杢左衛門㊞・惣百姓㊞

御奉行所様

赤沼村名主市兵衛と杢左衛門（今宿名主）は、苦林村に使者を遣わし、評定所から命じられた所定の神文・立合絵図の作成について、意向を糺したところ、すでに大類・善能寺・長岡の三ヵ村と一味同心して、赤沼村に同調しないことがわかったのである。

しかも、苦林村の半右衛門は江戸へ出たまま在所へ戻らない有様であり、評定所において対決する様子も無い。そのうえ半右衛門は江戸で虚偽を申し立て、赤沼村を訴えるなどの行動をとっている。苦林村は七月一日付の目安により当八月六日の評定所対決を命じられながら、事実上の拒否行動をとる情況である。したがって、かの半右衛門を召

し出し僉議をなしていただきたいと、赤沼側は訴えたのである。

このような赤沼村の訴状により、六日の時点ではいまだ神文も、立合絵図問題も妥結にいたらなかったようである。しかし七月十二日の目安裏書により三ヵ村は屈服し、「評定所裁決に不可欠の資料である」立合絵図の作成を受け入れたのである。絵図の完成は八月二十日のことであった。

3 寛文五年武蔵国比企郡赤沼原馬草場争論裁許絵図について

寛文五年の秋九月、赤沼原入会争論の裁決がおこなわれた。神文の作成も、絵図師の決定も不明である。しかし、赤沼原の寛文五年裁許絵図は赤沼村の名主家襲蔵文書として伝来し、近代以降は区有文書として存在する。

さて、八月までの屈曲した在郷の争いを経て同月二十日、立合絵図も作成され、評定所は同年九月十四日、［史料11］のごとく訴答両者を対決のうえ裁決を下した。

大類・長岡・善能寺三ヵ村は従来から赤沼野において馬草を刈り取っていたと主張したが、その証拠がない。したがって越生川を越えて赤沼村で採草してはならない。ただし川角・市場両村は山札四〇枚を赤沼村より受け取り（うち四枚市場村分）、野銭を支払い馬草を刈り取っている。また大豆戸・下熊井村は旧来より入会権を有している。すなわち川角・市場・大豆戸・下熊井は赤沼野における入会刈草権を認めると、裁許絵図の裏書に記し、絵図に境を墨引きしたのである（図1）。裁許絵図に裏書された裁許文言は次の通りである。

［史料11］

（裁許絵図裏書）

武州大類村・長岡村・善能寺村と赤沼村馬草場諍論之事、令糺明之処大類・長岡・善能寺より赤沼地江入来馬草

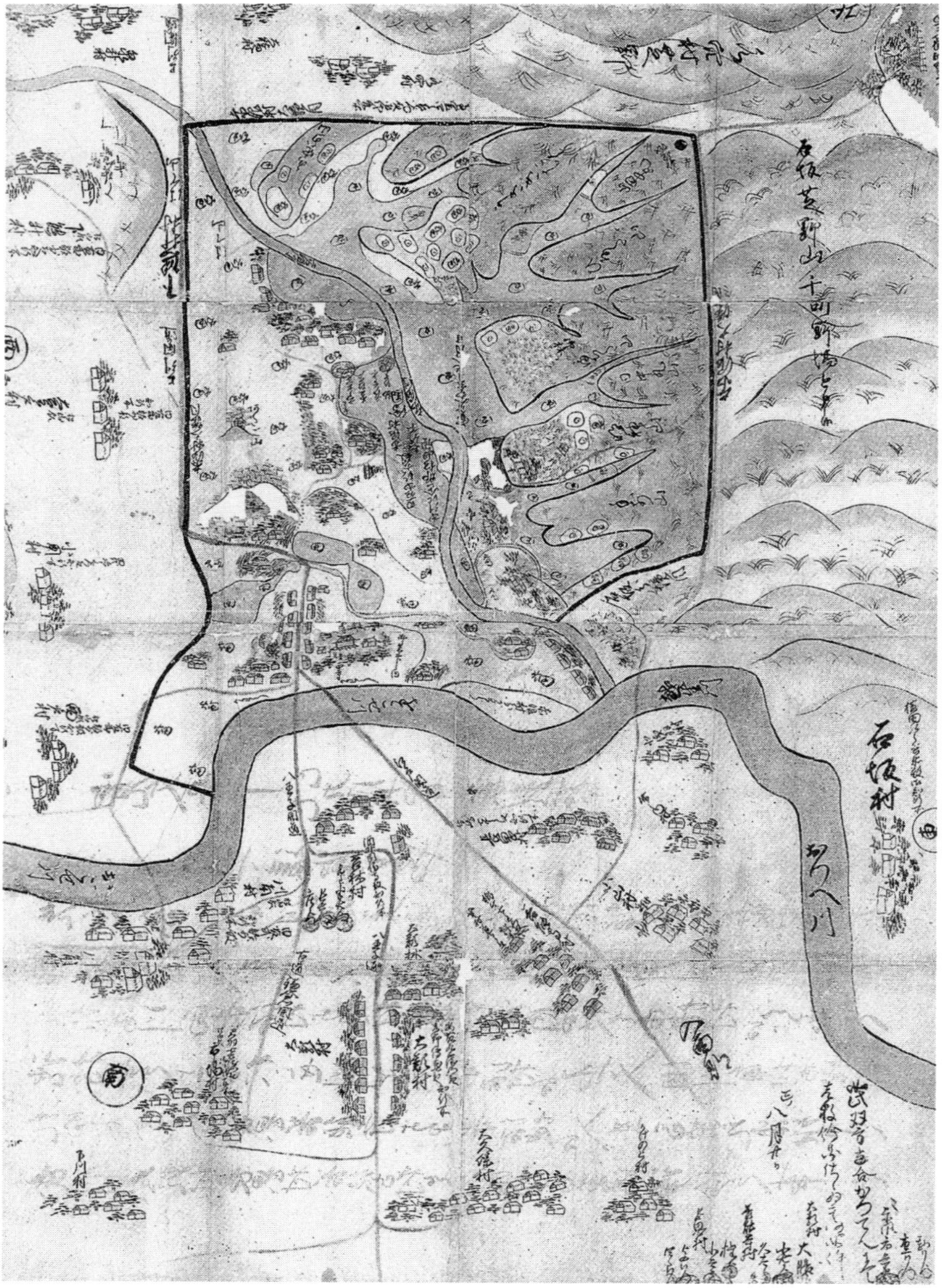

図１　寛文５年（1665）赤沼村絵図（赤沼村行政文書）

取候由雖申之、証拠無之上者おこせ川をこへ赤沼村江不可入、但川角村・市場村者雖為川向、赤沼村より札四拾枚取、内四枚者市場村江分遣之、野銭出し入来之由弥可為如先規、又大豆戸村・下熊井村者先々入会之由、弥可為其通、仍為後鑑、絵図面ニ令裏書双方へ遣置之条、不可違背者也

寛文五年乙巳九月十四日　　妻彦右㊞・岡豊前㊞・渡大隅㊞・村長門㊞・加々甲斐㊞・井河内㊞

右のように、勘定奉行妻木彦右衛門重直・同岡田豊前守義政・町奉行渡辺大隅守綱貞・同村越長門守吉勝・寺社奉行加々爪甲斐守直澄・同井上河内守正利の連署である。

裁許絵図を概観してみよう。まず絵図面に記載された文言から検討する。中央の赤沼川西側に「内藤式部少輔殿知行所武州比企郡松山領赤沼村絵図」とみえる。この絵図の正式な表題である。そして名主市兵衛㊞・杢左衛門（無印）、庄兵衛（無印）・勘左衛門㊞と横並びに右から左へ署名している。絵図面の南東、「越生川」が「おつへ川」となる場所、すなわち石坂村の南、川の湾曲部位の外側に「如此、双方かつてん（合点）にて壱枚絵図仕候、為其仍而如件、巳ノ八月二十日」と、幕府が裁許にあたり定めた、規定通りの一枚絵図であることを認め、双方の署名捺印がみられる。

赤沼村は、勘左衛門㊞・杢左衛門㊞・市兵衛㊞。相手方の大類村は、大膳㊞・小右衛門㊞・久太郎㊞、善能寺村は、権七郎㊞・小兵衛㊞、長岡村は、与左衛門㊞・四郎左衛門㊞と署名している。双方の了解により作成され、幕府評定所の裁許を受ける絵図であるから、全員の捺印が必要であった。しかし絵図中央の表題名のもとには、左右の市兵衛・勘左衛門は捺印し、なかに挟まれた杢左衛門・庄兵衛は無印である。このような略印に理由が存在するものか判然としない。

ただし、この年より三年前の寛文二年（一六六二）に作成された「今宿村検地地詰帳」（松本家文書）によれば、杢

左衛門と勘左衛門は検地案内人であり、代官天羽七右衛門により公用人馬役負担のために設けられた今宿村へ、赤沼村より移転し、今宿村を代表する村役人となった人物である。しかしながら、前掲赤沼村の返答書に今宿村の村名が出たが、評定所の裁許文言に同村の名称が無視されているのは、いまだ村の起立が正式でなかったからであろう。

この一枚絵図のなかで次の一点も注目すべき事項である。絵図の南部より大類村を北上する八王子道と古道鎌倉街道の合流点に、「酒井因幡守殿知行所苦林村、名主半右衛門㊞、長右衛門㊞、庄右衛門㊞」という他村に無い署名捺印がみられる。赤沼村馬草場争論に最初加わり、訴訟の展開のなかで独自の対応をとった村が、この裁許を承認したことを示すものであろう。

おわりに

慶安・寛文期における新畑開発の実態と、入会馬草場をめぐる刈草権争論を検証し、史的意義の一斑に言及することができた。すなわち、近世前期における農業生産の維持発展に不可欠な、肥料資源の確保と土地生産性をめぐり、農民と領主層の共有理解が存在すること、そして農民の村落間抗争を領主は「石高制」支配の原理によって仲裁する、という指摘である。領主支配下における農民の生活維持、再生産構造の確保は、日常活動の堆積によるものであった。

領主層は農民の村落間抗争や階層間の軋轢を、公儀の権威をもって武力抗争への転化を抑圧するため、十七世紀中葉までは、原則として抗争地の検断により仲裁機能を発揮した。しかし本百姓体制の確立による、農民訴訟の爆発的増加に鑑み、評定所における裁許機構を目安裏書制に移行して、現地仲裁法を転換したのである。このような裁許仕法の確立にしたがい、原野における植生が本質的に問われるようになったのである。

農民の日常活動は、田中丘隅の主張にみるごとく、絶えざる耕地の地力・地味保全を出発点としたものである。それゆえに一草の種（しゅ）も、「芝・茅・萱」などを混同する理解はゆるされず、原野検断は蔑ろにできないのである。支配機構の頂点にある評定所裁許においても、「芝・茅・萱」を峻別し、入会馬草場・開発原野などの争論仲裁において、村落の再生産構造の維持に、過誤のない裁定をくだし権威を確立したのである。

註

（1）「民間省要」の刊行は、滝本誠一編『日本経済叢書』巻一（一九一四年）、同編『日本経済大典』第五巻（一九二八年）。なお、村上直校訂『新訂民間省要』（有隣堂、一九九五年）は、丘隅自筆といわれる平川家本を底本としている。

（2）近世前期における争論の裁決経過、裁決文書の確立過程など、藤木久志『豊臣平和令と戦国社会』（東京大学出版会、一九八五年）に所載の「近世初頭の村落間相論」があり、山本英二「論所裁許の数量的考察」（『徳川林政史研究所研究紀要』第二七号、一九九三年）も詳しい。ついで宮原一郎「近世前期の争論絵図と裁許―関東地域における山論・野論を中心に―」（『徳川林政史研究所研究紀要』第三七号、二〇〇三年）、同「近世前期の幕府裁許と訴訟制度―関東地域における山論・野論を中心に―」（同上第三八号、二〇〇四年）が、裁許文書と裁許絵図をもとに幕府の訴訟制度を、論所出入り裁許の視点により究明している。

（3）宮原一郎註(2)論文。

（4）同右。

（5）藤木久志註(2)書。

（6）落合延孝「近世村落における火事・盗みの検断権と神判の機能」（『歴史評論』第四四二号、一九八七年）。

第二章　貢租をめぐる旗本と農民の抗争

はじめに

江戸に幕府が開かれ、城下町が成立すると近郊の農村は、江戸の強い影響を受けながら発展した。農民の生活は、当然のことながら「営農」により維持され「地域」にかかわる政治・経済・文化など総体的な関係は、江戸そのものにより強く規定されていたのである。政治的にみれば権力の頂点である公儀〈将軍〉ヒエラルヒーのもとに地域は編成され、大名領や代官支配地がおかれ、その一端に旗本に知行された村が存在したのである。

本章はそれらの村から、武蔵国比企郡の内藤家知行・日比野家知行の二例をあげて、貢租をめぐる領主と農民の動向を、村落内の相克を梃に究明したものである。

旗本内藤家の知行地は比企郡須江村、日比野家知行は同郡今宿村であり、近接する地域には同郡大豆戸・赤沼・石坂・上熊井・下熊井・上泉井・下泉井・大橋・高野倉・竹本・奥田という小さな村が存在した。村高は赤沼村が五〇〇石を越えるが、他村は三〇〇石～一〇〇石余の小村であった。大半の村が旗本の相給支配下におかれていた。

江戸時代の旗本は五代将軍綱吉により実施された御蔵米地方直しにより、五〇〇俵取り以上の全幕臣団（旗本）は蔵米支給に替り五〇〇石分の村を知行地として安堵された。したがって比企郡もこの施策により、元禄十年（一六九七）以降、旗本知行地が増加したのである。旗本は幕府から支給された御蔵米（稟米ともいう）にかわり、同額の収入を知行村から年貢として収取する権限を得たので、家の財政・経営（家政）を確立できることになった。

こうして五〇〇石以上の旗本はおのおの村を知行したのであるから、たてまえとしては健全な家政がなりたつはずであった。しかし旗本は幕府に仕える経費や、消費生活の拡大につれ家の財政が破綻し、江戸時代中期には大半の旗本が苦しい経済状態に陥ったのである。幕府としても種々の救済策を試みたが、旗本財政の崩壊をくい止めることはできなかった。享保の頃、上げ米制度を設け、これを旗本・御家人の切米・扶持米にあてたのもその一端である。

窮乏化した旗本は安易な弥縫策として、自己の知行所である村に増徴を課した。その結果、崩壊に瀕した旗本（殿様）財政を、村の農民が犠牲者となって救済することになったのである。

しかし、旗本の度重なる年貢増徴策や御用金納入の強制を、知行村の農民は唯黙って受け入れ続けたのであろうか。旗本の際限なき収奪に応じれば、村も農民経営も没落の一途をたどるだけである。江戸時代中期以降、農民の経済活動が次第に上昇したとはいえ、経営に一定の剰余がみとめられなければ再生産活動は存続し難い。そのため「村」はさまざまな抵抗や対応策をとって、旗本の要求に歯止めをかけたのである。無法な要求が続けられれば、公儀（幕府）に訴願することもあった。

一方旗本側は知行権の範囲内で年貢先納（さきおさめ）を命じ、また御用金納入を村に要求し、村に対して負債を負う形式で多額の金銭の取り立てを継続した。

江戸時代中期における比企地方の旗本知行村は、大半が右に述べたような状況下におかれていた。旗本（領主階級）の要求を阻止し、「村」と「農民」は経済活動の見通し（計画）と維持発展をはかるために、現実的な対応策をとった。それは村の殿様である旗本に対し「家政改革」（財政改革）の断行を求めたのである。村から収取する年貢による旗本の家政運用方法を、基本的に「村」が握るわけであるが、旗本の領主権を全面的に掣肘するものではなかった。幕藩社会の支配体制は揺ぎ出したとはいえ、依然として堅固であり、旗本は知行村において、領主として君臨し続けたからである。

江戸時代の各地域の村々にとっては、殿様である旗本の支配に立ちむかう対応策が、最も重要な日常的課題であった。それは現代の目で見れば、村々にとって死活に関わる日常闘争が、生産点の貢租を通して展開していたと言えるのである。

本章はそれらの問題を、第一節で内藤知行所の比企郡須江村の修験宮本坊先納金出入りを通して、第二節で日比野知行所の同郡今宿・竹本・本宿村の年貢請負・旗本勝手賄い問題を通して、農民の行動を紹介したものである。

第一節　旗本内藤家知行と修験宮本坊の対立
――武蔵国比企郡須江村――

一　旗本財政と村

1　内藤家の系譜

内藤家は、『寛政譜』第一三によれば、三河出身の武士で、主馬重次が慶長四年（一五九九）二月、徳川氏に召し出され家康の御側小姓として仕えた。家康は有能な小姓を選び御側においたといわれ、重次は一五歳の若さで召し出されたので「器量の人物」だったようだ。重次は大坂や伏見を往来して、政争を巧みに仕掛ける家康の側を離れなかったはずであるから、才知を見込まれていたのであろう。

慶長五年の上杉景勝征伐のときは小山まで従い、関ヶ原戦にも供奉して出陣、大坂・江戸・下野を経て美濃へ転戦した。慶長十年、家康は将軍職を秀忠に譲り大御所として同十二年駿府に移ったが重次はこれに従い、同十九年の大坂冬陣や翌年の夏陣にも家康の御側に扈従し、戦いに臨んでいる。

元和二年（一六一六）、家康が死去したため、重次は御側を離れ秀忠に仕え、御書院の番士に転じた。いわゆる書院番のことで将軍の親衛隊である。かれらは居城に出仕し、出陣の折りは将軍を護衛した。また寛永四年（一六二七）より諸国から上納される金銀の奉行となり、秀忠の財政面をも担当したのである。

重次は、幕府創業期に実務派として信頼され活動したのである。『寛政譜』によれば安堵された知行所は、武蔵国入間郡所沢のうちにおいて五六〇石余と蔵米八〇石であった。しかし『正保武蔵田園簿』では、所沢の内三〇〇石と、比企郡須江村二六七石、都合五六七石と蔵米八〇石になっている。『新編武蔵風土記稿』にも慶長年間比企郡須江村を知行とあり、正保期以降、内藤家の所沢村知行地分は、多摩郡二ノ宮村に替地となったのである。

重次の子又左衛門重時は寛永元年はじめて将軍家光に拝謁し、のちに御小姓組の番士となった。また正保四年（一六四七）二月御膳奉行、明暦二年（一六五六）八月、二の丸の御留守居に進み、蔵米（稟米）四〇〇俵の禄を与えられたが、父に先立ち万治三年（一六六〇）に死去した。

重時には重種・重長・正次・重親・重之・政治ら、多数の弟がいたが、おのおの独立していたため重次家は孫重春（重時の子）が相続した。重春は寛文九年（一六六九）五月、御書院番に列したが、元禄七年（一六九四）四月に退職し小普請に入り、宝永元年（一七〇四）に死去した。重春には男子がなかったため弟の重常を養子に願い、継嗣させている。

重常は兄と同様宝永二年三月、御書院番に列し、享保九年（一七二四）に死去、内藤家を継いだのは一六歳の忠義

表8　内藤吉之助知行所内訳

	総　高	拝領高	改出新田高	込　高
	643石650合4勺	567石365合6勺5才	38石837合3勺5才	37石447合4勺
内訳	比企郡須江村 306石203合	267石366合	38石837合3勺5才	0
	多摩郡二ノ宮村 337石447合4勺	300石	0	37石447合4勺

である。かれは享保二十年御書院番に列したが延享元年（一七四四）に退き、宝暦六年（一七五六）に死去した。忠義には子が無く、同族より迎えた養子は主馬助（忠五郎）忠正と称した。忠正は宝暦七年西の丸御小姓組番士を経て同十一年、本丸につとめたが、安永六年（一七七七）、四一歳のとき退いて松翁と号した。

かように内藤家の代々は、知行高五六〇石余を保ちながら、継嗣を続けていた。江戸初期の波瀾にみちた先祖たちに比較して、後裔は現状維持に精いっぱいであった。

安永七年五月七日、内藤家を継いだのは吉之助忠周である。時に三二歳、知行地は先祖代々に同じであった。忠周は同年閏七月二十五日、将軍家治に拝謁し、八年を経て天明六年（一七八六）四月、御小姓組番士に列した。忠周には亀三郎忠恒、忠四郎、万之助などの男子と女子がいた。知行所の一つ、武蔵国比企郡須江村に対する先納金をめぐり、里修験正蔵院・宮本坊親子と、厳しい応酬を展開するのは吉之助忠周である。

内藤家の知行高は表8の通り江戸中期、総高六四三石六斗五合四勺を数える。これは拝領高五六七石三斗六升五合六勺五才に、改出新田高と込高がおのおの加えられたからである。知行所は武蔵国比企郡須江村三〇六石二斗三合、同国多摩郡二ノ宮村三三七石四斗四升七合四勺の二村であった。須江村は拝領高が二六七石三斗六升六合に、切添地改出しの新田分三八石八斗三升七合三勺五才が加算された高であり、二ノ宮村は拝領高三〇〇石と、地方直しで付けられた、込高三七石四斗七合四勺を加えたものである。

内藤家は須江・二ノ宮の二ヵ村から収取する年貢により家政を維持し役務に励んだのであ

る。内藤家は前述のように重次が家康の小姓から出て、関ヶ原・大坂両陣に従い、幕府草創期より御書院番に列し、以後同家は、代々書院番・小姓組のコースにあったことが知られるのである。

2 内藤家の知行所武蔵国比企郡須江村

須江村は『新編武蔵風土記稿』によれば戸数三〇軒、「東西八町余、南北七町許、山丘平地まじはりて、用水不便なれば天水を湛へて耕植す」とあり、小さな丘陵に抱かれ、谷間の天水を引いた「鳥木・升井戸・海道端・北の谷・赤貫・矢篠沢」などの「溜池」を利用して田畝を耕作したのである。今日、現地を鳥瞰しても古い時代を彷彿とさせる風景である。

村の鎮守は黒石神社といい瑠璃光院持、寺は新義真言宗今市村法恩寺の末寺、西林山不動院と号する長命寺があり、また本山派修験西戸村山本坊の配下の瑠璃光院、号して須江山光雲寺宮本坊が存在した。

さて、内藤家知行所須江村の田畑屋敷・高反別・年貢等について概観しておきたい。村高（拝領高）は前掲のごとく二六七石三斗六升六合である。この反別は三九町五反一畝一二歩、その内、田は二三町九反八畝二三歩、畑は一五町五反二畝一九歩で丘陵内とはいい、田方のまさる地勢であった。

しかも、上田が一三町七反二五歩で水田の五七％をしめていた。内藤家知行所の多摩郡二ノ宮村は村高では三〇石ほど須江村を越えていたが、畑作地であり年貢収取の基盤としては須江村より劣弱であった。しかも二ノ宮村は内藤知行分のほか水谷弥之助・戸田七内・小田切庄七郎・永田孫次郎・大久保鶴松・青柳鉄之助の、旗本知行地七給村であり、内藤家が、知行所農民に吸着し搾取を拡大することは不可能であった。それゆえ内藤家は常に須江村の年貢に依存し、財政の要においたのである。

表9　内藤吉之助知行所　須江・二ノ宮両村5ヵ年物成高

（須江村）	物　　成	口　米	永　納	山年貢
天明3年	187俵	9石3斗5升	16貫2文7分8厘	200文
天明4年	198俵	9石9斗	同上	同上
天明5年	218俵	10石9斗	同上	同上
天明6年	109俵と3斗3升3合2勺	5石4斗	同上	同上
天明7年	83俵1斗2合2勺	5石1斗	同上	同上
5年平均	159俵と8升7合8才		16貫2文7分8厘	200文
（二ノ宮村）	物　　成	口　米	永　納	酒造冥加永
天明3年	117俵と3斗5升4合	0	43貫211文8分	0
天明4年	同上	0	同上	0
天明5年	同上	0	同上	125文
天明6年	同上	0	同上	125文
天明7年	同上	0	同上	125文
5年平均	117俵と3斗5升4合	0	43貫211文8分	125文

表9に示したように、須江村の年貢収取は検見を前程としたが、二ノ宮村は定免制であった。天明三〜七年（一七八三〜一七八七）の五ヵ年平均物成高をみると、村高で三〇石ほど高い二ノ宮村が一一七俵余、須江村が一五九俵余を数え、年間四二俵も多かったのである。ただし畑方の多い二ノ宮村は永納では須江村より高い。

次に、明和三年（一七六六）の年貢割付状によれば、内藤家知行所須江村二六七石三斗六升六合に、年貢として割付けられた物成は米九二石、俵に仕立てて二三〇俵（ただし一俵につき四斗入）と永一六貫七三〇文七分である。そして納方は米二三〇俵と金一六両二分、永二三〇文七分（五〇〇文＝二分）であった。ところで畑方永納分については比率を永一貫文＝金一両とし、当時の銭相場一両＝五貫文〜六貫文にかかわらず、金一六両二分余に固定化し、家政にかかわる日常経費を保持しようと試みたのである（慶長以降貨幣公定比価は金一両＝銭四貫文である。須江村年貢割付状は近世初頭以来の形式を踏襲し、永楽永高制の原則、すなわち一貫文＝一両と固定したのである。江戸中後期の経済情勢では明らかに村方不利である）。

3　内藤家の年貢先納指示

本章の冒頭で述べたごとく、旗本は知行所村々が納める年貢によって家政を維持し、幕府に対する軍役を負担した。旗本は経営が悪化するにしたがい、さまざまな収奪を際限なく試みるのである。年々の先納金・御用金の賦課等がそれである。しかし村々が権力の横暴に耐え農民経営の崩壊を阻止できたのは、江戸中後期、生産諸力の上昇がもたらした富である。成長する民力に寄生する旗本の姿勢は、「力量をつけた村」に君臨する「殿様」ではあっても、「公儀」（幕府将軍）権力に依存することにより収奪をなしえたにすぎない。

さて、旗本内藤家はいかなる状況におかれていたのであろうか。知行所の須江村地方文書（名主文書）が断片的であり、詳細不明であるが、極力意を尽して復元的に考察を加えてみよう。

明和二年（一七六五）十月、内藤忠五郎（主馬忠正）の御用人高木孫右衛門が発給した年貢割付状には、先納金勘定の条項はない。しかしのちの村方文書の文言中に忠五郎時代よりたびたび先納金を命ぜられ、農民の困惑は甚だしかったとみえる。

先納金勘定がいかなる方法であったか、不明であるが、本節で扱う宮本坊抵抗の遠因は、安永二年（一七七三）の先納金問題に端を発しているものと思われる。当時内藤家の当主忠五郎（西の丸→本丸御小姓組番士を経て、安永六年隠居して松翁と称した）は、家政逼迫のあまり、同家用人井口村右衛門の作成した、忠五郎の裏書下知書（下知文言無し、署名捺印）により、須江村名主・組頭・惣百姓宛に月々の賄金を命じたのである。

入置一札之事

一御勝手向賄金之儀無拠村方江申付候、当巳ノ田方御物成引当テ在之候程割付置候通り月々御賄金申付候、依之銘々持分之田畑質地ニ入金子才覚可致候、尤上納辻元利共ニ御物成ニ而引取相済シ田畑請出シ可申候、万一日

損水損風損等儀在之御物成不足ニ候ハヽ、右借り請候金子元利江戸表より差遣シ候而田畑請戻シ、地面相渡シ不申候様ニ可致候、為念一札入置申処仍而如件

安永二巳年亥三月

内藤忠五郎内　井口村右衛門㊞、須江村　名主・組頭・惣百姓　江

（裏書）

忠五郎㊞

「入置申一札之事」という書式は、金銭貸借事情を示すものにも用いられ、広汎に周知されているのであるが、須江村宛のこの文書はおおむね以下の内容となろう。

御勝手向賄金を余儀なく村方へ申付ける。当年（安永二）田方年貢額を引当（担保）に月々の賄金を申し付けたので、農民は各自持高の田畑を入質して金子を用意せよ。後日その金額に応じた額を年貢金より引き取り、相済し（質金を返済）、田畑を請け出すようにせよ。もしも旱・水・風の害が生じ年貢額（質地請戻金）不足した場合は、借り請けた金子の元利とも、江戸表の内藤家より出金して、入質した田畑を請け戻し、地面（田畑）を貸し金主（在郷高利貸など）に質流れせぬように致すものである。

季節は弥生三月のことである。内藤家の家政に退っ引きならない事情が生じたのであろうか。田方年貢といえば秋をむかえての納入となろう。それを担保に、田方年貢の総額を月割の賄金（四月以降分か）に命じているのは、一般的にいえば「殿様御暮し帳」による月次金仕送りである。この文書は領主として年貢の前借と、元利差し引きの具体的な条件を述べてはいるが、総額についての文言はない。

忠五郎の下知書に接した須江村の農民、すなわち田畑名請の全高持農民が「銘々持分の田畑質地に入れ、金子才覚致すべし」と、旗本より担保田畑を指定されても、また仮に期間が限定されていたとしても、全農民が入質すること

などありえなかったであろう。要するに忠五郎―用人井口は知行所須江村に対して、地域の有力者からの、村借先納金をさせようとの思惑だったのである。

須江村では安永二年（一七七三）、右のような各農民持分の田畑質入による納金命令を受け、村内貧窮層の急増に結果することをおそれ、評議に及んだのである。結論は有徳者依存納入策であった。しかし、その頃、村内には適格者がなかった。須江村では近村から金主をえらび依頼することに決し、旗本日比野家知行所の比企郡竹本村太郎兵衛より、金子借用のうえ先納金として納入し、毎年物成差し引き勘定を続けた。しかし安永八年頃、太郎兵衛が手を引いたのである。史料が残存せず前後の動向は不明であるが、安永八年の暮れ、内藤吉之助が多額の先納金を須江村に求めた事情は、竹本村太郎兵衛の撤退絡みかと思われる。須江村は太郎兵衛に対して年貢勘定で穴埋めし、返済を重ねたが、累積した未済分の即時決済を求められ、あらためて高額先納金納入の事態となったのである。

4　村内の正蔵院が先納金を肩代わり

右の事情により村に替わって出金者となった須江村の修験、正蔵院・宮本坊は「村方にて必至と差し支え、御地頭所にても甚だ御差支え」、両者窮状に立ち至ったため、拙寺が出金したのであると、再三にわたり書き上げている。須江村役人が正蔵院に対し、貯え金の醵出を願ったのは、村人が宗教者を村落生活の共生者とみて、畏敬と依存の感覚を保持していたからではないかと思われる。正蔵院が私的範囲で処置した行為も、村民からみれば共同体の埒内にある当然の行為と認識し、依頼の心情に至ったのであろう。

しかし、正蔵院の貯え金は、

㋐「公儀御帳外地、宮山の木」（除地の材木）を本山修験の頭先達である、越生山本坊の許しをえて売却した代金。

㋑明和六年寺社奉行に許しを願い、同七年より三月晦日まで九〇日間、御府内で相対勧化により集めた、黒石明神社堂建立資金であった。

これらは正蔵院にとっては、宗教者の世界からの行為であり、いわば身一つの修法が生んだものであるが、社堂完成のあかつきには「村世界の鎮守」となるものであった。

正蔵院は村の宗教者として畏敬され、村民の共生者として貯えた資金に公儀許可の勧化金を加えて「村世界」へ醵出したのである。したがって先納金は期限後、内藤家より正蔵院のもとに返納され、黒石明神再興の基金となるべきものであった。

二　年貢徴収をめぐる紛争

1　内藤家の新用人佐々木幸太夫

内藤家は逼迫した財政を解決するため、知行地運営の功者と目された佐々木幸太夫という人物を雇い、年貢収取の改善に乗り出した。このような対策は旗本の常套手段であった。借財踏み倒しの用人を雇用し、窮状を切り抜けようとする一例である。

安永九年（一七八〇）、内藤家の用人となった佐々木は、まず知行地の竹本村太郎兵衛より先納させた年貢金の、返済残高の切り捨てを断行した。そして同時に正蔵院の新規先納金については、村が納める年貢金差引きによる、元利勘定返済方式を拒み、結果的に踏み倒すという画策に出たのである。旗本内藤家のこのような横暴に立ち向かう、修験の正蔵院と後継者宮本坊の、以後一〇年ほどの行動を紹介してみよう。

正蔵院と宮本坊は、旗本の不条理な圧迫と、加えて村からの孤立に遭遇し、道理を掲げて自己の行動原理を問い続けている。以下において、孤独な宗教者の不屈の闘魂と、そして複雑に屈曲してゆく心のありようを追求してみよう。

天明元年（一七八一）十二月十七日、内藤家の新規用人佐々木幸太夫は、比企郡須江村の名主権平宅へ到来し、組頭清左衛門の倅に命じて、一通の書状を村内の修験正蔵院に届けた。それは、

地方に付御用之儀御座候間、明五ツ時名主権平宅まで御入来なされ下さるべく候、以上、内藤吉之助内佐々木幸太夫、正蔵院様

というものであった。「地方に付御用」とは、当時、旗本の知行所（村）支配問題、特に年貢にかかわることがらであった。用人（御用役とも称し、旗本に召し抱えられて家政全般を仕切る役人）佐々木幸太夫より朝八時前後に名主権平宅へ出頭してほしいとの指示である。

佐々木幸太夫の用件が先納金問題であると直感した正蔵院は、名主宅へ出頭し対応すれば、幕藩領主支配の枠内、すなわち＝公儀・幕臣・村名主＝体制にしばられ、出初めから屈服状況におかれると考えた。そして正蔵院は柔軟な拒否的態度を取り続けながらも、支配体制の「場」＝村役空間より、自己の立脚する「場」＝宗教者空間、すなわち里修験とし活動する、須江村の土俵に引き込む算段とした。

正蔵院は同日、直ちに次のように返翰をしたためた。

今般名主権平方へ御入来の由、寒風の節御太儀千万と存じ奉り候、然は明五つ時分それ迄に参るべき旨、仰せ聞かされ候えども、此間風邪にて取り臥し罷りあり候間、歩行も及びかね候

と病気を理由に、御用筋のことがあるならば拙寺に御入来されたい、と述べ、内藤吉之助殿御内佐々木幸太夫殿と殿付で結んだのである。その日はすでに夜も更けていたので幸太夫からは無沙汰であった。

明けて十二月十八日、佐々木幸太夫は正蔵院へ「口上書」をもって、次のように伝えて来た。「地方御入用の件に

つき、権平宅まで御入来ありたいと昨夜伝えたが、病気を理由に拙者側の出向を求められた。それでは寺を役所同様に扱うが、応諾の可否を聞きたい」と。

さらに別紙をそえて、「寺に伺って諸事の交渉を合議すれば、寺が役所の世界となるが、それでもよろしいか。権平宅まで遠路であり、病気ゆえの歩行困難状態であれば、御駕籠でくるように、それも不可能であり、また寺を役所同様の場にしても宜しいのであれば、その旨返報されたい」と、幸太夫はたたみかけてきたのである。

そこで正蔵院は次のように応答したのであった。「口上書によれば再三にわたり「地方につき御用の儀」とあるが、それは何れの奉行所からの御用なのか、慮外なことで分りかねる。しかし推察するところ「吉之助殿内用の筋」ではないかと存じ、それならば先般、竹本村の太郎兵衛方などへの御越しの先例もあり、太儀千万ではあるが拙寺へも御出向されたい。拙僧は風邪であり、また駕籠使用と申されても貧乏寺ゆえ迷惑である。何卒拙寺に御出向されたい」と返書を認め、佐々木幸太夫宛に届けたのである。

同日再び幸太夫は返翰を届け、「貴翰の通り御公儀様御奉行所からの御用ではなく、地頭所内藤知行所の用向きで、其元様御所持之御年貢其外地面につき用事の筋に候へば」と、幸太夫ははじめて御用の内容を明示した。「地頭（旗本内藤家）御用であるから、寺へ出掛けての談合は、役所同様の世界（すなわち上意下達）となろうが、また病気で外出不可能ならば参上するが、諾否を承りたい」との口上書であった。そこで正蔵院は次のように返翰を届けたのである。

度々御念を入れられ候御書簡拝見いたし候、拙僧風邪の儀も格別の儀にも御座無く候、しかし歩行は相なりがたく候間、御太儀ながらこちら迄御入来下さるべく候、御掛合の儀は何分拙僧つかまつるべく候間、何卒御出で待ち入り申候、已上　正蔵院

佐々木幸太夫様

この報に接し幸太夫は同日（十八日）夕方、名主・組頭・百姓代を同道のうえ寺へ出向き、寺内の道場前に立ち、正蔵院・名主・組頭・百姓代に向かって、去る明和九年（一七七二）の暮、年貢米一七俵を正蔵院の土蔵へ預け置いたところ、安永九年（一七八〇）幸太夫に連絡なく引き取ったのは、言語道断不届きゆえ、吟味に罷り越したと発言、両者はさまざまな質疑応答を続けたのである。

幸太夫は主張が不利になったのであろうか、「席を散々に踏みにじり」立去り際、正蔵院後継者宮本坊に対して、明朝の食後、名主権平家まで来宅するようにと伝えた。

十二月十九日の朝、正蔵院と宮本坊は見解を詳細にまとめた口上書を作成し、宮本坊が捺印のうえ名主権平宅に持参し、幸太夫と問答を重ねたのである。

結局幸太夫は相対でこの問題は処理できない。寺坊側が本寺表へ届け、公訴すべきだと断言したため、宮本坊は「御勝手次第になさるべし」と伝え帰院した。

宮本坊は早速本寺（本山）への報告書を十九日付で作成し、翌二十日、名主権平を召し連れ、本寺山本坊へ届けるため西戸村を訪れたのである。このとき同時に、内藤知行所用人佐々木幸太夫は名主権平に托して、山本坊宛に旗本側の見解を認め、届けている。幸太夫の「覚」と題した主張は次の通りである。

①旗本内藤吉之助が正蔵院に対して「地方につき御用の儀これあり」と、十二月十四日江戸内藤屋敷への出張を命じたが、地頭所の命令では出府しないと答え、領主の命令に違背している。

②安永九年度年貢のうち百姓善蔵分について、正蔵院は先納金の差し引き勘定に入れたが、名主は「是非無く」年貢皆済手形を渡した。これは正蔵院の我儘行為である。

③当天明元年の年貢米・永（銭納分）とも、宮本坊は納入していない。

④地頭所は天明元年の年貢米・永のうち、百姓善蔵分の差し引きを承認せず、十二月九日江戸着で納入するよう差紙（命令）をだしたが、その後まで正蔵院は年貢を留置きした。
⑤村役銭そのほかの出銀等一切提出に応じないのは正蔵院の我儘である。
⑥地頭所（旗本）の差紙では正蔵院・宮本坊ともに、いかなる用事であっても応じないという主張は我儘の極みである。
⑦このたび幸太夫は村に滞在し正蔵院・宮本坊を糺した結果、両人の我儘行為により、村役人が難渋している事実が判明した。なお、幸太夫は宮本坊に対して其元では問題の解決はできない、公訴にする、と大声を発し帰ったのである

このような報告をみた山本坊は、正蔵院・宮本坊に対して旗本側の主張を伝え、返答書を求めたのである。

2　正蔵院・宮本坊から本山の山本坊宛返答書

須江村の正蔵院・宮本坊は年も明けた天明二寅年正月、本山の山本坊に宛、「書付を以て答え奉り候こと」という一文を届けた。

①天明元年（一七八一）十二月十四日、江戸屋敷へ出頭せよとの地頭所の命令に服従せず、出府を拒否したと申されているが、当時寒風強く外出も困難であり、私こと正蔵院はすでに三ヵ年以前に隠居し、寺役・寺坊の全てを当住宮本坊に譲り、地頭内藤家へも継目の報告済みである。したがって御公儀および御本山以外、すなわち地頭所から厳格な差紙をもって呼び出される筋は無いと考え、不参としたのである。
②安永九年（一七八〇）度須江村年貢米一七俵の件は、村役人に対して幸太夫がいかなる命令を下したか不明であ

るが、これは明和九年（一七七二）に宮本坊が村役人との相対で土蔵を貸し、米一七俵を格納したものである。ところで幸太夫は内藤家用人として職務を踏襲し、吉之助殿之年来御仕舞金不足を調達するためと称し、その年、村役人に対し金子二両の差し出しを命じている。しかし、村役人は「才覚不可能」であるからと断わり、正蔵院に出金を求めた。正蔵院も一度は断わったが「是非是非相働呉候様と達而」の依頼があり、また一方、村役人から先納金の分として一七俵を受け取り、金二両は差し出すようにとの提言を受け入れ、村役人との相対により処理したもので正蔵院の我儘ではない。

③安永九年の年貢米納入の件で、百姓善蔵分を差し引き勘定したのは、正蔵院の我儘行為だと論難している。しかし善蔵に限らず村方惣百姓のうち、先納金を差し出した者は年貢で差し引き勘定にしている。

④当天明元年、百姓善蔵分の年貢米を十月九日江戸着で納入するよう差紙で命令したが正蔵院は無視したとの件、実は百姓善蔵は拙僧の二男で五、六ヵ年以前に分家したものの、その後も年貢諸役は本家が納入している。それゆえ、寺の先納金分として差し引き勘定も成立すると考えるが、差紙で不承認とされた。したがって早速皆済している。正蔵院が留め置いたものではない。

⑤天明元年の年貢米・年貢永とも納入を拒否していると幸太夫はきめつけているが、夏・秋両度に畑方年貢として小額だが金一分を差し出している。もし不納とするならば金一分は村役人が横領したことになろう。なお年貢差し引勘定の件であるが、安永八年、須江村に対して年貢先納金を命じたことから発生したもので（前述の通リ）、従来高額のため須江村では調達不可能となり、拙寺の管理する鎮守社堂建立勧化金を村方へ用立てたのである。従来から先納金上納は年貢差し引勘定が定法であった。子年の分も「地頭所御借用之分ハ不残差引勘定ニ可致旨之御裏印証文」通りの差引きである。

⑥拙僧が村役銭その他出銀を拒否したと、幸太夫は非難している。安永九年まで地頭所内藤氏は慈悲深く、万事、村との相談により施策をすすめ「村方平和に相治」ていた。私は沙門身分で、かれこれ意見を述べるのは不本意であるが、安永九年の暮、幸太夫が地頭所に召し抱えられるやいなや、過去の知行所の慣行を無視し、独断で村支配をすすめ、村役人も幸太夫の意向に迎合し、村入用帳・年貢割付状を公開しない。したがってそれらの記載事項が不明であるから、年貢納入を控えているのであって、拒否したわけではない。

⑦地頭所差紙では正蔵院・宮本坊は出頭せずと幸太夫は断言したが、拒否行為ではない。同年暮以前は逸々差紙による御用命令はなく、その変更は幸太夫の独断専権である。

⑧公訴の件であるが、幸太夫が名主・組頭を同道し権威を募らせ、難くせをつけたので、逐一抗弁したところ、かえってそれでは内分にできない。本寺表へ届け地頭側より公訴に致すなどと大声で罵り、幸太夫が席を踏み荒し、挨拶もなく立ち去ったのである。

幸太夫が正蔵院・宮本坊を誹謗し論難する背景は、前述の先納金返済問題である。安永八年までは年貢勘定により約定通り返済にあてたが、同九年新規先納金を命じ、返済の期限・方法も明解にせず、単に年賦にする等の計略で村役人を籠絡し、新規先納金方式（年貢差し引勘定の否定）により、無勘定同前の「少々宛引当之年賦にもいたさるべき巧み」であると、正蔵院は反論したのである。

佐々木幸太夫は内藤家財政の危機を、新規先納金収取策でのりきる計画であった。そのため正蔵院先納金の、年貢差し引勘定方式を切り崩し、租税は全額収取したうえで、領主である内藤家から少額の年賦返済をおこなう、借金踏み倒し策に転換をはかったのである。その成否が、旗本用人（年貢収奪請負稼業）佐々木幸太夫にとっては己の雇傭継続上の関門であった。

三　宮本坊と村落関係

1　用人佐々木幸太夫の村支配策

安永八年（一七七九）暮、旗本内藤家の用人となった佐々木幸太夫は、永年継続した太郎兵衛先納金年貢差し引勘定（形式は須江村年貢から差し引き、竹本村太郎兵衛に返済）を、残金僅少の理由を掲げて、内藤家からの年賦返済（形式は須江村年貢金額を旗本が収取し、そのなかから太郎兵衛に清算）に切り替え、実質的には踏み倒しをはかったのである。次いで、前述の通り幸太夫は新規先納金を収取すると、旗本—村—正蔵院との年貢差し引勘定を無視し、年賦返済方式への変更を迫った。年賦返済金は旗本の裏書下知書で自由に取り扱うことができたからである。

佐々木幸太夫の収奪に対抗する修験正蔵院・宮本坊は、本田畑名請の本百姓であった。一方、正蔵院・宮本坊は在郷の修験僧であり、聖護院一品親王のもとに御目見の身分、すなわち権大僧都・三僧祇・法印を称する立場でもあった。両人は旗本に対し全知全能を尽して抵抗運動を展開するのである。それは江戸時代の公事出入りなどにおいて、巧妙に暗躍するいわゆる「小賢《こざか》しき者」には及ばぬところであるが、まことに手広な、正面きっての行動であった。また正蔵院・宮本坊は前述のごとく、れっきとした生産者＝本百姓であるから、村落からの疎外を否定し、確固たる主張を村共同体につきつけたのである。その経緯は断片的に把握しうるにすぎないが、次の事項などにみられる。

新規用人佐々木幸太夫は須江村に乗り込み、正蔵院・宮本坊を威圧する一方、須江村の前名主市右衛門、前指添役組頭孫右衛門などの旧村役人層を入れ替え、新名主権平を重用し、新名主の諸行為を擁護して、旗本の支配体制に組み入れたのである。

若干前後するが、名主権平を批判し訴えられた同村百姓政二郎は、宮本坊によって答弁書を作成している。その一件は次の通りである。

①政二郎（親徳右衛門）が母屋に庇を取り付けたところ、名主権平から村法に悖る奢侈であると、内藤家へ訴えられた。

②名主権平は、地頭所の命令だと称し政二郎にたいし御用金一〇両を納入せよと、村寄合の席上において下知状を読上げ、満座のなかで嘲笑した。政二郎は直ちに地頭所へ陳情し、内藤家より、①は許すが、以後、奢りのような普請をせぬよう命令された。②は政二郎の生計不如意が明らかであるとして撤回の命をうけた。この件について、政二郎は名主の讒言であり、甚だ不当な扱いを承伏できないと申し出て、一転反撃に及んだのである。

名主権平は政二郎を村掟（成文化されたものではなく、須江村民が容認している習俗的な規制）に外れた「新法変格」の行為に走ったと訴えているが、権平自身こそ変格の張本人であると、政二郎が目にした名主権平の横暴を、以下のように揚げ指弾している。

㋑権平は十七、八年以前、親の勝右衛門の代まで貧しかったが、名主役を命ぜられたのち「如何の筋に御座候哉悉身上有徳」になり、表門を造り、大名屋敷同様に左へ潜り戸を付け、裏門も造成し、開き戸を付けるなど、新法変格にあたる。

㋺権平は村中惣百姓を集め、年始等で来宅の折り、組頭を除き、小前百姓は表門を通さず、下口より入るようにと、村の習俗に悖る命令を出している。

㋩一方御札場（高札場）は、往古は小字向田に所在したが、片陰の場所にあったので、元名主市右衛門が移築願を地頭所に提出し、さらに公儀の許可を受けて村の中ほど、すなわち、「舛井戸と申す字、是は村方惣鎮守黒石大明神別当光雲寺持分の内にて、御　公儀様御帳外地の内にて、薬師御手洗池の辺にて、村の真中にて宜しき場所にこれあり候ゆえ、右別当光雲寺へ申入れ」舛井戸に立てられていたのである。

ところが権平は独断で自家の門前、しかも年貢地の畑を潰して移築した。村民には地頭所の下知によるものであると告げているが、地頭所用人に質したところ、内藤家は存知せずとの答えである。かつて向田より舛井戸への移築にあたり、元名主市右衛門が提出した控書は、同人跡式嘉助が所持しており、それによれば、村の中ほどへの引き移しを理由に許可されている。城下町や在々宿場においても、制札場は町の中央に位置している。ところが権平宅は村下のはずれで、同家以外は一軒の家もない場所である。このような行為こそ、新法変格の儀であろう。

この文書は、修験宮本坊が政二郎に代り作成したものである。

さて前述のごとく、佐々木幸太夫と結ぶ新名主権平に抵抗する宮本坊は、先納金が村の責任において返済されなければならないと要求し続けたが、解決は進展しなかった。したがって、宮本坊は村役人へ打診し、局面を転じる方向を模索した。

口上覚

使僧を以て御意を得候、然は前々より段々、組頭中ならびに百姓代加印にて、そこもと様方御両所へ御用立てき申候先納金通り一向御返済これなく、貧寺の拙僧甚だ迷惑に候、これより若し金子御調達あいなりかね候事に御座候はば、右証文通り金高相応の地所、請取り候様に致したく候、何ぶん右両様の内早速相済み候様頼入候、かつまた昨日は畑方御年貢の儀、仰せ聞かされ候所、此の儀は、惣て小前石盛など一向相分りかね申候に付、田畑御年貢、その外諸出銭等延引致し候、何分小前石盛など明白に相知れ、拙僧受得（受納）いたし候迄は、何か年も差し控候間、左様に御心得くださるべく候、右御意を得たくかくの如くに御座候、以上

寅ノ六月十四日　　宮本坊

名主　権　平　殿
同断　義左衛門殿

宮本坊は局面打開のために、揺さぶりをかけたのである。組頭・百姓代の加印で名主権平・同義左衛門へ用立てた先納金の返済がなされていない。もし調達不可能ならば、先納金納入証文相当金額の担保田畑を受け取りたい。両名主は早速、これに応じられたい。なお昨日、畑方年貢の納入を要求されたが、村内の小前石盛基準など不明であり、それらの公開がなされぬ限り、今後も田畑年貢・諸夫銭など、納得できるまで何ヵ年経過しようとも納入に応じない、と主張したのである。村役人に対する宮本坊の強硬な姿勢は、村内に大きな波紋を生じ、名主権平ほか組頭は宮本坊に妥協を要請したのである。宮本坊はそれに応じず、村役人より内藤家へ「村」の意向として先納金返済問題の解決を表明させたのである。

2　宮本坊江戸の内藤家へ出頭

天明二年（一七八二）の初秋、八月八日、佐々木幸太夫より宮本坊宛に「覚」一通が届けられた。内藤吉之助の命令により聴取したい件があるので、同月十一日、江戸屋敷へ出向されたいとの文面であり、書面は「殿付」、包紙は「様付」であった。宮本坊は指定の十一日に出発し、同日は藤窪村修験東乗院に泊り、十二日牛込天神裏門前の山崎屋仁右衛門宅へ着いた。夕刻地頭所へ着届に赴き、山崎屋に戻ったが大病を発し、その報に接した幸太夫は宮本坊を検分し、即刻帰村を命じた。今日でいう熱中症でもあろうか。八月以降半年間は両者の対決はなかった。そのとき宮本坊は、内藤吉之助に対して新規用人佐々木幸太夫の登用により、地頭と村（知行支配）の関係が急速に悪化した事情を詳細に叙述し提出したのである。宮本坊が真正面から取り組んだこの願書は、地頭吉之助の掌中に収められたであろうか、不明に近い。長文であるが、宮本坊の主張を通して一件の発端を把握しておこう。

恐れ乍ら書付を以て願上奉り候

武州入間郡越生大先達山本坊霞内、同州比企郡須江村宮本坊申し上げ奉り候、地頭所内藤吉之助殿御台所御暮し方御差支えにつき、前々より村方へ先納金仰せ付けられ候所、村方にて調達致しかね候につき、よんどころなく拙寺へ村役人中より無心申し入れられ候えども、拙寺どうにも出来かね候につき、右の段相断り申候、然る所村方惣鎮守黒石大明神社堂多年零落に及び罷りあり候につき、拙寺先住只今は隠居つかまつり同居致し罷り在り候堅深法印代、去る明和八卯年、寺社御奉行所へ願い奉り、御府内御免勧化などつかまつり、其外御公儀御帳外地の山林等、本寺表（山本坊）へ相伺い差し図を請け少々売木つかまつり、数年丹誠心がけ置き候金子少々これあり候所、此の儀村役人中にも兼て承知の事に御座候間、右勧化金の内、用立てくれ候様達て申し入れられ候につき、御地頭所甚だ御差し支えの段、至て御痛ましく存じ奉り候ゆえ、よんどころなく、右の金子五拾両余まず差替え候て御用置申候ところ、去る丑年（天明元）より右の金子一向に無勘定にて、貧寺の拙僧甚だ難儀つかまつり候、これにより委細の訳合、恐れ乍ら左に申上奉り候

一前条に申し上げ候通り、拙寺にて先納金差し出し置き候分、利分の所は、年々田方上納米の内を以て差し引き勘定に致し来たり候間、拙僧分も去々子の暮（安永九年）までは相替らず田方上納米の内にて、村役人中より利足勘定致しくれ申候、然る所、去々子の暮、佐々木幸太夫殿と申す仁、御用人に召抱られ候所、この仁、万事につき我威の取り計らい致され、前条申し上げ候通り、一向無勘定にて甚だ難儀つかまつり候、去丑（天明元年）の暮などにも前々の通り、差し引き勘定に致しくれ候様、村役人中へ申し入れ候ところ、同極月（十二月）十七日に幸太夫殿直々須江村へ御入来これあり、拙寺に限らず惣て村方その日過（その日暮し）同然の後

家・やめなども奉公稼に罷出で、身代金など、或は二朱・壱分、または壱弐両つつも先納金差し出し置き候ところ、是れらも幸太夫殿権威にまかせ、一向無勘定に御座候ところ、下賤の百姓殊に後家・やもめの事に御座候ゆえ、いかほどに御返済の儀を願上げ奉り候ても、かつて御取り用いこれ無く、元来困窮の百姓に御座候えば、差し紙（訴訟）御願い申し候儀も力に及ばず、空敷く渡世致し罷りあり候、然るところ御地頭所御隠居忠五郎殿（吉之助の父）御代より別て御慈悲なし下され候ゆえ、村役人中取り計らいの儀も、すべて相談熟（そうだんずく）を以て村内平和に相い治り申候、尤も前々より御台所向き、年々御差し支えなどもこれあり候ゆえ、表向きにても右の通り金子御用立て置き、なおまた隠居堅深（光雲寺十世）御地頭所へ罷り出候節は、忠五郎殿（松翁）御直談にて御頼みもこれあり候ゆえ、御居間ならびに御長屋通り御修覆なども、忠五郎殿と拙寺隠居（堅深）と御互に心切熟（親切ずく）を以て、御修覆などの御相談にも及び申し候ことゆえ、中々当御代吉之助殿とても毛頭麁略には存じ奉らず候、別て当御代吉之助殿には御知行所（村）へ対し、惣て御憐愍厚くおぼしめし下され候えども、右幸太夫殿取り計かられ候以来、何事も構い無く取り計らい致され候て、村方を乱立申され候、拙寺へ対し候ても御用などと申し立、厳しき御差紙など度々遣わされ、万事甚だ権威強く迷惑に存じ奉り候、前条申上候勧化金の儀も、名主借り主組頭百姓代の加印、尤も御地頭所吉之助殿御裏印にて御用立て置き候所、今に御返済これ無く、殊に去丑年など一向無勘定に御座候ゆえ、社堂建立の儀も相掛り置き致し、今以て成就つかまつらず候仕合に御座候ゆえ、隣郷へ対し拙僧人情相い立ち難く、甚だ難儀至極に存じ奉り候、右躰幸太夫殿我威強勢の取り計らいのみ致され候ては、かえって御地頭所の御為に相なり申間敷と存じ奉り候、かえって御屋敷様方は臨時の御物入りなども間々これあり候ものに御座候えども、其の節御知行所（村）へ、いか様の儀仰せ付け候ても、中々御用弁じかね申すべき儀に存じ奉り候、畢竟幸太夫殿儀は、御譜代の御家来と申にもこれなく、唯その年切りの御抱えに御座候へば、譬ば明日にも御屋敷を退散致され候へば、跡々にては御地頭所、甚だ御差し支えに相成り申すべく候へば、僅か二、三年の内に、御知行所の治め方散々に致され、何心なき吉之助殿甚だ御痛ましく存じ奉り候、右の段々御慈悲をもって御勘弁なし下され、何とぞ右の金子御返済下され候て、社堂建立も首尾よく成就つかまつり、拙寺も相立ち、御知行所も平和にあい治まり候様に偏に願上げ奉り候、なおまた委細の儀は、御尋も御座候はば恐れ乍ら口上にて申し上げ奉るべく候、以上（天明二年）

正蔵院・宮本坊の先納金問題は以上のような動向であった。

年も明けて天明三年二月三十日、佐々木幸太夫は須江村役人から聴取した情報にもとづき、宮本坊に対し出府再開を命令した。幸太夫は地頭所裏書（吉之助）下知状により、三月五日着の出府を指示し、もし病気の場合は駕籠にてもよしと、命じたのである。

宮本坊が指示の五日に遅れ、翌六日江戸屋敷に着くと、幸太夫は「出府御大儀」と迎え、内藤吉之助の厳命であるから、明七日午前十時、宿問屋（公事宿）同道にて出頭せよといった。七日の朝、地頭屋敷において幸太夫は両者を天明元・二年の年貢永が不納であると責めた。しかし宮本坊は「拙僧不納仕り候覚えかつて御座無く候、却つて先納・先々納までも差し出し置候」と突っ撥ねたところ、明八日も出頭せよと命じられた。同時に宿問屋、すなわち伝通院前下野屋弥兵衛も「午後二時頃、須江村宮本坊同道致さるべく候」との「覚」を渡されたのである。

三月八日、指示通り地頭屋敷に出頭したところ、内藤吉之助の前で糺明をうけ、直ちに丑・寅の年貢を皆済せよと命じられた。しかし宮本坊は隠居松翁（吉之助の親忠五郎）の恃みに応じた経緯を説き「隠居正蔵院が御用立てた先納金御座候につき、差し引き勘定に成られず候ては、今後御年貢上納決してあいならず候」との口書を渡したのである。このたびは「様付」の一札であった。

差上申一札の事

一去ル丑寅（天明元・二年）両年分私所持田畑御年貢米永上納いたし候よう仰付られ候えども、隠居正蔵院より御用だて候先納金御座候につき、差し引き勘定になられず候ては、御年貢上納相ならず候、これにより口書差し上げ奉り候

天明三卯三月八日　　御知行所武州比企郡須江村
修験　宮本坊　印

内藤吉之助様御内
御役人衆中様

口書は一応受理したがその席上、幸太夫との応酬をみた地頭内藤吉之助は宮本坊に直対面し、用人幸太夫と同じ内容の指示をくり返し告げ、なお隠居正蔵院も出府するようにと命令を下した。また、須江村修験の頭先達西戸村山本坊にも差紙を遣わしたので、返書があるまで在府するようにという強硬な態度であった。宮本坊が出府を断ると、帰村のうえ正蔵院同道にて三月十七日出頭せよと、さらに圧力を加えられ、結局、宮本坊は請書を出して帰村することになった。

3　宮本坊江戸で抵抗をはかる

地頭所用人佐々木幸太夫の執拗な出頭命令に業を煮やした宮本坊は攻勢に転じた。すなわち、

①書札礼や殿付文書形式。

②須江村に来村し暴言を吐いた幸太夫からの言質。

③地方知行と文書の書式などを取り上げて喰い下がる。

ということであった。宮本坊は幸太夫から受ける年貢不納批判を切り返し、一方に地頭所側の勇み足や無知を論うことにより、自己の存在を誇示し、有利な条件を引き出そうと試みたのである。

まず宮本坊は、内藤家より到来する呼状文言の不備を衝くため、帰郷するや直ちに比企郡岩殿観音など三ヵ寺を廻り、寺社奉行久世出雲守より受けた呼状を借用のうえ、出頭期日の三月十八日江戸に着き、翌十九日、内藤家屋敷に参上し、冒頭に書式を幸太夫に見せ一撃を嚙ました。

幸太夫は一言も発せず、宮本坊が作った寺社奉行呼状の写を受け取り、武家の「書札礼」を学ぶことができ、「甚だ悦び忝なき由一礼申候」と返答をせねばならぬ状態となり、幸太夫は出鼻を挫かれたのである。また同時に宮本坊は、旗本・用人層に対し「殿付」の書状を送る件につき、幸太夫の批難を次のように斬って捨てた。

宮本坊の返答書は下書二通が残されている。一は「御尋ニ付申上候覚」と「覚」(下書)であり、二は端裏に「卯三月地頭所へ差し出し候答への写」とみえる。したがって二が提出分の写である。両文の差異は[ ]を付した部分、すなわち、「公儀御旗本を様付ニ相認候而、公方様をば何と相認可申哉」という刺戟的な部分が省かれたのである。

宮本坊は公辺向き文書は一般的に殿付であり、また本山派修験の頭先達越生山本坊の教示によれば、宗門人別帳提出先も殿付である。

なお内藤吉之助は将軍に御目見以上の旗本であり、一方宮本坊は天皇の御連枝である聖護院宮一品親王の御目見以上の身分で、とりわけ権大僧都(僧官)・三僧祇(法式)・法印(僧位)という官位に昇進している(本山派修験は門跡である聖護院が、権大僧都・法印まで勅許を得ずに補任したので、当時各地の門跡配下の同行山伏や准年行事・直末院・年行事は規定の納金で昇進した)。

なおかつ、法印の位は「職原鈔」によれば四位の殿上人に相当するのである。したがって、これに相当しない知行主に対し、吉之助殿と認めても失礼にはならないであろう、と答えたのである。

御尋ニ付申上候

御知行所ニ乍被相孕、内藤吉之助殿と殿付ニ相認候者、如何之存寄ニ候哉之旨被仰　聞候、此段書翰向抔ニ者随分様付ニ相認申候、公辺向候儀者殿付ニ而宜敷義哉と奉存候、［公儀御旗本を様付ニ相認候而、公方様をば何と相認可申哉］、尤頭先達（山本坊）江伺候所、御旗本江殿付ニ相認人別帳差出候例在之候旨被申聞候、内藤吉之助殿者［公儀御旗本ニ而］公儀江御目見江以上之御方ニ御座候、宮本坊者天子之御連枝聖護院宮一品親王江御目見江以上之人躰ニ而、就中権大僧都・三僧祇・法印之官位ニ昇進仕罷在候、法印之位階者四位之殿上人ニ相当之旨職原（鈔）ニ相見江候由及承候、左候得者吉之助殿と相認候而も別而失礼ニ可相成義とハ不奉存候、右之通相違無御座候、以上

天明三癸卯年三月日　　京都聖護院宮御末

武州比企郡須江村　宮本坊　貴寛

内藤吉之助殿　御用人衆中

「書札礼」と「職原鈔」を援用した宮本坊の殿付主張に関して、佐々木幸太夫は以後、いさかうことをやめたのである。

宮本坊はたじろぐ幸太夫に対し、畳み込むように公儀訴訟問題をもちかけた。幸太夫は須江村に出張し、宮本坊と渡り合った挙句、宮本坊を訴えると恫喝し、本山の越生山本坊へも、その旨書状を届けたのである。それは動かぬ証

拠となる。

先納金の年貢勘定が、内藤家・知行地須江村の名主および正蔵坊におのおの証文を取り交わして約定され、幸太夫着任まで実行されていた現状、さらに前々先納金負担の竹本村太郎兵衛へ長期にわたり須江村よりの年貢勘定、加えて奉行所御免の勧化金に拠って、立替上納したことに敗訴はありえない。宮本坊は内藤家用人幸太夫を法の名により追放しうるものと考察したにちがいないのである。したがって内済により曖昧な片付けを望む一面を見せながら、本質的には地頭所側からの公訴を求めていたのであろう。内済があるとすれば村役が背負う代替内済のみである。内藤吉之助・佐々木幸太夫を私領支配から、公の世界へ引き摺りだして決着をつける。宮本坊はそこに賭けたのではなかろうか。

4　宮本坊小普請組頭へ願書

宮本坊はたび重なる佐々木幸太夫の出頭命令に困惑し、正蔵院の病気、また自身の病状を述べ、在府拒否をはかった。先納金返済がえられず経済的に困難であるとか、また京都で聖護院大門主様御附弟寛宮様が、禁裏御所より御入寺なされたので、その祝いのために上京し、聖護院森御殿に参上せねばならないなどを理由に、長期に及ぶ在府を拒否し続けたのである。しかし幸太夫からの出頭命令はあとをたたなかった。

宮本坊は内藤屋敷において佐々木幸太夫との論争に「書札礼」や「職原鈔」を用いてわたり合い、さらに幸太夫が公訴の決定に言及すると、直ちに逆手に取って「御公儀御奉行所より召出され候はば、早々罷出逐一返答書を以て答え奉るべく候へども」地頭所の命令には一切応じない。したがって須江村に「待機」して「公儀」の出頭命令をうける所存である、との届書を提出したのである。さらに加えて属する本山派修験の総本寺から地頭所側が公訴に及ぶならば「地頭所（江戸）へ罷り出候事、厳敷く差し留め」られている、と書き加えたのである。

さらに宮本坊は旗本内藤家の属する小普請の組頭にこの一件を届け、地頭所からの出頭命令に応じない旨、報告したのである。小普請組頭戸田三郎兵衛に提出した届書において、宮本坊は次のように述べている。

（前略）公儀御呼出しの外、出府致し候義は相成り難き旨、此の度吉之助殿用人中迄、書付を以て相届け申し候、此の段如何の儀に候哉と思召も御座あるべきと存じ奉り、ひと通り申し上げ奉り候、右は村方の儀、前文にも申し上げ候通り、村方先納金を以て数十年吉之助殿御暮し方、ならびに村方も平和に相治り来り候所、去る子年、佐々木幸太夫殿住み込み候以後、理不尽の儀を以て村方を乱され、其の上前書一件の儀も随分平和に御糺御座候はば、内済も仕るべく候ところ、其の儀御座無く候ゆえ、拙僧方より私出訴仕る筈の所、金銭の儀に付吉之助殿御名を出し候儀、三衣着用致し候身分にて如何にもと存じ奉り候間、何卒内済の手段も御座有るべき哉と存じ罷りあり候所、却て幸太夫殿には、主人御名を出され公訴を相好まれ候儀は、拙僧には幸いの儀に御座候へ共、幸太夫殿身分に取り候ては、主人の御為には相かまわれず、自分の我威を以て村方を乱し、相楽しみ候儀と存じ奉り候、これにより、この上は幸太夫殿より御呼出しにては、何ケ度仰せ聞かされ候ても、拙僧・隠居共に決して罷り出ず候間、此の段御組頭様の儀に御座候間、一と通り御届け申し上げ置き候、以上

と、三月二十日、宮本坊は右の届書を持参し、小普請組頭戸田三郎兵衛の屋敷へ赴いたところ、主人三郎兵衛は他出中との理由により、用人片岡文左衛門が預かったのである。宮本坊は翌二十一日、再度戸田家を訪れたが、主人は小普請組同役の窪嶋市郎兵衛との重要な談合が決着せずとて、宮本坊は明二十二日の夕刻、再々訪を求められた。

三月二十二日夕刻、宮本坊は戸田家の門を叩いた、然し用人片岡文左衛門が対面し、戸田は前掲窪嶋市郎兵衛と、詰切りの談合中であり面会できないと断り、宮本坊の届けを返却したのである。その折り、一件が内藤家当人の越度

になるものかその処置決定が困難である。それゆえ明二十三日、宮本坊旅宿に赴き指示を伝えるとの返答であった。小普請組頭が寄合いをして対応に腐心したのであろう。

宮本坊は二十三日、旅宿において終日、戸田家からの指示を待ったが無視され続けたのである。そこで三月二十四日の早朝、宮本坊は朝駆けで戸田氏を訪ね、昨日返報を待ち続けたむねを話し、なお昨夜突然旅宿まで国元の飛脚が到来して、直ちに帰村すべき事態が生じたと伝えた。

用人片岡は、昨日主人が小普請組頭仲間惣寄合のため返報せず、本日正午面会したいとのことであると伝えたが、宮本坊は同刻に江戸を発ち帰郷すると述べ、応じなかった。宮本坊はその足で知行主の内藤家に廻り、経緯を報告したところ、幸太夫は宮本坊にたいして夜までの待機を求めた。宮本坊の最後通牒ともいうべき手段に、何らかの対策を講じたかったのであろう。しかし内藤吉之助と相談の結果「此の方より、何れとも差し図致し難」いとの書状を記し、幸太夫は宮本坊を無視したのである。

翌二十五日の朝、宮本坊は須江村へ戻った。

宮本坊の帰村後、小普請組頭戸田三郎兵衛は組下の内藤吉之助に対し、再度、正蔵院・宮本坊の出府拒否の真相を糾明せよと命じた。用人佐々木幸太夫は三月二十八日、正蔵院・宮本坊に小普請組頭戸田—小普請内藤—用人佐々木という上意下達命令であるから「腚と御返答」するよう須江村に命じたのである。

宮本坊は同二十九日、直ちに次のように返書を認め、幸太夫宛に急送した。

御書付拝見致し候、隠居儀病気全快にても、拙僧同様罷り出ず候哉の旨、仰せ聞かれ候、此の儀、先達而、御組頭（戸田三郎兵衛）表迄書付を以て、御届け申し上げ置き候通り、隠居儀大病ゆえ罷り出られぬ状況は、一と通りの事にては御座なく候、先日差し出し候御届書にも申し上げ候通り、去々丑（天明元年）の暮、村方え貴公御出の砌り、拙僧ならびに隠居共に御掛合申し候処、両人共に貴公の御心底に服さぬため、内藤家より公訴に成られ候と仰せられ、拙寺頭先達（越生山本坊）まで、御書付を以て御届け置かれ候ゆえ、此の上は御差し出しの節、公儀より御呼出しの外は両人共に決して罷り出ず候、ならびに公儀え御苦労かけ奉り候こと、御互いに本意の筋にてもこれ無く儀と存じ奉り候間、何れの筋にても罷り出ず候と申す義理は御座無く、もし又、内済の手段にても仰せ聞かれ候事に御座候らはば、此の上も無く目出度き儀に御座候間、拙僧壱人は出府仕るべく候、隠居儀は寺役は勿論、公私両用、世用坊跡等まで残らず拙僧方へ相譲り隠居仕り候間、何れの節にても罷り出ず候、右の通り相違御座無く候間、御頭番より御下知に御座候らはば、右の趣を以て仰せ立られ下され候様、御披露頼み奉り候、以上

卯三月二十九日　　宮本坊印

内藤吉之助殿御内　佐々木幸太夫殿

宮本坊が、隠居正蔵院は病気のため出府は不可能であると強調したのは、幸太夫と対等に論議できるのは自分以外にないと考えたからであろう。また、公訴の件は幸太夫が言い出したことであるが、公儀をわずらわせることでもあるので、内済の手段で解決できるならば宮本坊一人で出府してこれに応じるので、小普請番組頭戸田三郎兵衛の下知を願う、というものであった。

宮本坊としては自己の年貢物成より、元利差し引き返納を求めるための抵抗であるから、目的が全うされる条件に近づけたかったのである。

幸太夫と宮本坊の対立状況に変化を認めた里修験のなかから、出入りの収拾にのりだす動きも存在した。四月十二日、比企郡高坂村の教宝院は、宮本坊を訪れ、出入り取扱い（内済交渉）を申し出たのである。しかし宮本坊は当方

より毛頭依頼する意向はないと断った。しかし教宝院の強い希望があり、宮本坊の従来からの主張をもって交渉に臨むことになった。

教宝院は四月十四日江戸へ出発し幸太夫と交渉に及んだが、教宝院の条件に対して地頭側は妥協せず、教宝院は二十日高坂村にもどり二十二日、宮本坊にその旨報告した。

高坂村教宝院の取扱いは内藤吉之助より小普請組頭へ直ちに報告された。公訴ならば応じると強硬一点張りの宮本坊の態度が、若干軟化したとみた戸田三郎兵衛は、公訴へ進展することを恐れていた手前、即時対策変更を内藤家に命じたのである。幸太夫はその意をうけて、同月二十五日宮本坊に江戸へ出府するよう要請した。

口上覚

御頭方（戸田三郎兵衛）より、内済懸け合致し候様、仰せ渡され候間、来る二十七日迄に出府成らるべく候、以上

四月二十五日　　　　　　　　　　　　内藤吉之助内　佐々木幸太夫　印

須江村　宮本坊様

しかし宮本坊は「公儀御奉行所」からの出頭命令以外は、いかなる事態に直面しても出府せずと、固い意思表示を再三幸太夫に伝え、自からは須江村を出なかったのである。だが事態は多少とも進行しており、四月二十八日、高坂村教宝院が須江村を訪ね、幸太夫へ取扱い不調後の挨拶状について相談したのである。教宝院はいかなる報告を江戸に送ったのであろうか。同院には史料が残存せず不明である。恐らく内済取扱いについて幸太夫の出方を確かめたのであろう。

また須江村の治右衛門は四月二十三日、内藤家屋敷へ飛脚として出府し、三十日に帰村した。幸太夫が名主権平に村方の状況や宮本坊の動きを報告させたのであろう。村内の動向を把握した幸太夫は、早速、村飛脚の治右衛門に托

して宮本坊へ再考をうながす書状を届けたのである。

夏作の農繁季をむかえ宮本坊―幸太夫間の対立は膠着状態であった。

5　抵抗を続ける宮本坊

宮本坊は内藤家の出頭命令を拒否し、「公儀奉行所の差し紙」以外には応じられないと、頑なな態度を崩さなかった。一方、頭先達の越生山本坊からは、公儀の出頭命令に違背なく即応せよと居村離れを禁じられ、宮本坊の行動が規制される形となった。しかし宮本坊は内藤家の須江村知行に越度がみえれば指弾を続けた。

天明三年（一七八三）十月、田方検見に出役した内藤家役人が、検見費用を国役金と称して賦課したのであるが、割当の基礎を村高三〇六石として、一軒地（四三二文）、半軒地（二一六文）、四半軒地（一〇八文）、六ツ一軒地（七〇文）、八ツ一軒地（五二文）と負担金をきめ、名主権平がこれを村内に廻覧した。しかし宮本坊は村高に異議有りと出銀に応じなかった。

宮本坊は、年貢割付状が村高二六七石三斗六升六合であり、村高を三〇六石とするのは納得がいかない、と噛みついたのである。最初に述べたように内藤家は須江村の拝領高がそれであり、改出新田高三八石八斗三升七合五才を加えて村高三〇六石余りとなる。したがって賦課規準高は二六七石余りであり、宮本坊は得心できるまで出銀に応じぬとして納入延引に及んだのである。一年を経過しても国役金納入の延引は村で燻り続け、天明四年十月晦日、宮本坊はあらためて、幸太夫に願書を届け、賦課規準の村高などについて次のように申し入れたのである。

書付を以て願い奉り候

京都聖護院宮本末

武蔵国比企郡須江村宮本坊現住　願人　貴寛

右貴寛申上げ候、去卯年（天明三）十月中、田方検見として村方え御出なられ候節、国役金御取り立ての儀、名主方え仰せ渡され候処、須江村惣高三百六石弐斗三合の割合を以て割り出し候につき、御割付面通りには相違致し候ゆえ、何れが本高に御座候哉、得心まいり難く候間、銘々小前微細に御取り調べ下さるべく候旨、書付を以て申し置き候所、其の後一向に御挨拶もこれ無く、又候、当年も国役金村方へ仰せつけられ候らえども、拙僧ばかり両度に及び延引致し候ては、後日に至り越度にも相い成るべき儀と存じ奉り候間、一日も早く相納め申したく候へ共、先達て申候通り村高不落着にては、相納め難く候、ならびに惣百姓の儀も、たとえ一銭たり共、無筋の国役金差し出すべき筈は御座無き儀と存じ奉り候間、何卒此の度、早速御取調べ下され、銘々小前高相分り、惣〆三百六石二斗三合と相成り候ものか、何れにも決定つかまつり、拙僧儀も一同早速相納め候よう、御取調べ下され度く、ひとえに願い奉り候

一村方小前屋敷畝歩の儀なども、慶安年中の名寄帳には惣〆一町八畝歩ほどと相見へ候所、近来の御割付には屋敷一町八反八畝歩とこれ在り候えば、是れらの儀も、何れが定式に御座候や、甚だ不埒の儀と存じ奉り候、もし右名寄帳通りにも御座候えば、是まで何年となく惣百姓無筋の屋敷年貢差し出し、猶又以来も惣百姓永々難儀に御座候え共、兼て困窮の百姓に御座候へば相願い候も叶い難く、空敷打ち過ぎ罷りあり候所、拙僧沙門の身分にて見捨てがたく奉り候につき、此の度願奉り候間、旁々早速に御取調べ下され候様、ひとえに願い奉り候、猶又委細の儀は御尋ねも御座候はば、口上にて申し上ぐ可く候、以上

天明四甲辰年十月日　　　　宮本坊現住　貴寛印

内藤吉之助殿御内　佐々木幸太夫殿

以上の通り、村高と総屋敷反別の二点についての確認であった。幸太夫は同年十一月、早速、名寄帳と年貢割付状の反別相違点を照合し、八反歩の差違を認め、今後、年貢割付状の記載を訂正すると名主方へ指示し、かつその旨を宮本坊貴寛方へ「とくと申し達すべし」と内藤吉之助の指示を受けたと報せて来たのである。

6　佐々木幸太夫の年貢徴収策と失脚

天明三年（一七八三）十月、検見と国役賦課について宮本坊が反抗を試みたのは、内藤家の用人佐々木幸太夫が本格的に年貢徴収に着手したからである。それまで専ら威圧により先納金の納め切り方針をつきつけたが、宮本坊の強力な抵抗に遭遇し、一応ことの解決を先き送りし、着実に村方年貢を収奪することに力を傾注したのである。その方法は、知行村の年貢徴収を綿密な調査によって検見・定免（定め石）を選び、年貢収取高の後退を阻止しようとの試みであった。

須江村田畑惣反別の一筆（田畑一枚）ごとの収量を稠密に算出し、おのおの小割（賦課）額を決定し、財政難の切り抜けをはかる施策は、幸太夫が旗本家政救済の辣腕な巧者であったことを示している。たとえば、天明三年より七年にいたる知行地須江村・二ノ宮村の合計物成高を示した表10を作成した結果、同六・七年を除き、毎年三〇〇俵以上を確保したことが判明する。

須江村の宮本坊は先納金問題により、年貢納入に応じていなかったが、その所有地に対する賦課額を検討すると、後掲表11のごとく同一田品（たとえば上田の等級）でも、検見により収穫状況を精査したうえで毛付を決めたことがわかる。また、定免として天明四年と同七年分が賦課されたのは、須江村の水田が荒廃にあたらず、検見毛付よりも反取り定田が内藤家にとって有利であると判断したからであろう。

表10　内藤吉之助知行所　須江・二ノ宮両村合計物成高

年	物成合計	永合計	山年貢	酒造冥加永
天明3年	304俵3斗5升4合	59貫214文5分8厘	200文	
天明4年	315俵3斗5升4合	同	同	
天明5年	335俵3斗5升4合	同	同	125文
天明6年	227俵2斗8升7合2勺	同	同	同
天明7年	201俵5升6号2勺	同	同	同
5年平均	277俵4升1合8才	59貫214文5分8厘	200文	125文

事実、宮本坊の米納年貢量は、定免（定田）年代が圧倒的に高額である（詳細は表11を参照）。賦課実数をみると、天明三年が四石六斗八升八合三勺五才（一町九反一歩）、同四年が八石五斗三升一合三勺五才（三町一歩）、同五年が五石七斗五升二勺三才（二町二反三畝一八歩）、同六年が三石三斗一升五合三才（二町三反七畝一九歩）である。

凶作年次に納高が倍加されているのは、内藤家用人佐々木幸太夫が、検見による減収を避けて、反取り定田方式による巧妙な微収策をとったからである。かような方式により須江村から年貢収取をおこなったが、宮本坊は納入を拒み続け、先納金の元利返済分を年貢高より差し引くことを要求した。

表12に整理したように先納金返済額にあたる元利合計額は、安永九年次に金六五両一分二朱、銀三匁七分五厘となっていた。この額が天明元年の元金となるので、同年は利金一三両、銀五匁二分五厘で合計元利金七八両二分、銀一匁五分となった。ただしこのなかから、金六両と銀七匁五厘を差し引くので、金七二両一分二朱と銀一匁九分五厘となる。

これが天明二年の元金となり、以下表12に示したように同五年には差引き一〇〇両を超えたのである。この実情では、年貢より差引き受け取りによる先納金返済は不可能事であった。宮本坊はこれを打開し、内藤家より先納金を返済させる実をとるために、内済策を探ったのである。

天明五年十月、内藤家は公訴すると言明したまま実行しない。先納金は年貢納高から差し引いても利分に引足りないため元金が増えている。宮本坊としては内済の方向で処理しても

天明5年検見		天明6年検見			天明7年定免	
検見毛付	納　高	反　別	検見毛付	納　高	反　別	納　高
3合	263.94	上11.22	1合5勺	176.00	上11.22	118.20
3合	49.50	上2.06	荒	0	上2.06	67.30
3合5勺	129.49	上4.28	1合5勺	132.00	上4.28	188.50
6合	648.00	上14.12	3合5勺	432.00	上14.12	701.00
4合	369.93	上12.10	2合5勺	277.44	上12.10	575.40
4合5勺	489.37	上14.15	2合5勺	380.62	上14.15	747.30
3合5勺	66.49	上2.16	1合	28.60	上2.16	97.75
4合	549.93	上18.00	5勺	67.50	上18.00	748.00
2合	231.49	上15.13	1合	173.62	上15.13	611.30
3合5勺	336.86	上12.25	1合	144.37	上12.25	506.30
1合	27.46	下3.20⑦	5勺	6.87	下3.20	133.65
3合	297.53	下11.27⑧	5勺	22.50	下11.27	515.70
4合	507.00	中16.27	2合	316.87	中16.27	770.90
3合5勺	213.49	下8.04	1合5勺	112.00	下8.04	299.00
2合5勺	297.53	上15.25	1合	178.12	上15.25	683.50
4合5勺	540.00	上16.00	1合	180.00	上16.00	584.00
3合	450.00	中21.25⑨	5勺	37.50	中21.25	708.80
荒	0	下10.01	2合5勺	225.75	下10.01	323.30
4合	312.00	上10.21	2合	195.00	上10.21	444.40
		上14.01	2合	263.12	上14.01	544.60
	5750.23 外延口米 821.46 計　6571.68 （16俵1斗7升 6升8才）	237.19		3301.53 外延口米　472.19 計　3773.46 （9俵3斗7升 3合4勺6才）	237.19	9766.90 延口米共 計　9766.90 （24表1斗 6升6合9勺）

表11　須江村宮本坊の所有反別と年貢米

年次／小字	天明3年検見			天明4年定免		
	反　別	検見毛付	納　高	反　別	納　高	反　別
町田はりま川	上田11畝22歩	2合	175. 合9勺9才	上11.22	518.02	上11.22
同　所	上田2.06	5勺	8.22	上2.06	67.30	上2.06
はりま川	上田4.28	3合	110.99	上4.28	188.50	上4.28
同　所	上田14.12	6合5勺	487.50	上14.12	701.00	上14.12
宮の前	上田12.10	5合	462.45	上12.10	57.54	上12.10
同　所	上田14.15	5合	543.75	上14.15	747.30	上14.15
同　所	上田2.16	4合	75.99	上2.16	97.75	上2.16
同　所	上田18.10①	4号5勺	573.75	上18.00	748.00	上18.00
同　所						上15.13
筋　違	上田12.25②	4合	360.00	上12.25	506.30	上12.25
赤　貫	下田3.20	3合	82.39	下3.20	133.35	下3.20
同　所	下田11.27	4合	357.00	下11.27	515.70	下11.27
同　所	中田16.27③	4合	300.00	中16.27	770.90	中16.27
同　所						下8.04
穴　田	上田15.25	2合5勺	296.87	上15.25	681.50	上15.25
広つら	上田16.00④	2合	215.00	上16.00	584.00	上16.00
北の前	中田21.25⑤	2合5勺	375.00	中21.25	708.80	中21.25⑥
向　田	下田10.01	3合5勺	263.36	下10.01	323.30	下10.01
町　田				上10.12	444.40	上10.12
並木前						
合　計	190.01		4688.25 用捨引　93.76 残り　4594.00 外延口米　657.01 計　5251.50	200.01	8531.35	223.18

註　① 18.10の内1.10荒，残17.00が4合5勺
② 12.25の内0.25荒，残12.00が4合
③ 16.27の内6.27荒，残10.00が2合
④ 16.00の内1.00荒，残15.00が2合
⑤ 21.25の内1.25荒，残20.00が2合5勺
⑥ 21.25の内1.25荒，残20.00が3合
⑦ 3.20の内1.25荒，残1.25が5勺
⑧ 11.27の内5.27荒，残6.00が5勺
⑨ 21.25の内11.25荒，残10.00が5勺

元　利　合　計	差　し　引　金	差し引，翌年元金
元利合78両2分，銀1匁5分	その内金6両，銀7匁5厘	差引72両1分2朱，銀1匁9分5厘
元利合86両3分2朱，銀8分4厘	その内金8両3分，銀1分5厘	差引78両，銀7匁2分9厘
元利合93両2分2朱，銀7匁2分4厘8毛	その内8両2朱，銀4匁5分5厘	差引85両，銀2匁6分9厘8毛
元利合102両と銀3匁2分3厘7毛	その内10両2分，銀3匁6分3厘	差引91両1分2朱，銀7匁1分7厘
元利合109両3分，銀2匁5分2厘8毛	その内8両3分2朱，銀7匁2分1厘	差引100両3分，銀2匁8分1厘
元利合120両3分2朱，銀4匁8分8厘1毛	その内8両，銀3匁7分3厘	差引112両3分2朱，銀1匁1分5厘1毛
元利合135両1分2朱，銀5匁8分8厘	その内14両2分，銀2匁2分	差引120両3分2朱，銀3匁4分8厘

よい。現今の早期解決策として、

①公訴。

②差し引勘定の正式書類作成。

③幸太夫の判断による内済。

以上三項について伺いたいと妥協に傾斜したのである。佐々木幸太夫はこの取り扱いについては即応せず、待機戦術をとり、宮本坊の出方を窺ったのである。元金借金の累積は続くが、権力をもって処置する方針は変えなかったのである。

そして天明八年をむかえると、元利金一二〇両を超えた。公訴は小普請組頭も判断したごとく旗本側に不利である。しかも先納金は、幕府公許の勧化金借用を、知行村をとおして年貢差引勘定でおこなう約定であった。

そこで内藤吉之助は、一〇年近く家政を執った佐々木幸太夫の更迭を決断し、長い抗争に終止符を打つことにしたのである。

天明八年四月、新用人稲沢甚右衛門を採用し、須江村名主権平を通して宮本坊と妥協点を探った。

すなわち年貢米による年賦返済方式をとり、宮本坊年貢額より一ヵ年米一四俵引取りである。ただし、石代相場により一四俵分の金高引落しとするものであった。長年にわたる先納金返済滞りであるから、元金額の決定

表 12　先納金元利差し引き勘定一覧

年　代	元金の推移	利　　金
天明元年元金	金65両1分2朱，銀3匁7分5厘	此利金13両，銀5匁2分5厘
天明２年元金	金72両1分2朱，銀1匁9分5厘	此金利14両1分2朱，銀3分9厘
天明３年元金	金78両，銀7匁2分9厘	此金利15両2分，銀7匁4分5厘8毛
天明４年元金	金85両，銀2匁6分9厘8毛	此金利17両，銀5匁3厘9毛
天明５年元金	金91両1分2朱，銀7匁1分7厘	此金利18両1分，銀2匁9分2厘1毛
天明６年元金	金100両3分，銀2匁8分1厘8毛	此金利20両2朱，銀6厘3毛
天明７年元金	金112両3分2朱，銀1匁1分5厘1毛	此金利22両2分，銀4匁7分2厘9毛
天明８年元金	金120両3分2朱，銀3匁4分8厘	

註　天明元年元金は安永９年 12 月証文高である．

表 13　先納金年賦返済一覧

年　代	年賦返済俵数	石　代　金（時価）	銭　相　場	米　相　場
天明８年分済	米14俵但し4斗入	此石代金 5両，鐚312文 （此銀3匁1分9厘）	銭相場 5貫900文かへ	米相場 9斗6升5合かへ
寛政元年分済	米14俵但し5斗入	此石代金 4両3分2朱，鐚473文 （此銀3匁7分8厘）	〃 5貫900文かへ	〃 1石1斗3升かへ
寛政２年分済	米14俵但し6斗入	此石代金 5両，鐚133文 （此銀3匁1厘）	〃 6貫文かへ	〃 1石1斗1升6合かへ
寛政３年分済	米14俵但し7斗入	此石代金 8両2朱，鐚617文 （此銀6匁6分6厘）	〃 5貫500文かへ	〃 6斗8升かへ
寛政４年分済	米14俵但し8斗入	此石代金 5両2分，鐚567文 （此銀6匁）	〃 5貫700文かへ	〃 1石かへ
寛政５年分済	米14俵但し9斗入	此石代金 6両3分，鐚464文 （此銀4匁7分7厘）	〃 5貫800文かへ	〃 8斗2升かへ
寛政６年分済	米14俵但し10斗入	此石代金 5両2分2朱，鐚700文 （此銀7匁1分2厘）	〃 5貫900文かへ	〃 9升7升かへ
寛政７年分済	米14俵但し11斗入	此石代 金7両	〃 6貫文かへ	〃 8斗かへ
寛政８年分済	米14俵但し12斗入	此石代金 5両2分2朱，鐚189文 （此銀1匁6分9厘）	〃 6貫100文かへ	〃 9斗9升かへ
寛政９年分済	米14俵但し13斗入	此石代金 5両2分，鐚276文 （此銀2匁6分6厘）	〃 6貫300文かへ	〃 1石1升かへ

註　寛政９年暮　　合計金 60 両 1 分 2 朱と銀 1 匁 3 分 8 厘
残金　4 両 2 分と銀 6 匁 1 分 2 厘
その他　銀合 38 匁 8 分 8 厘
金にして　2 分 2 朱と銀 1 匁 3 分 8 厘

には両者の意向は当然ながら対立した。宮本坊は妥協して七〇両としたが、内藤家と村役人側は六五両を提示し、宮本坊が押し切られるかたちで決定された。

表13に整理を加えたように、宮本坊への返済は天明八年分より寛政九年（一七九七）までかかり、金六〇両一分二朱と銀一匁三分八厘となり、残る四両二分と銀六匁一分二厘が翌年にもち越されたのである。

7　旗本内藤家は関東郡代役所貸付金運用策に転換

隠居正蔵院をたすけて先納金返却を闘った宮本坊にとって、長い一〇年の歳月であった。しかし、旗本と地頭所村落＝知行村との生産点闘争は、ここで終わったわけではない。内藤家は勧化金を利用した先納金問題が決着をみると、知行村に借金の肩代りを求めて、関東郡代役所貸付金を借用するのである。改元により寛政が享和となった頃のことである。

旗本内藤家は寛政九年（一七九七）の暮、宮本坊への返納金四両余（五両弱）を残したが、同十年に完済のはこびとなった。しかし、逼迫した財政再建の見通しはなかった。宮本坊からの年貢納入も正常化した享和元年（一八〇一）、須江村から納めた年貢は表14のごとくA米一三石六斗（この代金一一両二分）とC永二貫四二一文九分四厘（この代金二両一分二朱と鐚五一二文）であった。

多摩郡二ノ宮村からの年貢は畑方永納を主体としたものであり、期待できなかった。家政の放擲はありえない旗本にとって、残されたみちは年貢増徴策である。しかも従来のごとく先納金・御用金の賦課を実施して局面の打解をはかることであった。

享和二年五月、前年より用人稲沢甚右衛門に代わり、その役についた吉田定右衛門・金田善兵衛両名は、かつて内

表14　享和元年，須江村の年貢皆済内訳

A　米納高

水田年貢高	その内差引き高	納　　高	石代金
米13石6斗	3斗（組頭2名給米） 1石8斗（権平扶持米支給）	米11石5斗（米は1両1石替） （銭は1両6貫650文替）	11両2分

B　納入項目

納事項	金　高	利　分	差し引き	残　高	合　計
7月上納	1両	鐚552文			
7月権平上納	2両	金2朱鐚274文	権平へ路用に渡す		
12月上納	1両1分2朱				
12月　〃	3両1分2朱				
12月　〃	1両2朱				
2年3月　〃	1両			1両1分330文	11両2分

C　畑永納高

畑永合計	山年貢	納高（金にして）
2貫421文9分4厘	200文	2両1分2朱512文

D　納入項目

納事項	金　高	残　金	合　計
6月上納 9月上納 12月上納	2分 2分400文 1両	1分2朱112文	2両1分2朱512文

藤家が宮本坊の勧化金を先納させた同額の、金五五両を村に課したのである。しかもその方策は旗本知行村等で用いられていた関東郡代貸付金の投入であった。

村内有徳の農民を選び拝借人に仕立て、領主階級が御用金・先納金として利用するものである。関東郡代貸付金は、先学の指摘されるごとくさまざまな流用がなされていた。旗本内藤家は、郡代貸付金利用のプロである請負人吉田・金田両用人を雇い、前轍を踏むことをさけた。

新規用人の年貢徴収策に与して、巧妙に立ち回ったのは名主権平であった。自らは拝借人とならず、村内の組頭政次郎（四三両）・同寅松（一二両）両人を貸付金拝借人とし、村からの先納金とした。しかも名主権平は内藤家の「扶持人」となり、旗本側に組み入れられ、年間一石八斗の支給をうけ、内藤家知行の一端を担うことになった。

「名主これなし」という変則的な村行政の開始であった。関東郡代貸付金は、享和二年戌五月より寅十二月まで五ヵ年季、年利一割勘定で、毎年十二月十五日限りで上納するものであった。そして御用金であるから、年季明けは勿

表15　関東郡代役所拝借金担保物件（政次郎・寅松名儀）

小字名	田品	面積（畝・歩）	名寄帳面地主（慶安5）	当地主（享和2）
宮の前	上田	17・02	佐右衛門	政次郎
ねからみ	上田	17・18	五右衛門	同上
すしかい	上田	15・13	滝本坊	同上
五反田	上田	21・26	金蔵	同上
すしかい	上田	16・15	庄左衛門	同上
はりま川	上田	10・24	庄九郎	同上
道の前	上田	15・23	甚右衛門	同上
九反の町	上田	20・14	弥次右衛門	同上
道の前	上田	14・05	三右衛門	同上
かいと田	上田	17・25	助内	同上
北のまへ	上田	23・00	清左衛門	同上
沖町	上田	15・25	同人	同上
九反の町	上田	21・18	主計	同上
小計	上田	227・28		
二反田	中田	21・09	金蔵	政次郎
ゆか沢	中田	19・24	三右衛門	同上
北沼下	中田	21・25	助左衛門	同上
ひしまかり	中田	15・26	主計	同上
あみだめん	中田	24・06	蓮花坊	同上
小計	中田	103・00		
すまた	下田	17・12	五右衛門	政次郎
つかた	下田	23・25	十左衛門	同上
赤貫	下田	16・27	与蔵	同上
ゆか沢	下田	16・06	助左衛門	同上
ゆか沢	下田	18・18	同人	同上
赤貫	下田	15・09	縫殿助	同上
小計	下田	108・07		
すしかい	上田	18・10	五右衛門	寅松
並木前	上田	8・15	清左衛門	同上
みつおさ	上田	20・08	将監	同上
並木前	上田	15・00	将監	同上
九反のまち	上田	15・00	庄右衛門	同上
小計	上田	77・03		
北のまへ	中田	16・27	新八郎	寅松
下のかいと	中田	12・17	助内	同上
川間	中田	17・06	将監	同上
小計	中田	46・20		
合計		562・18（10歩違算有）		

論、年季内返納を命ぜられたときは、凶作であっても元利添えて返納せねばならなかった。また返納が滞った場合は質地取上げ（担保）御払い処分とし、代金が借用額にみたぬ場合は加判人が提出することとなった。もし質地の買請人が無いときは、加判人と惣百姓が引き請け金を調達するという、「村請御用先納金」であった。

関東郡代貸付金の拝借証文は、用意周到・綿密に村方の責任を規定した。また担保とする上田・中田・下田の質入れ値段より、金五五両相当の田品反別を揚げ、表15に整理を加えたごとく明細を示している。

政次郎と寅松の所有とされる担保水田は、慶安五年（承応元・一六五二）の名寄帳をもとに、享和二年（一八〇二）、両組頭の持高五五石に算定されたが、これは事実ではない。須江村には水田を一〇町歩以上所有する農民は存在せず、なお四町歩余をもつものさえ存在しなかった。村には賦課された五五両の先納金、すなわち、関東郡代貸付金借用のための、担保物件作成用に操作された「村請拝借証文」なのである。

領主と農民は、貢租をとおして、永続的に生産点闘争をさまざまな形態で繰り広げる。村と農民にとって平安は一日たりとも存在しないのである。

第二節　旗本日比野家知行と御勝手方賄い

――武蔵国比企郡今宿村――

一　旗本日比野家と村の対立

1　日比野家の系譜

日比野家は小笠原信濃守長清の後裔で、ひととき村井氏を称したがのち、日比野にあらためたという。家祖忠次は小笠原氏に仕えたが同家没落後、北条安芸守のもとに出仕し戦功をあげた。しかし越後の陣において討死し、その子忠安が継嗣し、北条氏没落後は酒井雅楽頭忠世の家臣となった。ついで、忠重（忠綱）が家康に仕え、慶長十九年（一六一四）より御天守番をつとめて、慶安三年（一六五〇）死去し、駒込の高林寺に葬られた。

その子七郎右衛門忠次は、館林藩主徳川綱吉の神田館に出仕し小十人組頭となった。延宝八年（一六八〇）御家人に列し稟米二〇〇俵を給され、西の丸に勤仕したのである。

天和三年（一六八三）四月より綱吉の母桂昌院の広敷番頭となり、三の丸に伺候した。貞享元年（一六八四）十一月、五〇俵を加禄、さらに元禄九年（一六九六）十二月、新恩五〇俵を加えられ計三〇〇俵、さらに桂昌院のはからいにより元禄十七年正月二十一日、二〇〇石を加賜され、この日、稟米をあらため五〇〇石の知行地を武蔵国比企郡今宿・竹本・本宿三ヵ村において安堵され、享保八年（一七二三）九〇歳で没した。

忠次の子萬右衛門は早世したため、萩原七郎兵衛友清の二男を養子にむかえ、七右衛門忠照が継嗣、忠照は元禄十二年に大番、享保元年（一七一六）大番頭とすすみ、同十五年二条城の勤番中京都で死去した。その子七之丞忠義は、享保二十年大番となり、寛保元年（一七四一）六月新番に転じ、安永五年（一七七六）死去した。

忠義は長男忠一に先立たれたため、望月八郎左衛門直温の二男幸次郎忠胤を養子とした。忠胤は安永九年大番に列したが、寛政四年（一七九二）三六歳で死去し、七太郎（七歳）忠誨《ただみち》が一七歳で継嗣し、朝比奈八左衛門昌武の娘を妻にむかえたのである（以上、主に『寛政譜』第四による）。

この七蔵忠誨は家政を顧みず、知行所三ヵ村の経営は御用役に任せ切りであった。また男子にめぐまれず諸星伝左衛門家より養子貞次郎をむかえて継嗣させた。以後、日比野家はその子貞之助を経て、孫重三郎のとき維新をむかえたのである。本節で検討する旗本知行の動向は、主として七蔵忠誨と貞次郎の時代である。

2　日比野家と知行所

旗本日比野家が比企郡今宿村（鳩山町）・竹本村（同）・本宿村（東松山市）を知行所として安堵されたのは、元禄十七年（一七〇四）正月のことである。とき恰も三月改元にあたったので、宝永元年といってもよい。知行高は五〇〇石であった。その後、三ヵ村で若干の物成（年貢）が増加し、幕末維新期には七六八石五斗七升二合（『旧旗下相知行調』）である。徳川幕府が蔵米取り五〇〇俵以上の旗本を、知行取（知行所としての村支配）に改編した地方直しは、

表16　日比野知行所３ヵ村定免高

村　名	村　高	米　納
今宿村	130石6斗3升	17俵1斗4升
1俵3斗4升(新見出し)		
竹本村	338,284	179,082
元宿村	281,780	81,240
合計	756,364	280,002合

表17　日比野知行所３ヵ村納物高

村　名	御初米	御年始紙	御年始伝馬銭	焼米飛脚代	水夫割
3か村分	6升(1か村)	25状(1か村)	1,300文	400文	1,000文

表18　日比野知行所今宿村反別と石盛

斗　数	上　田	中　田	下　田	屋　敷	上　畑	中　畑	下　畑	下々畑	開　畑	開　田
	114,01	50,01	23,14	214,27	346,26	463,06	307,19	303,24	100,16	121,00 程度
取永	9ッ	7ッ	5ッ	11	8ッ	6ッ半	5ッ	4ッ	3ッ	高外
	(9斗)	(7斗)	(5斗)							草刈場 并付
				140文	109文	98文	89文	78文	68文	寄洲

表19　日比野知行所今宿村両組高内訳

村　高	両　組	俵　高	内　訳	永　高	内　訳
130石6斗3升	80石9斗5升9合	17俵1斗4升	9俵2斗7升8合	17貫315文6分	11貫160文6分
	49石6斗7升1合		7俵1斗6升		6貫155文

元禄十年に施行され、続いて宝永元年に継続された。したがって日比野家が知行所をえたのは後者にあたる。

五〇〇俵以上の蔵米取りを村の知行主とした理由は種々存在するが、将軍権力の強化と幕臣団（旗本）の財政確立に主眼がおかれていた（詳細は、拙著『幕藩制社会形成過程の研究』校倉書房、一九八七年、参照）。

ともあれ幕臣団は知行村において、堅実な経営を確立すれば家政（財政）を維持し、公儀への軍役負担をなし得るはずであった。しかしながら、蔵米取り時代の負債を知行所支配に持ち込む場合が多く、知行所村々からの年貢収奪が問題視されるようになったのである。

旗本日比野家もその渦中にあった。散見する史料により、同家の知行所支配に考察を加えてみよう。以下、本節で用いる史料は松本家文書である。

女子	孫	孫	弟妹	母	伯母	下男	下女	計
ほの　20	半次郎　8					3	2	11
	与市　19	さき　12						5
	芳太郎 15	たみ　10				2	1	9
うた　12				えん　77				7
ふで　17				養母　65			1	8
			勘平　22	さき　65				3
りよ　19				さき　69				4
なよ　12						3	1	8
そよ　52	祖孫　10	祖孫　6						6
								4
								2
				しも　74				3
								4
						1	1	4
	留五郎　8	ちょう　4						6
女子　3								4
				えん　75				4
			与次30					4
ゆう　7								3
			丹　10 留　3	さの　47				4
	長松　23	亀次郎 15						5
てこ　13				えん　75	さき　69			5
								2
								2
	なべ　5							5
				れん　42				2
								2
				しゅん 60				3
9	7	5	4	10	1	9	6	129

武兵衛，名主友右衛門．数字は年齢．ただし，下男・下女および合計は人数．

表20　寛政4年，今宿村農民構成（赤沼村円正寺檀家分）

持　高	戸　主	女　房	男　子	嫁	男　子	男　子	男　子
8,968合	次郎左衛門 60	ちよ 59	八十 26	えん 26			
6,761	友右衛門 70		清六 46	きよ 36			
5,645	彦太郎 68	ぎん 67	彦五郎 34	すて 34			
5,394	文次郎 57	たか 53		弟嫁 52	熊次郎 15	留五郎 7	
4,773	久八 40	らく 37			吉五郎 16	善次 6	和助 3
4,419	八太郎 27						
3,602	利八 42				豊次郎 10		
6,883	又市 47	ふみ 43			養子太四郎 24		
2,484	武兵衛 82		孫藤八 35	孫嫁 33			
2,208	新之丞 63	よの 54	友次郎 29	この 27			
2,157	伊左衛門 37	いよ 36					
1,794	甚兵衛 52		次郎 15				
1,705	義右衛門 74	もん 65	惣五郎 30	らく 28			
1,620	与八 36	しの 26					
1,579	弥平次 70	ろく 66	孫左衛門 40	ふみ 36			
1,549	喜太郎 66		養子要助 28	嫁 27			
1,412	孫左衛門 51	まつ 45			孫次 17		
1,345	惣八 32	しち 30				伊勢蔵 5	
1,085	代次郎 45	ゆり 41					
1,052	伊八 15						
□,785	半右衛門 83		聟伊右衛門 54	げん 50			
932	半六 52				惣吉 15		
820	惣左衛門 67	なか 65					
712	しな 38				伊之松 12		
511	彦六 67	とよ 66	聟彦助 35	とら 33			
484	長五郎 30						
425	勘之丞 30	女房 30					
383	長助 30	さつ 27					
合　計	28	17	11	11	7	3	1

註　今宿村両組のうち80石9斗5升9合分，組頭文次郎，又市，伊八郎，彦太郎，組頭年寄

日比野家は五〇〇石の知行取りであるが、新規開発などを加え、比企郡今宿村・竹本村・元宿村において、表16に示したように七五六石三斗六升四合（のち七六八石五斗七升二合）を支配した。

年貢は残存する江戸中後期の割付状・皆済目録数通により判明する。これらの史料によれば、定免制を基礎にして収取していたと考えられる。年貢額は表16の通り、米二八〇俵余が毎年収納されることになっていた。災害が著しい年は減免され、たとえば、寛政六年（一七九四）今宿村は米一二俵二升余の旱損引が認められ、僅かに米五俵余りとなった。その他、旗本知行村が通例負担する、貢租以外の上納物として表17にあげた御初米・御年始紙・御年始伝馬銭・飛脚代・水夫割銭など若干が存在した。

今宿村の知行反別は寛文二年（一六六二）代官天羽七右衛門の命により、内藤三郎右衛門らが施行した検地により、表18のように、石盛は屋敷一石一斗を最上に、上田九斗・中田七斗、以下開畑三斗に確定され、このとき村高は一三〇石六斗三升となった。

今宿村は日比野家の一給知行であるが、村内は両組（二組）に編成されていた。組成の年代は不明だが、表19に示したごとく、八〇石九斗五升九合と四九石六斗七升一合に分けていた。おそらく日比野家が元禄十七年（宝永元）正月、綱吉政権の旗本地方直し政策によって知行地として与えられる以前、すなわち寛文検地以降の農民編成を継承したからであろう。そのため、今宿村の両組編成は分村型ではなく知行高内の混在で、両組が独立機能したものではなかった。ただし二名の名主がおかれていた。

残された史料は僅少で瞥見の域を出ないが、寛政四年（一七九二）の円正寺檀家分の宗門人別帳と、近世中期以降の記載を含む、慶応二年（一八六六）の田畑名寄元帳を用いて、今宿八〇石九斗余りの農民構成を検討してみよう。

表20は各戸の持高と家族構成を省略なく表示したものである。後述において取り上げる次郎左衛門家（一〇七頁以

表 21　江戸中期以降今宿村田畑持高一覧（～慶応 2 年）

名　前	屋　敷 (筆数)	上田	中田	下田	上畑	中畑	下畑	下々畑	開新畑	高合計	高合計 増減
忠右衛門(利三郎)	1,14(1)				20,22		16,09	22,27		2,963	3,158
熊次郎(謙造)	2,20(2)			20,11	6,09	35,14	15,21	5,08	1,14	4,698	5,325
元次郎	1,00(1)				16,22	9,14	3,14	30,28	5,15	3,669	3,644
初之丞(嘉重郎)	4,24(1)		1,15			12,15	2,00	17,15	5,21	2,308	2,398
長　蔵(善蔵)	4,15(1)		16,03		5,18	30,08		9,06		4,487	4,492
伊　八	2,28(1)						3,18	0,15	4,08	671	671
新右衛門(作右衛門)	3,10(1)					8,05	2,00	14,17		1,539	1,571
喜三郎(鶴吉)	2,26(1)					10,15			0,24	339	339
長五郎(夘之助)	0,03(1)							7,20	2,04	382	382
次郎左衛門	12,01(8)	24,08		新田 2,10	24,17	76,19	22,23	5,09	2,00	13,133	13,133
武兵衛	3,001(1)				6,00	5,20	16,21	7,00		2,366	2,366
彦五郎	3,25(1)				17,08	17,03	6,01	3,27	3,27	3,528	3,226
金右衛門(芳蔵)	6,07(1)				5,03	7,23	6,08	14,20	4,20	2,637	2,637
源之丞(徳蔵)	2,10(1)				11,01	5,10	6,07			1,297	1,297
芳太郎(彦五郎)	5,01(1)							6,00		759	759
伊左衛門(佐右吉)	5,24(1)				3,22			6,20		1,383	1,383
勘平(半五郎)	4,08(1)	6,12	8,18	新田 3,06	2,28					1,629	1,863
代次郎(佐市)	4,00(1)				3,03	3,00			1,06	929	1,243
宗兵衛(幸吉)	4,18(1)				3,22			1,00		932	932
久八	1,17(1)	11,00			1,12	24,12				2,879	2,879
要助(米次郎)	2,02(1)					15,08		4,16	1,20	1,044	1,662
庄次郎(金之助)	1,08(1)									379	409
定次郎(惣左衛門)	2,09(1)				7,24					869	869
庄右衛門	7,05(2)	16,04	14,16		21,08	40,05	13,18	12,18	2,00	8,991	8,991
与八(庄五郎)	3,13(1)				19,10		31,24	16,07	2,15	4,281	4,281
岡右衛門(助之丞)	3,27(2)			新田 1,15		3,10	14,29	3,20	0,19	1,574	1,574
兵右衛門(宗五郎)	4,24(1)					6,14	6,18	6,09		1,531	1,531
栄次郎	0,25(1)						6,07			369	369
勘之丞(松五郎)	2,24(1)						5,28		5,00	750	750
孫左衛門(常吉)	新屋敷 3,00(1)						18,25			1,092	1,092
弁蔵	2,10(1)									256	256
要蔵					17,06	13,02				2,125	2,125
嘉吉(伊之助)					12,02	3,10				1,182	1,182
吉祥院								4,27	3,15	346	346
兵左衛門(兵吉)									3,22	112	112
小八(幸蔵)					9,22	13,29				1,681	1,681
儀五郎(金蔵)							4,03		1,10	248	248
留蔵								6,02		256	256
亀次郎					6,13					515	515
増五郎							3,20			120	120

註　面積の単位は畝，高の単位は石．今宿村両組のうち 80 石 9 斗 5 升 9 合分．

表22　今宿村諸職稼（明治2年）

職　　　種	人　数
鍛冶	2
大工	1
紺屋	1
畳	2
ふるい	1
荒物	1
質屋	2
足袋・旅籠	1
煎売渡世	1
青物・荒物	3
菜種・荒物・酒造	2
雑穀・肥料・唐木綿糸・酒造	1
呉服・荒物	1
着物・荒物	1
小間物	1
蚕種	1
蕎麦・うどん	1
種子物	1
板貫・長木	1
医師	1
指物	1
合　　　計	27

下参照）が持高筆頭で、下男・下女を五名を雇傭し、上層部経営の規模をうかがわせる。

名主友右衛門は三位の高持ちであった。なお今宿村の相続形態は、戸主の死去により長子へと受嗣がれ、したがって母が隠居している。農業経営の維持、すなわち耕作労働力の確保は、両親と長子夫妻による家族労働が尊重され、江戸—明治・大正へと続く家族形態が完成されている。男子の継嗣がない場合は、長女に聟をむかえ、子供が無い家は養子を定め、嫁をむかえたのである。

村内第二の高持ちで組頭の又市は、女子（一二歳）が若年のため養子太四郎（二四歳）をむかえ、下男・下女四名を雇傭して家業を維持している。江戸時代の今宿村では、このような農業経営により「家」の維持につとめていたのである。

表21は、江戸中・後期以降の記載をもつ田畑名寄元帳を所有者ごとに田品別（上田・中田など田畑の地位）に集計し、おのおの田畑一枚ごとの高を合計したものである。帳簿は慶応二年の表題であるが、田畑おのおの一筆（一枚ごと）に、入質などの土地移動が表記されているので、江戸中後期～幕末期の経済変動による田畑の集積や失却が判明する。

後述の日比野家賄役となる次郎左衛門は、寛政期九石弱から一三石余に上昇し、日比野家からの搾取に屈せず、経営を維持したようである。屋敷も八筆みられ、自家屋敷一筆を除き全て集積したものである。

また同様に庄右衛門（一一四頁以下参照）は、村内二位の八石九斗九升余をもち、他家の屋敷も集積している。これら上層部は、上田と上畑を専有し、生産性の確保に力を注いでいた模様である。

表20と表21の対比は年代の隔たりもあり、今宿村農民層の変化を追跡するためには不十分な史料で、経営内容の確認は不可能である。したがって一般的な傾向を指摘するにとどめざるをえないが、旗本日比野家の賄金など強欲な収奪をうけつつも、上層農民は多少なりとも経営を拡大したことが判明する。その一方、下層農民の凋落は顕著であり、収奪に屈しない村の富、村の力量は、上層部豪農経営（諸稼兼業）により保たれていたことが判明する。

時代は下るが、明治二年（一八六九）今宿村諸職稼を調べた結果、表22のごとく家数四九軒のうち二七軒の諸職稼がみられ、農業と兼業する、いわゆる農間稼ぎなど生産の側面部が今宿村では特に発展していたと考えられるのである。

3　日比野家の年貢賦課

日比野家はおおくの旗本と同様に、年貢増徴策や年貢先納制に行き詰まると、さまざまな御用金を課して家政の維持をはかっている。結果的に多額の負債を積みかさね、知行村も限界を越えるような要求を阻止するため、領主財政を一定の枠内におく家政改革を求め、両者のそれぞれの思惑を含みながら実施に移された。この事情を示す史料は、「仕法帳」とか「御暮し帳」「規定帳」などと呼ばれている。

日比野家の家政改革は、史料で判明する限りでは文政四年（一八二一）であるが、時代はさらに遡ると思われる。日比野家は際限のない年貢収奪に加えて、次のような御用金納入を強制していた

下知書之事

今般御隠居様御勝手向要用之儀有之ニ付、金拾五両御用金被　仰付候間、来ル十二月中旬迄ニ無相違上納可被致

候、尤返済之儀者元利五ヶ年賦ニ可被仰付候、令出精早々上納可被致候、仍而下知書如件

文政三辰年十一月廿四日

日比野七之丞内　新井勝右衛門　印

今宿村金右衛門江

（裏書）

表書之通相違無之也　七之丞　印

これは日比野家の指示をうけ御用役新井勝右衛門が、「御隠居（旗本の親）の御勝手向き要用」という名目で、金一五両の御用金を今宿村金右衛門に命じたもので、元利五ヵ年賦で返済するという借用状の形式をとった、「旗本裏書下知書」である。当時裏書下知書による御用金は返済されず、納め切りになる場合が多かったのである。

4　御勝手御賄方を任命

日比野家は文政三年（一八二〇）の暮、極月切りの年貢皆済のために、知行所三ヵ村から数名を人選のうえ、裏書下知書で御用金を徴発し、年の瀬を越した。しかし、新春にもち越した日常経費は多額で、定期の物成納入をまつことはできなかった。御用役新井勝右衛門は知行所三ヵ村の村役人を、本郷御弓町日比野屋敷内の名主部屋に集め、評議のうえ月次御勝手賄金を三ヵ村順繰りに醵出するよう命じたのである。日比野家の毎月の経費を村方が請負い、村順に納入する家政改革である。

この方式は、一面では旗本財政の運用を知行所の村々が握り、旗本の冗費節減を求めることが可能であった。しかし権力は本来横暴なものであるから、財政面を知行村にゆだね寄生しながら支配者として君臨し、日比野家は村々の

有力者に苗字を許し「御勝手御賄方（役）」を命じ、権力者として「御用金」納入を、かれらに課し続けたのである。御勝手御賄役方式は、当初の三ヵ村村役人請負では実現されず、同三年の暮より今宿村次郎左衛門の資力に頼らざるをえなかったのである。具体的な内容は不明だが、次郎左衛門が御勝手賄役を退くことになった文政十二年の「御勝手御賄方入用覚帳」が、本宿村に残されている。その最初の部分が『東松山市史』に紹介されているので補訂し、引用してみよう。

正月

一金弐両弐朱也　真木・味噌・醤油・油其の外野菜代

一金壱分也　殿様御小遣へ

一金壱分也　奥様御小遣へ

一金壱分也　高林寺御香奠（代々の菩提寺）

一金壱分也　伊勢御師（伊勢大神宮の配札御師）

一金弐両弐分也　御飯米代

〆五両三分（二分）弐朱

二月

一金弐両弐分弐朱也　月次分

一金壱分也　奥様御小遣へ

一金弐朱也　初午御入用

一金弐分也　辻番人給金

一金弐両弐分也　　御飯米代

〆金六両也　両月（正月分・二月分）は

小峰次郎左衛門より納め申候（御勝手賄役として）

三月　是より三ヶ村引請賄方（御勝手方村賄い）

一金弐両弐分弐朱也　月次分

（後略）

右の入用覚帳によれば、項目末尾に正月・二月は小峰次郎左衛門が納め、三月より知行三ヵ村が御勝手御賄役を引き請けたことが知れるのである。今宿村の次郎左衛門が御勝手方御賄いを担当し続けたと思われる八ヵ年間は、小峰家にとって重荷を背負った歳月であったに違いない。しかしその実状は不明である。ようやくその断面がみえはじめるのは、次郎左衛門が日比野家に疎まれたのちのことである。知行所三ヵ村が地頭日比野家と御用役新井勝右衛門を弾劾し御用役を追放にもち込み、一方次郎左衛門が三ヵ村に対して、旗本に支払った過納金の補塡を求めた出入りなどにより、以下に紹介するような、旗本日比野家の知行村支配が明らかになるのである。

5　三ヵ村役人惣代が日比野家の御用役を糾弾

文政十三年（天保元・一八三〇）正月、知行所三ヵ村の小前村役人惣代は日比野家と親類中に対し、同家御用役新井勝右衛門の非法を糾弾し、その罷免を願った。村民の要求はおおむね次のようなものであった。

①知行所三ヵ村は土性劣悪な谷間や川縁りに位置している。特に今宿は小村のうえに、御普請役に従事し、また諸役人が同所より上郷の村々へ通行するときは、継ぎ立て役を負担せねばならず難渋している。

②今宿・竹本・本宿三ヵ村を知行する旗本日比野家の先代七蔵様は身持が悪く、財政難に陥り、借財が嵩んだため年貢先納制をとり続けた。さらに富裕な百姓へは御用金を課し、また小前層をも加えた無尽（世に殿様無尽と称す）を命じ、それぞれ金銭を日比野家財政に繰り入れていた。

③文政四年（一八二一）夏、日比野家は財政破綻状態となり、今宿村次郎左衛門（小峰家）に御用金を命じ、その場遁れの対応をとるに至った。しかし日比野家の家政正常化は不可能であり、ついに次郎左衛門に頼り、御勝手方御賄いを命じ、文政十二年春（二月分）まで同家の仕送りで糊口を凌ぐ有様であった。

④文政十二年二月まで続いた次郎左衛門の賄いは「御役召し上げられ」三月以降は三ヵ村の月並仕送りに変更された。次郎左衛門の引退は病状悪化とも伝えられたが、御用役新井勝右衛門との八年間にわたる、日比野家家政運営の軋みによるものと思われる。

⑤文政十二年十二月、村々恒例の年貢皆済をむかえ、三ヵ村の村役人は御用役新井勝右衛門方において、日比野家の財政事情について説明を受けた。次郎左衛門の御賄方担当より、知行所三ヵ村の月並仕送り方式に変更されてはや一〇ヵ月、御用役は、日比野家が暮し込み（支出の超過）により借財が生じたと村側へ伝えた。これに対して三ヵ村は、日比野家は代替り後、少人数となり、生活に余裕が生じたはずであると、家計超過に疑問を呈した。そして「御暮方諸入用帳」を調べた結果、購入品の高価書き換えを発見し、また操作のための諸帳簿偽造を摘発したのである。

⑥文政十三年（天保元）正月、知行所三ヵ村は、これまで百姓身分「相応」に生活できる者が「御地頭所様安楽に御暮しなられ候ように」と、可能な限り御用金納入に応じてきた。しかし、悪徳御用役に謀取されては「御屋鋪様（旗本）御身上向き（家計）」の立直りは期待できない。したがって日比野家および親類中に対して直ちに御用役

新井勝右衛門を追放するようにと要求したのである。正月早々に惹起した御用役排斥の要求は翌月も続けられた。

6　御用役の罷免要求を続行

文政十三年（一八五三）二月二十二日、日比野家知行所の今宿村名主喜平次・同久左衛門、竹本村名主左平次・同留右衛門、本宿村名主彦八・同長田勝次郎らは御用役新井勝右衛門の不正行為を調べ上げ、罪状を詳細に記録のうえ妻女の実家旗本朝比奈八左衛門、その他山田庄右衛門のもとに届出、勝右衛門の罷免を願ったのである。

二十二日付の願書は後半の一部のみ残存するもので全容は不明であるが、勝右衛門は独断で八丁堀油屋常八より金三九両、同様に久松町伊勢屋与兵衛より金一五両を借用している。与兵衛は御用役の縁類であり両者馴合いの悪計である。その頃、先代よりこのかた今宿村次郎左衛門は、知行所賄役を請負っていたのであるから、借用金銭については御用役より相談があって然るべきものである。

御用役新井勝右衛門は御勝手方賄役の次郎左衛門を無視し、独断で自己の利益のために、取込横領をなしたのである。これは明白な事実であるから同額の金銭を日比野家に納入させ、御用役を即刻解雇せねば旗本日比野七蔵家の財政回復は不可能であると訴え、旗本の家政改革が実現しなければ、知行所村々は一蓮托生で潰れ百姓となるであろうと。対応に窮した日比野七蔵は御用役新井勝右衛門を解雇し、また一方、訴願の中心となった村役人に対して降格（すでに村役は世襲制から年番制などに変わっていた）を命じて一件を収拾したのである。

7　知行所三ヵ村小峰家に詫状

天保二年（一八三一）二月、旗本日比野知行所の今宿・竹本・本宿三ヵ村は、小前惣代の竹本村百姓代武兵衛ほか一四名連印の文書で、今宿村小峰次郎左衛門の倅順蔵宛に詫状を入れた。

ことの発端は文政四年以降、次郎左衛門が日比野家の「御勝手方賄役」を、知行所三ヵ村の要請を受けて担当し、旗本の財政を支え続け、その結果、年貢高より一五〇両の過納金が生じた問題であった。三ヵ村は本来この過納金をおのおの村の年貢高に応じて分担し補塡すべきであったが、次郎左衛門にまかせきりで看過していたのである。詫状によればこの問題は次のように収拾されたのである。

①文政四年（一八二一）夏、日比野知行所の三ヵ村は、旗本より御勝手向賄方を命じられたが、三ヵ村順番に月割で出金することは困難であった。そこで今宿村の次郎左衛門家に「賄方一式」（旗本の月々生活設計書＝殿様御暮し帳）にもとづく納入請負を懇願したのである。ただし次郎左衛門が賄方を担当中に（御用金など）の納入を命じられた場合は三ヵ村で出金に応じ、次郎左衛門に些かの損失もかけない、との連印証文を取り交わしていた。

②右の条件で次郎左衛門は文政四年七月より文政十二年二月まで御勝手向御賄役を請負ったのであるが、その間、過納金のうち金五〇両が「上げ切り」となったままで、村々より次郎左衛門に対し清算されなかったのである。

③この一件について次郎左衛門より報告を受けた日比野家は、知行所三ヵ村が等閑であったと叱責のうえ、両者間の和解と示談を命じた。三ヵ村側は日比野家窮乏の折柄、御用金の下げ金（返済）を願うのも恐縮であり、一方村々の農民から負担金として徴収することも困難な状況であったと弁解した。問題の根元は知行所日比野家の御用金徴発なのであるから、日比野家の対応は三ヵ村にとって、忿懣やるかたない思いであった。

④村々から次郎左衛門へ対する一五〇両の弁済が延引した実際の内情は、今宿村組頭喜平次・竹本村組頭留右衛門・本宿村名主勝次郎の三名が、日比野家の御用役新井勝右衛門と談合し、前記の連印証文を無視して次郎左衛門への「上げ切り」下知書（旗本の裏判による命令）を得たまま放置していたのである。三ヵ村としては次郎左

衛門が日比野家の先代より御目鑑（鏡）にかない、身分取り立てという優遇をうけたのであるから、過納分は相殺済みとみているのであった。

⑤この一件が拗れる間、前述のように村からの御用役排斥運動により、日比野家は新井勝右衛門を不埒として解雇し、一方、本宿村名主勝次郎にも退役を命じ、ことを収拾しようとはかった。また喜平次・留右衛門は組頭など村内の役人と連絡のうえで、意図的に次郎左衛門が負担した過納金の補塡を怠ったとして、叱責をうけたのである。

⑥次郎左衛門は事態が深刻化するなかで、村々の難渋を考慮して、過納金清算のための村々負担金徴収を猶予の上、文政四年に三ヵ村との間で取り交した御賄引請連印証文を、知行所日比野家へ「預け切り」としたのである。結局、次郎左衛門は御勝手賄役として過納した一五〇両を、三ヵ村より徴収補塡する権利を放棄し、三ヵ村から届けられた詫状で終止符をうったのである。

この過納金問題を収拾したのが、三ヵ村を惣代する竹本村の新規百姓代武兵衛である。村役の階層や、伝統的家格により維持されていた近世村落は、確実に変貌し、富の力が「村の権威を象徴」するにいたったのである。幕藩支配体制は崩壊に瀕していたが、知行所より苗字を許されて次期の御勝手賄役に就くのが、村の新興富裕層であった。

二　知行所の農民、旗本を糾弾

1　日比野貞次郎の悪行

天保～弘化にかけて、小普請組山口内匠に属した日比野貞次郎は、駿河台に住む旗本諸星伝左衛門の次男として誕生し、長じて本郷御弓町の日比野七蔵の養子となった。実父諸星伝左衛門は日比野家の後見となり、貞次郎が家督を継嗣するまで庇護することにした。

貞次郎は、天保十三年（一八四二）に日比野家の家督を継ぎ、同家の知行地武蔵国比企郡今宿村・竹本村・本宿村など五〇〇石を支配することになったが、酒狂・浪費の性癖がつのり、知行所村々の百姓・諸商人・諸職人に多額の出金を強いるようになった。貞次郎の所業の若干を紹介し、旗本知行の一端を覗いてみよう。

日比野家との養子縁組にあたり貞次郎は養父七蔵に対し、年間の衣服代金一〇両、一ヵ月の小遣い金一両、身辺世話の給仕一人を召抱えると約定し、実父諸星伝左衛門が後見の間はそれを守っていた。しかし貞次郎は家督を継ぐやいなや、養父七蔵との約定を反古にし、省みなかったのである。

貞次郎の浪費により日比野家の家計は崩壊に瀕し、村側から弘化三年（一八四六）まで数回におよぶ家政改革（財政改革・生活費の規制）をつきつけられ、日比野家の財政一般から養父七蔵の小遣代・使用人の給金などまで定額を決め、村主導の賄いを継続したのである。ところが貞次郎は養父に小遣も与えず、給仕人も傭わず、知行村からは賄金を謀取し続けた。養父七蔵は寒気も凌げず、大小の刀剣・羽織などを入質して暮す有り様であった。

日比野家は知行村による家政の規制をうけながらも、領主権を嵩に、たびたび御用金の賦課を強行し、そのうえ盆・暮・正月の差別なく村役人を江戸に呼び出し、性急な御用金の納入を迫ったのである。村役人が賦課の減額を願えば、酒狂のうえ一層の横暴をつのらせた。村側の妥協なしとみれば、自分は養子であるから日比野家断絶も辞せずと暴言を吐き、村役人の身命にも及ぶこともあろうと脅迫する有り様であった。

以上が、旗本日比野貞次郎の素描である。

2　貞次郎の所業一覧

次に、天保十一〜弘化三年まで七年間にわたり日比野家の御勝手方賄役を担当し、四七五両を踏み倒された、同役を継いだ庄右衛門の始末書を用いて、日比野貞次郎悪業の数々を具体的に述べてみよう。

①日比野家知行の今宿村組頭庄右衛門は、諸経営を兼ねる豪農であった。農間には馬喰渡世にも手をひろげ、陸奥・両総などの牧より馬を斡旋していた。日比野貞次郎は庄右衛門の経営に目をつけ、多額の御用金を課し続けたが、弘化三年、自己の乗馬一頭を金一〇両で引き取るようにとの書状をつけ、厩別当に曳かせ同村に届けてきた。村役人一同立会のうえその馬を検査した結果、ようよう金二両ほどにしか評価できぬ駄馬であった。そこで代金二両が御意にかなわぬならば、江戸に曳き戻っていただきたいと伝えたところ、激怒のうえ種々の難題を吹きかけ、結局、庄右衛門は金五両を上納し、駄馬を引き取ることになったのである。

その直後、貞次郎は駄馬にかえて二歳馬一頭の上納を命じた。権力をかさに庄右衛門にたいして新馬の納入を要求したわけである。庄右衛門は村役人と相談し、日比野家に対し馬代金の支払いを確約させて、二歳馬一頭を金七両で購入し送り届けたのである。諸経費抜きの実費値段であった。ところが貞次郎は二歳馬が届けられると、直ちに転売し利鞘を貪り、あまつさえ庄右衛門へは代金支払いの素振りさえみせなかった。強権的詐欺行為である。

②天保十一年（一八四〇）より弘化三年（一八四六）まで、七ヵ年間にわたり日比野貞次郎は種々の難題、言い掛りをつけ、庄右衛門より御用金四七五両三分を取り立て、そのつど元利年賦で返金するとの、旗本下知書（裏判下知書）を出しながら、一度も返済しなかった。

③弘化二年には知行村に相談なく、比企郡今宿村役人の「偽印鑑」を押し、郡代役所貸付金（村担保）を借用している。

④弘化二年より同四年まで本郷御弓町の三河屋、明神下の伊勢屋新助、馬具屋の伊勢屋治兵衛、本郷三丁目の伊豆

屋、飼葉屋の徳丸村紋二郎、本郷御弓町二丁目の肴屋、日雇宿加賀屋勘助、元町の真木屋、春日町の万屋勘兵衛、大工熊五郎・同吉五郎、井戸屋、合羽屋、越後国産の縮屋各右衛門・久助・平三郎などから、合計金五五両一分と一貫二六四文の借金を重ね、返済の言辞のみ弄して応じず、そのため訴訟になった。

⑤弘化三年八月より日比野家知行所の村々は、貞次郎に数度にわたり家政改革を求め、健全な旗本の生活設計仕法をつくり、村側が「御勝手方御賄い」を続けてきた。いわゆる「殿様お暮し帳」による生活規則である。ところが同年十二月に、御用役人を本宿村庄兵衛・常二郎、竹本村吉五郎・佐平次、今宿村熊太郎・源兵衛・半蔵・岡右衛門・喜兵衛のもとへ派遣し、多額の御用金納入を命じて来た。指名された農民は出府のうえ免除を願ったが許されず、返済確約の下知書により金三九両を上納した。しかし日比野家からは領収証の沙汰（報告）一つない状況であった。

⑥弘化四年、同様に村側が日比野家の「御勝手方御賄い」を続行中、今宿村弥市・善蔵・兼二郎・幸蔵・庄右衛門・庄六・次郎左衛門、竹本村武兵衛の八名を江戸屋敷へ呼出し、金三三両弐分の御用金を納入させた。そのうえ五月には、駿府御貸付金四〇両を村に無断で借用し返済を肩代わりさせようとした。村側が、日比野家の財政緊縮・家政改革の仕法を求め、相互に協約の上、勝手賄いを担当している最中、それらを無視して不法に御用金を命じ、また才覚金の無断借用など続けるのは不当の極みである。

⑦弘化四年三月二日、日比野貞次郎の奥様が病死し、葬儀費用等の緊急支出が生じたとの飛脚便に接し、今宿村役人は急遽出府して、金二二両を上納し、葬儀諸経費に充当した。その後五月下旬、墓碑は貞次郎の注文通り完成し造立されたが、七月盆前後に至るも墓碑代の支払いがなされなかった。石屋は代金未納を続けるならば、墓碑を引き取ると告げたところ、貞次郎は勝手にせよと支払いには応じず、この紛糾は八月下旬まで続いた。同月晦

日、江戸南鍋町に出店をもった比企郡竹本村の紀伊国屋武兵衛が出府の折、日比野家用人からこの一件を知らされ、「嘸々御奥様の霊魂は御迷いのことであろう」と同情し、翌月墓碑建立代を上納したのである。ところが貞次郎は石碑代上納金を他に流用し、九月分の賄金が村方から届けられるのを待って支払いを済ませたという。武兵衛の人情も信仰心も踏みにじられたのである。

⑧弘化四年三月五日迄、日比野家に勤めて退職した厩別当は、給金が支払われなかったため、たびたび支払いを求め、漸う五月二十日になり、金二分を渡されたが残金は踏み倒しとなった。また、武井鉄之助という侍は三月十九日迄勤め、給金未済分金二朱と四〇〇文を要求したが、これも踏み倒しであった。

⑨中間の今助はこれ迄四、五ヵ年間も貞次郎に仕え、殊のほか気に入られ、奥まで立ち入り貞次郎の酒盛に加わり、あまつさえ女中と乱脈な行為がみられた。また貞次郎は下男今助に命じて、しげという女性を騙して召し抱え、女性の衣類は残らず質に入れ、自己の小遣にするなど、不法な仕業を重ねていた。しかも今助は、貞次郎の黙認のうえ、しげを籠絡し不埒な関係を続けるなど、主従ともに江戸の悪党を象徴する存在である。

⑩弘化四年八月、貞次郎は飯田町御火消屋鋪内藤氏に書面をつかわし、鐙を借用して入質した。内藤氏は返却の日限を経たので再三にわたり鐙を持参するよう使者を出したが、貞次郎は言を左右にして応じず、その後も返却していない。

⑪弘化四年九月中旬のある日の深夜、貞次郎は諸星伝左衛門家より自宅へ戻る途上、駿河台オカチ坂で抜刀し、帰りしなに久永石見守家の伺い犬を刺殺し、その責めを従者に転嫁したのである（『江戸城下変遷絵図集一四巻』五七頁の天保十四卯年の図によれば、日比野屋敷は神田川に向う南北の道路東側にあり、北隣りが小野伝之助、南隣りは路地を距て、本郷元町拝領町屋である。道路西側に面して久永石見守屋敷があり、その久永邸に南接して等正寺・奥安寺・

昌清寺があった。貞次郎は坂をのぼり、小野伝之助屋敷角の十字路を右折し、門前で久永家の犬を突いたことになる)。

⑫神田明神の神官早川監物は、ふとした関係から貞次郎に金八両を時貸し、厳しい催促を続けたが一向に返済されず、支配役所へ貞次郎を訴えているが未解決状態である。

⑬弘化四年三月二日、前述のように貞次郎の妻は病死した。その後三度ぐらいは法事の機会があったのにもかかわらず、唯一度も墓参りをしていない。すなわち、年回忌を執行する考えなど毛頭なかったのである。

⑭弘化四年九月、貞次郎はお暇を願い出た乳母に対して、未払いの給金は次の乳母が来てから渡すと約定のうえ、十月中旬まで勤めさせたが、帰郷しても支払わなかった。その後も、数回にわたって出府した乳母の支払い要求を無視し続けた。乳母は中山道蕨宿在方の者ゆえ出府にも難儀し、貞次郎の所業にあきれはて、本郷の屋敷へ赴くことをやめたのである。貞次郎を養子にむかえた妻は難産の末、夫の放蕩に悩み悶死に追い込まれたのであろう。

⑮弘化四年九月、貞次郎は屋敷内で鉄砲を撃ち放したが、取りかえしのつかぬ失態と気付くや否や、翌日早朝、突如馬屋を取り崩した。そして奉行所等の探索方手配がなされたときは、馬屋崩壊の大音響だとの言い訳を作り上げたのである。

⑯弘化四年十二月二十五、六日の夜、御供も従えずに女中のせいを連出して何れかへ出掛け、翌日十時頃朝帰りしたが、その日に限らずたびたびの行動である。

このような貞次郎の愚劣な所業は数多頻発した、しかし、幕藩体制下の知行村側が、封建領主の首をすげかえることはできなかったのである。小普請組に属し役職につくあてもない多くの旗本は知行村に寄生したのである。旗本日比野貞次郎の人非人の極致を、もう一つあげてこの項を終りとしよう。

3　貞次郎の品性

弘化四年（一八四七）三月二日、貞次郎が妻を失くしたことは、前述の通りである。直ちに乳母を雇傭したのは難産による死去であった。その直後、貞次郎は御用役早水為右衛門に命じて、今宿村農民兼次郎に金四両三分の御用金を課した。全文は左の通りであるが、御上様（貞次郎）満足に思し召しになり、元利とも返済は「御奥様御持参金」で必ず返すので承知するようにと結んでいる。養子に入った先の日比野家において、後妻の持参金が入ったなら直ちに支払うという、まことに悍しい下知書である。

下知書

一金四両三分也

右者、此度御物入多ニ付、御用金被　仰付候所奉畏候段御請申上候、於御上様御満足思召候、尤書面之金子御上納被致、慥ニ請取申候、且元利共御下ヶ金之儀ハ、御奥様御持参金ニ而急度御下ヶ被遊、左様承知可有之候、為後日一札相渡申候、以上

弘化四未年三月　日比野貞次郎内　早水為右衛門　印

今宿村　百姓　兼次郎殿

（裏書）

表書之通相違無之者也　貞次郎㊞

このように日比野貞次郎の知行所三ヵ村に対する、悪徳な支配ぶりは継続されていた。知行所の村々は翌年、日比野家の支出に箍をかけるべく、またまた仕法替を願ったのである。

4　日比野家に対し御暮し仕法替の要求

嘉永元年（一八四八）八月、日比野知行所比企郡三ヵ村の村役人は「殿様御暮し方御仕法替」について、次のような願書を提出した。

このたび知行所三ヵ村は、日比野家の家政改善のため御勝手御賄仕様書を作成したので、今後は村々の了解なしに御用金賦課を命じないように、ただし特別な事態には協議を実施する。

①臨時入用金は年々金一〇両で賄うこととし、それ以上の納入はおこなわない。
②御郡代所拝借金・駿府御役所拝借金の返済は、毎年三ヵ村の物成より分割して納める。
③日比野家使用人の給金は、御用役久保田平兵衛と村役人が相談のうえで支払うことにする。
④臨時入用金そのほか村方上納金による支出事項は、御用役と村役人が商人等と交渉し決定する。
⑤村方負担の頼母子は、従来通り二口共、満会まで毎年村に返金する。
⑦月々の御賄金は三ヵ村物成より出金し、月番にあたる村が晦日限り出府し届ける。
⑧今回三ヵ村より上納した一〇三両は、猶予期間をおき、四ヵ年後に元利金の返済を開始する。その理由は四ヵ年後に駿府御拝借金の返済が終了する予定だからである。ただし、それまでの四年間の利足返済分は、日比野屋敷内南部分一八〇坪を貸地とし、その地代金のなかから二五両につき金一分の割合で返金にあてる。なお別途収入が生じた場合は元利共返済することとする（小川恭一編著『寛政譜以降旗本百科事典』四巻、二一八二頁によれば、清水附小姓荒木十太郎へ貸置とみえる）。
⑨湯島天神黒門前杉本屋重蔵方より借用した金三〇両の件は、御用役の仲介により知行村が借り請けて日比野家へ上納したものである。それゆえ返済は元利とも日比野→村方→杉本屋へと支払うことになる。この返済金は次の

ように捻出する。Ⓐ殿様（日比野）の小遣金より一ヵ年三分。Ⓑ日比野屋敷の名主部屋（名主の出府・滞在用）を貸家に転用する賃貸料金。Ⓒ日比野屋敷の北部分貸地代金。以上三項目の収入により、毎月二〇両につき一分の割合で村方に返済する。という失費の歯止め策である。

5　日比野家の経営実態

幕藩制支配の解体は眼前に迫っていた。しかし大方の武士や百姓は夢想もしなかった。知行所三ヵ村の農民は、領主である旗本の放埒三昧な生活がもたらした財政破綻をもろにかぶり、村の維持さえ展望できなかった。

安政二年（一八五五）もなかばを過ぎた七月、日比野家の放恣な生活と無体な要求を止めるべく、三ヵ村村役人は顔ぶれをかえて、同家の財政を調べ、同年下半期の収奪に抵抗の姿勢を示した。三ヵ村を代表して本宿村代兼竹本村組頭太兵衛、今宿村名主長四郎代同人倅名主見習役元次郎と小峰忠五郎である。三名は村の窮状脱却をはかる、いわば刷新の意思を示す者であったと思われる。三ヵ村のうち高位の知行高である本宿からは有志者が出なかったので、竹本村組頭太兵衛が代兼し、今宿村からは名主見習役元次郎と先代が御暮方賄いに就き、家格の取り立てをうけた小峰家の忠五郎が加わったのである。

三名が日比野家の財政状況を検討した史料は、僅かに「三箇村御先納取調書上帳」の控（下書）のみである。判断・整合に苦慮する記載や数値の誤りもあるが、太兵衛・元次郎・忠五郎の意図した家政改革の構想に迫りながら分析してみよう。

表23より、安政二年日比野家財政(1)に整理した数値は次のようなものである。A項は、竹本・本宿・今宿の各村が過去十数年の期間、先納金として収奪された額より、安政元年の物成金（年貢）を差し引いた数値である。したがっ

て日比野家が知行所に残している負債である。B項は、頼母子金（いわゆる殿様頼母子）の一〇ヵ年賦返金分である。この頼母子返金は弘化二年より開始され、この年に終るはずであった。C項は、弘化四年十二月上納金一〇両分の一〇ヵ年賦返金分である。しかし、B・C項が負債に数えられるのは、日比野家が窮乏のため安政元年分の物成金から返金できなかったからである。村側はこの二項は安政二年にまわす予定とした。D項は、安政元年度の財政不足のため、十二月に越年用臨時出金を強いられた額で、同二年分より差し引き勘定する分である。

以上のように表23⑴A項〜D項の結果、合計E、すなわち竹本村一六〇両二分二朱と一貫四三二文、本宿村一〇四両二分二朱と一貫六一二文、今宿村五四両三分と一貫六〇二文が、日比野家の公的負債となっているのである。

次に安政二年七月、先納金取調べ段階の状態に検討を加えてみよう。表23⑵は、同年正月より上半期月計納入額である。その合計がFである。半期分であるが三ヵ村で六九両一分と一〇貫一二文を納めている。表23⑴・⑵より同期までの三ヵ村側から日比野家に納入した公金の単純計上したものが表23⑶である。帳簿上の数値と正確な計算に若干の誤差を認めねばならないが、金にして合計三八九両三分二朱と銭五六五文は一致している。この額に帳簿上の遺漏であるGの安政元年村々御下ケ金七両一分と一貫三〇一文を加えた、金三九六両二分と銭一五貫九五九文が総額（Z）となる。この額は上半期年貢額Fを過納滞積金から差し引いてないが、事実、納入を受けて日比野家の経営が日暮し続けられているわけであるから、村側が計上する通りの総額でよい。

さらに村側の支出は、下半期へと続く。表23⑷がそれである。八月分から十二月までの月次納入金その他である。その額は（X）三六両二分二朱となる。加えて日比野家では交際金雑費が必要であった。その全てを三ヵ村は書き上げずに擱筆しているが、村役人たちは暗澹たる心情となったのであろう。整理すれば表23⑸となり、その額は（Y）五一両一分二朱と一貫二九四文（＋α）である。以上の整理により、表23⑹のごとくこの年の日比野家は最低（X）・

表23　安政２年，日比野家の財政

(1)

村　名	A	B	C	D	合計Ｅ
竹本村	144両2分380文	2両2分	1両324文	12両2分2朱728文	160両2分2朱1432文
本宿村	95両1分2朱477文	1両3分	2分2朱485文	6両3分2朱650文	104両2分2朱1612文
今宿村	49両3分387文	1両	2分2朱484文	3両1分2朱731文	54両3分1602文

(2)

村　名	正月	2月	3月	4月	5月	6月	7月	合計Ｆ
竹本村	6両1分2朱 1339文	2両47文	8両2分2朱 712文	3両2分	3両175文	4両1分 30文	10両1分 9文	38両 2312文
本宿村	3両1分 1219文	1両644文	4両2分2朱 712文	1両3分2朱 272文	1両2分2朱 213文	2両1分 519文	5両2朱 739文	21両 4318文
今宿村	1両2分2朱 693文	2分322文	2両1分 760文	3分2朱 137文	3分511文	1両2分 259文	2両3分 367文	10両1分 3382文

(3)

	E+F	+G
竹本村	198両2分2朱3744文	
本宿村	125両2分2朱5930文	
今宿村	65両4984文	
三ヵ村合計	389両1分14658文	7両1分1301文
総計	389両1分14658文	396両2分と15959文(Z)
	(為金389両3分2朱565文)	

(4)

	8月	9月	10月	11月	12月	殿様 衣服代	仲間 給金	小仲間 給金	御用役 給金増分	合計(X)
竹本・ 本宿・ 今宿	3両	10両3分 2朱	3両2分	3両	11両2分 2朱	2両2朱	1両1分	3分	2分	36両2分 2朱

(5)

所々返納金元利共	45両程
卯年村方へ御下金(返納金)	2両1朱1294文
乳母給金手当分	2両
御飯米運賃分	1両2分
飛脚御下ヶ金	3分
定例御勤入用，同礼手当分	不明
合計	51両1分2朱1294文(Y)

(6)

X	36両2分2朱
Y	51両1分1朱1294文
Z	396両2分15959文
計	484両1分3朱17253文

（Y）・（Z）の合計額、四八四両一分三朱と一七貫二五三文が不可欠であった。しかし三ヵ村その他への元利返金などを考慮すれば、救いのない破綻状況であったことが想定されよう。

三ヵ村から納入される定額の年貢は、この年一五三両である。ほかに日比野家の収入は、前述の御三卿役人荒木氏へ貸した本郷御弓町屋敷の地代金七両を加え、合計一六〇両なのである。

旗本日比野家と御用役は、知行所三ヵ村の、苦渋にみちたこの報告書を手にして、自からの領主経営を省みたであろうか。

6　くりかえされる御暮し仕法替

知行所三ヵ村の新村役人は日比野家への先納金取調帳を提出し、家政の緊縮を求めてから一ヵ年後の安政三年十二月、次のような文書により倹約を迫っている。

再三にわたる村方の願いにもかかわらず、御勝手方賄金を超過している。その上、臨時支出として異国船渡来、前年十月の大地震による被害、台風の襲来による損害など、そのたびに上納金を求められ、過剰な負担を強いられ村は困窮している。日比野家はさらに家政を省略し節倹に十分つとめてほしい、と三ヵ村は次のような七ヵ条の願書を提出したのである。

知行所三ヶ村小前村役人一同申し上げ奉り候、今般御勝手御賄方追々不足に相成り、然る所、異国船渡来、引き続き大地震、其後大風雨、格別の御臨時御物入りなど多分相掛り、追々過納相かさみ、此の儘捨て置き候ては、往々如何成行申うすべき哉と、一同心配つかまつり候、尤も是迄とても御省略の処、尚亦此の上厳敷御省略遊ばされ、左の廉々御取り用い遊ばされ候様願上奉り候

一御省略年限中、御親類様方吉凶のみぎり品物御取遣わし御断り申し上げ、万端倹約願上候事
一御在番御上下の節、別段御臨時仰せ出されられず事
一初御在番の砌り、百石三両御上納の儀は畏み奉り候え共、御在番御登りの時々百石三両ハ、以来出金上納一切出来つかまつらず候事
一御飯米御勝手に外々え御貸し遊ばされ間敷候事
一御臨時少々なりとも御談事これ無き分は、出金つかまつらず候事
一御地代・家賃の儀、御賄の内へ差し向け候間、御勝手に御遣い払い遊ばされ間敷候事
一万一御内緒遊ばされ候とも、出金一切あいなりかね候事
右の廉々御聞済に相成候はば、精々骨折り金子調達つかまつり、高利の御借財の分返済つかまつり、なるたけ費を省くべく、御地頭所様は勿論、御知行所小前末々に至るまで、一同安心つかまつりたく存知奉り候につき、此の段申し上げ奉り候、以上

安政三辰年十二月日　御知行所武州比企郡　今宿村小前村役人惣代　当番名主　弥市㊞（中略）

御地頭所様　御役人中様

（裏書）

前書の通り相違御座無く候、依つて奥印いたし候　永野浅次郎㊞

前書の通り相違これ無きもの也　貞次㊞　辨之㊞

右の文書を要約すれば、

（1）親類間における祝儀不祝儀の品物贈答の中止。

（2）二条在番で京都へ往復の際、特別のこととして臨時賦課をしない。
（3）最初の二条在番には村高一〇〇石につき三両の夫金を拠出したが、今後は在番上京の場合といえども一切出金に応ずることはできない。
（4）三ヵ村から納める御飯米を勝手に他へ貸付けないで頂きたい。
（5）小額であっても臨時の出金は、村方と事前協議により申し付けること。
（6）本郷御弓町の屋敷地と同所名主部屋などを賃貸しているが、この代金は御勝手方賄金のなかに計上してあるので、勝手に使用しないで頂きたい。
（7）万一、日比野家が借金をなされても、村からはいっさい出金できない。

以上のような具体的な歯止めを申し出し、日比野家が約定として遵守するならば、村方は骨折り努力して、高利の借財返済にもつとめたいと結んでいる。旗本用人から当主に届けられたこの願書に、日比野家の貞次・弁之が連署の裏書に捺印している。

繰り返しおこなわれている財政管理の約定は、以上のような村の努力にもかかわらず、領主権力を嵩にかけて踏みにじられていくのである。

おわりに

以上、縷々述べたように村方の文言は強い語調で抵抗を試みているが、一方旗本は裏判下知書により無視し続けた。権力者にとっては、痛みをともなうものではなかった。したがって旗本財政の運用を村が規定しても、領民が領主権力を殺ぎ取るものではなく、村にとって加えられる収奪に最大限の歯止めをかける方策として応じたものである。一

表24　慶応3～4年，日比野家知行所3ヵ月先納金内訳

村　名	慶応3年12月	慶応4年正月	2月	3月	3月
竹本村	20両1分2朱	3両	5両1分	11両2分3朱	19両3分3朱
本宿村	4両1分1朱	1両	2両3分2朱	8両1分3朱	10両3分3朱
今宿村	2両3分1朱	1両	1両3分2朱	5両3分2朱	7両　2朱
合計	27両2分と鐚181文	5両	10両	16両	38両

村　名	3月	3月	4月	4月	閏4月
竹本村	3両2分	10両　3朱	3両	6両1分	3両2分2朱
本宿村	1両3分3朱	8両2分	1両	3両3分2朱	1両3分2朱
今宿村	1両1分	3両3分2朱	1両	2両1分	1両1分
合計	6両2分3朱	22両2分1朱	5両	11両3分2朱	6両3分1朱

村　名	5月	5月	6月	6月	合　計
竹本村	2両2分2朱	3両　2朱	3両　2朱	1両　2朱	96両3分2朱
本宿村	2両2分2朱	1両2分3朱	1両3分	1両　1朱	51両1分3朱
今宿村	1両1分	1両　2朱	1両　2朱	2分	32両1分3朱
合計	6両2分	5両2分3朱	6両	2両2分3朱	180両2分3朱

註　慶応4年9月に改元.

方新興の在郷商人や質地小作経営により上昇した地主は、賄方を担当して封建村落内における家格上昇の機会をつかみ、また村役へ取り立てられた。それは村落体制の分裂誘引となり、一般情勢として、領主にとって容易な対応策であった。日比野家は他の旗本同様に、この方策にあぐらをかき、御暮方仕法を無視して、すなわち知行村の同意なしに、永続的に赤字財政を押しつけたのである。

万延元年（一八六〇）にも、繰り返し御暮し方御仕法替がなされている。このとき三ヵ村から申し出した箇条は、さきに述べた嘉永元年・安政三年の仕法を組み合わせたもので、その骨格は同じである。

その後も日比野家と三ヵ村との間では鎬を削る攻防が続いた。文久三年（一八六三）正月より日比野家は、諸色高値を理由に月次の賄金を増額させ、ついで慶応三年（一八六七）九月には、徳川幕府が万石以下の軍役規定、すなわち旗本が幕府に仕える軍役を、同年以降一〇年間、知行高の物成分から半額を金納にすると改定した。

日比野家は、家政＝財政崩壊同然のなかから、自己の物成から半額の御上納（半高御上納）を幕府に果たさねばならなかった。当然のことながら三ヵ村の借用金で幕府への軍役をようやく全うしたのである。

このように軍役改正がなされ、知行所物成の半額を金納負担することは、知行村が耐えに耐え続けた、年貢先納や賄方などの負担体系を一気に解体させた。それは凶暴的ともいえる先納金の賦課である。日比野家知行三ヵ村が、慶応三年十二月より同四年六月までに納入した先納金は、弥生三月に四度、四月は閏をふくめて三度、五月は二度、六月にも二度と頻発したのである。慶応四年九月に改元されて明治となる、その年のことである。表24のように僅か八ヵ月間に、三ヵ村は一八〇両二分二朱を、まさに奪い取られたのであった。

このような情況のもとに知行所村々は維新をむかえたのである。

第三章　近世地域社会における産業形成のネットワーク

第一節　近世後期における小規模酒造業の展開
——越後杜氏の経営主体形成への模索——

はじめに

酒の原料は米と良質の水である。水田地帯の上質な米穀と清浄かつ大量の水の存在が、銘酒を生むのである。しかし、江戸時代においては、原料の米は幕藩領主の財源であり、なおかつ封建社会最大の商品であった。したがって、米の管理統制は領主層にとって最も重要な政策とされている。年貢米を収奪し、家臣へ給付、そのほか市中への放出が、経済管理上、円滑に展開すれば領主経済は安定的であった。それゆえ幕藩領主は、三都に対する物価対策の根幹として米価操作を試みていたのである。当然のことながら、米を原料とする酒造統制がその範疇内に存在したことは、紛れもない事実である。

酒の需要が増大しても酒造を放置すれば米不足をきたし、米価騰貴のみならず軽微な不作も飢饉をもたらすため、幕府は地方における酒造株を限定し、酒造米石高に課税、冥加金の納入を命じたのである。また幕府は寛永の飢饉や明暦の江戸大火、その他関東諸河川の災害など、不測の事態が生じると、即時に酒造高の制限令を発した。酒造半減令とか三分一令などと呼ばれる制限に加え、新規酒造株の禁止もおこなわれたのである。その触書は全国法令をはじめ地域限定令など、江戸時代の法令集や村の御用留にみられるのである。

近世中後期をとりあげても、宝暦四年（一七五四）には正徳五年（一七一五）の酒造三分一令を解除し、元禄十年（一六九七）の定数に戻して、新酒寒造りなどの勝手造りをみとめ、休酒屋の再開も認めている。

　　三奉行え

酒造米之儀、諸国共元禄十丑年之石数寒造之儀、定数三分一ニ限り、此外新酒等一切ニ可令禁止旨、正徳五未十月相触候、其後酒造米之儀相触候儀無之ニ付、今以右之定数ニ相極事ニ候、以来は諸国共元禄十丑之定数迄は新酒寒造等勝手次第たるへし、但休酒屋之分も是亦酒造申度分は、其所之奉行所且御料は御代官、私領は地頭え相届、以来は酒造り候儀勝手次第たるへく候、但酒造米高其国々員数不相知分ハ、御勘定所え可承合事

という触れである。[1]

しかし、その後、飢饉等により米値段の上昇が続き、酒造高半石制限、休業・新規酒造開始の禁など布達されたことが知られる。したがって、地方において酒造を開業しようとすれば、業績不振の酒造家より株を借用、または購入により酒造稼ぎに着手し、農業と兼ね合わせた複合的経営を展開したのである。

本章は関東における幕府の酒造政策の時代的特質を念頭におきながら、各地に存在する小規模酒造業の展開について、越後杜氏が形成した関東ネットワークに視点をおきながら、その実態を分析しようと試みたものである。

一　天明期酒造統制策と地方小規模酒造業

本章において検討を加える武州比企・入間丘陵地帯は、酒造に好適な米も水も豊かとはいえず、酒造稼ぎは地場産

業として展開しなかった。しかし近世中後期をむかえ、関東各地に酒造稼ぎが漸増するにつれ、良水が見出された比企郡小川村などにおいては、米の在地売りに替り酒造を試みる農民が急激に増加し、地酒の醸造量がたかまるのである。[2]

このたび具体的に小規模酒造の軌跡を追う、比企郡今宿村長四郎家も同様な影響下、地主経営の一端において、試行錯誤的な思いで酒造に着手した模様である。しかしながら長四郎家は、安永五年（一七七六）の村方大火のおりに文庫倉を焼失したため、酒造経営史料は少ない[3]（なお叙述にあたり同家の継嗣等は省略し、長四郎家と表記する）。

同家は安永期に小規模な酒造を開始し、天明初年に酒造高の拡大をはかる。天明二年（一七八二）九月、比企郡箕和田村幸助の提出した酒道具売上証文は、次のように述べている。

酒道具売上証文之事

物数拾八色

一　四尺壱本	一　半切七枚	一　糀蓋六拾枚
一　三尺弐本	一　ため五ツ	一　だき樽壱ツ
一　坪台三本	一　小桶弐ツ	一　小樽四ツ
一　半中桶弐本	一　猿ぼう壱ツ	一　ひしやく壱本・同小壱本
一　すいはく壱ツ	一　舛壱升	一　大ひしやく壱本
一　こしき壱ツ	一　ざる弐ツ	一　ざる台弐ツ

数九拾八色

右之道具、戌（安永七年）十二月金弐両借用致し質物ニ相渡申候、又候亥（同八年）九月金三分借用致し、両度ニ金弐両三分之質物ニ相渡置候処、此度右之道具外江貸シ申候筈ニ而、当九月最初道具請戻し可申由其元江申談候処ニ、請沙汰時分悪敷迷惑之由、其元御申被成候ニ付、無是非御　公辺ニ茂相願イ可申候之処、其御村定右衛門殿・我等村方平右衛門殿取曖ニ而、右之金子弐両三分之外ニ、此度金壱両請取、都合三両三分ニ而貴殿方へ売渡申候処実正也、然上ハ貴殿無御気遣御遣可被成候、右之通内済仕候上者御互ニ趣意無御座候、為後証之売上証文仍而如件

天明弐年寅九月十二日

箕和田村　道具主　幸　助㊞

今宿村　取曖人名主　定右衛門㊞

箕和田村　取曖人名主　平右衛門㊞

右之通少茂相違無御座候、為其名主奥印仕候、仍而如件

（後欠）

右のごとく、入間郡箕和田村幸助が安永七・八年に酒造道具一八品（九八点）を二両三分で入質した後、天明二年九月に請戻しのうえ、他貸しをもとめ訴訟におよんだが、結局、今宿村名主定右衛門と箕和田村名主平右衛門の扱いにより、長四郎家先祖が一両を加え金三両三分で買い取ったのである。今宿村長四郎家のもとに入手された酒道具は、①四尺桶一本、②三尺桶二本、③坪台三本、④半中桶二本、⑤すいはく一つ、⑥甑一つ、⑦半切七枚、⑧ため五つ、⑨小桶二つ、⑩猿ぼう一つ、⑪舛一升、⑫笊二つ、⑬糀蓋六〇枚、⑭だき樽一つ、⑮小樽四つ、⑯柄杓二本、⑰大柄杓一本、⑱笊台二つ、であった。これらの道具は同家にとって類焼の災厄後、酒造再開に必須の道具となったのである。

さらに同家は天明五年（一七八五）のこと、酒造道具購入の準備段階を経て、金田能登守知行所武州比企郡大塚村佐兵衛の酒造株高を譲り受け酒造拡大にいたったのである。同年の酒造米高は一五九石四斗であった。しかし、天明六年九月、「追て沙汰ニ及候迄は、諸国とも是迄造来候酒造米高之内、半石は酒造相止、半石分は致酒造、且休来候酒造株之分酒造候儀可為無用候」(4)と、各国諸村に触れられたこの酒造石高半減令をうけて半石酒造に追い込まれ、さ

らに天明七年六月、「諸国酒造之儀（中略）酒造米高之内半石之酒造相止、休来候酒造株之分酒造之儀可為無用旨、去年中相触候処、当年之儀は別て米穀払底ニ付、追て及沙汰候迄は、酒造高之内三分二相止、三分一酒造可致候」(5)との、酒造米高三分二減石、三分一酒造令に従ったのである。

近郷の同郡竹本村の三蔵家も同年、酒造米高六〇石に減石している。「米直段高直ニて、下々之もの共及難義候趣相聞候間」(6)という、天明の凶作に対処する幕府の主穀維持政策により、各地で造酒減石がすすめられていたからである。しかし、地域により三分一酒造令を無視する事態も存在した。

幕府は、天明七年十一月、「只今迄造来候酒造米高之内三分一造候様可仕候、然共一己之利得ニ拘、少々も増造等致し、或高直ニ売買致し候もの於有之は、急度咎可申付候、尤休株酒造は此已後とても難相成候、右之趣、御料は御代官、私領は領主、地頭ニて急度吟味之上可申付候」(7)と厳達したが、私領では放埒な取り扱いもあった。

そこで幕府は、天明七年十二月、「私領之分糺方万一不行届儀有之候ハヽ、向後御代官所より心附候様申付置候間、兼て左様ニ相心得可被申候」(8)と、知行地への監査・介入をも示唆したのである。

長四郎家は、開業後約一年にして半石酒造に直面した。同家は、翌天明六年十一月、造酒高の増株をはかるため、前述佐兵衛の一族である金田能登守知行所比企郡大谷村儀右衛門所持の酒造株を借り受け、酒造の維持につとめたのである。しかし寛政六年（一七九四）九月、儀右衛門の妻よりその返還などをめぐって出入りがおこされている。だが酒造業の継続には支障はなかった。儀右衛門妻ぎんの訴えに対して長四郎の倅辰五郎が差し出した返答書は、安永・天明期における村の酒造稼ぎの、いわゆる酒造株を所持することについての一様態を示しているので紹介してみよう。

乍恐返答書を以奉申上候

御知行所武州比企郡今宿村組頭長四郎煩ニ付倅辰五郎奉申上候、今般金田能登守様御知行所同州入間郡大谷村

百姓儀右衛門煩ニ付代同人妻ぎん方より私を相手取、酒造株之儀申立奉出訴候ニ付被召出恐入、左ニ御答奉申上候

一訴訟人ぎん申立候は、当九年以前天明六午年十一月中、ぎん夫儀右衛門所持の酒造株私借請、尤儀右衛門方にて入用之節ハ何時ニ而も相返し候筈、証文為取替置候間、当年酒造株入用ニ付私方江相返呉候様掛合仕候処、為取替証文計り相返し、酒造米高何程ニ候哉掛合仕候ても等閑ニ致置、酒造株之儀は相返し不申候趣、ぎん申立候得共、甚相違之儀ニ御座候、勿論ぎん夫儀右衛門所持之酒造株、ぎん申立候通り借請候儀有之候得共、当七年以前天明八申年、儀右衛門方ニ而入用之由申之ニ付、同八月下旬、右酒造株借請候節世話人大谷村喜左衛門を以、酒造株書并為取替証文迄不残儀右衛門方へ相返し申候、且右酒造株借請相返候訳者、元来私儀先祖より酒造仕来候所、当十九年以前安永五申年村方大火之砌、私儀も類焼仕、其節酒造一件書物不残焼失仕候得共、外ニ少々証拠有之候ニ付、先祖より酒造仕渡世致来り候間、同年之儀は諸道具焼失仕候ニ付相休候得共、翌年より打続酒造仕候、乍然少々之証拠を以て酒造仕候而は、酒造株御糺等有之候節、如何御察当可有御座哉と奉恐入、当拾年以前天明五巳年十二月中、金田能登守様御知行所同州比企郡大塚村左兵衛所持之酒造株譲請、翌午年、右譲請候酒造株書見失ひ候ニ付、其砌は酒造之儀御触も御座候間、酒造株無之候而は如何御察当可有之哉と是又恐入、同年十二月中、右ぎん夫儀右衛門所持之酒造株借請候所、其後右大塚村佐兵衛方より譲請候酒造株書見出し候ニ付、儀右衛門方より借請候株之儀は不用ニ相成、左候所同人方より酒造株入用ニ付相返呉候様申立ニ付、前文申上候通り天明申年八月下旬、大谷村喜左衛門を以て、ぎん夫儀右衛門方江右借請候酒造株相返し候所、無相違御座候（後略）

大谷村儀右衛門妻ぎんの要求は、九年前の天明六年十一月に長四郎に貸した酒造株札と、両者間の取替し証文の返

還であった。しかし、これは七年前の天明八年八月、証人の大谷村喜左衛門を通して返還している。元来、儀右衛門の酒造休株を借用したのは、安永五年（一七七六）の村内大火の類焼により、長四郎家は酒造一件文書も災厄をうけ、幕府の酒造株改め御察当に対処する資料として形式的に揃えたものであった。すでに天明五年には比企郡大塚村の佐兵衛からも酒造株の譲渡を受け、従来からの造高と併せて一五九石四斗の免許高になっているほどであり、酒造株書類の焼失、一時の紛失に対処したのが借り請けの理由であったと述べているのである。このような返答書を知行所も承認し、この一件は収拾されている。造酒株高の貸借は株書類を保持せぬ酒造者が、株改めによる御察当回避策のために貸借関係をなしていたのである。

長四郎家の酒造はその後も継続され、享和三年（一八〇三）、今宿村知行所日比野七之丞の家人吉沢三右衛門に提出した酒造役米預り証文によれば、この年は幕府の規定通り半高、すなわち酒造米七九石七斗であり、役米は一〇分一納め、すなわち七石九斗七升分を囲米とし指示触れがあれば納所へ納入するとしている。文書は次の通りである。

酒造役米奉預り候証文之事

一酒造米半高七拾九石七斗　但し去戌年秋新酒、同十二月迄造

此役米七石九斗七升　但し酒造米高之十分一

右之通、去戌年秋新酒より同十二月迄造申し候、役米七石九斗七升御預ヶ被仰付慥ニ奉預候、（中略）右納所江付送可相納之候段被仰付、是又奉畏候、右為御請預り証文差上申し候、為其仍而如件

享和三亥年三月　今宿村酒造人　名主　杢左衛門㊞

日比野七之丞様御内　吉沢三右衛門様

二　寛政期関東御免上酒令以後の地方小規模酒造業

関東における酒造業は伝統的な関西の下り酒に押され、江戸における在方酒の評価は低調であった。しかし江戸の人口が爆発的に増加し、酒の需要もふえると値段の高い関西の銘酒よりも、庶民の好む地酒の商品市場が展開するのである。幕府も年貢米を市中に払い出す場合の米価調節の観点、さらに大坂市場に対し江戸市場の経済的地位向上策の観点等により、上質な酒造の発展を考慮するようになった。それは年貢米を酒造業に貸付ける拝借米造酒の政策を含むものであった。

寛政二年（一七九〇）三月、寛政改革の一環として、松平定信の命をうけた幕府勘定方は関東の地酒業者に対し、上酒試し造り令を発した。この触れに応じて、上酒用拝借米によって収益の増加を図った有力酒造は、江戸市中に出店を設けて直売りをすすめ、なおかつ、この機会に、問屋・仲買からの支配を脱しようと考え、酒造改革に乗り出そうとしたのである[9]。

しかし、この御免試造路線にのり、地酒の上酒銘柄を確立できた業者は僅かであった。関東地方において米穀収穫高の上昇が顕著になった時期でもあり、地酒の品質改良にとっては画期的な段階をむかえたとみられたのであるが、上酒醸造は成功をおさめたとはいえなかったのである。次にこの経緯について検討を加えておこう。

寛政二年三月十七日、植村久五郎知行所武州幡羅郡下奈良村の酒造人吉田市右衛門は「御免酒造一件被仰渡書控[10]」を残している。この記録によれば、

寛政二年三月十七日、御勝手御勘定柳生主膳正様より御差紙ニ付罷出候処、其方先達而酒造候趣書上有之ニ付、於関東上酒為吟味可被仰付候間、致出張下直ニ売捌候様被仰付候、尤其方儀は先達利根筋川除御普請所組合四拾

七ヶ村為諸色代、自分之金子差出、此度之儀も下り酒米穀ニ不引合高直ニ付、下々之者及難儀候間、致酒造於御当地ニ下直ニ売捌候ハヽ、下々之為ニも可相成候間被仰付、則仕様帳書上左ニ記

武州幡羅郡下奈良村　吉田市右衛門

上酒造、高玄米千石

此造方

①凡玄米百四十二石八斗、此白米百十九石、但春減壱割六分六厘余之積り（中略）

②凡玄米三百八十七石六斗、此白米三百二十三石、但春減前同（中略）

③凡玄米四百六十九石六斗、此白米三百九十一石三斗三升三合、但春減前同（中略）

私方酒造仕申候酒保方之儀は、寒明候日より百五日位壱番火、夫より四拾日立弐番火、夫より四拾日三番火、出来柄宜敷候ハ、右ニ而秋迄保可申、出来柄不宜候ハ、四度たき不申候ハヽ、秋迄保申間敷候、火入壱度ニ壱割減り相立申候間、夏酒高直ニ相成り申候、何れに而も下り酒程ニ者、足持之儀難計奉存候、右酒造仕法之儀御尋ニ付、有増書上候処相違無御座候、已上（①は新酒・②は間酒・③は寒酒）

右は、酒法之儀并酒売出シ直段・内訳・樽印・酒造諸道具、前書之通相違無御座候、以上

寛政二年八月　　吉田市右衛門代　弟利左衛門

御奉行所様

上酒造方内訳諸掛り書上帳御振合御渡被成候通相認、左之ケ条之趣、右帳面末江書加可申事

一保方御様《ためし》之ため、寒酒上酒壱弐本ツ、来る秋中迄持囲可申事

一銘々酒名并焼印・黒印等、雛形相認可申事

一銘々造立候新酒・間酒・寒酒造共ニ取掛り之儀出来上り時節、且又酒造売出し凡《およそ》日限取極メ次第、前広ニ御届

ケ可申上事
一銘々江戸表酒売出シ場所取極メ可申上事
右之趣銘々帳面相調、来ル二十五日迄ニ差上可申候、依而御請申上候、以上
（後略）

御勝手方勘定奉行柳生主膳正より上酒試造請負を命じられた吉田市右衛門は、綿密に計算を重ね、奉行所の諮問にこたえ、計画案を提出したのである。(11) 内容は詳細、長文にわたるため、概要を述べてみよう。

市右衛門は酒造米一〇〇〇石をもとに上酒醸造の計算として、玄米の舂減率を一割六分六厘余、すなわち一六・六％みて、玄米一〇〇〇石から白米八三三石が舂出され、①新酒には一一九石、②間酒には三二三石、③寒酒には三九一石余を用いるとしている。

年間の仕込みは「しんしゅ・あいしゅ・かんしゅ」にわけた醸造方法をとり、厳しい寒気を利用した③に重点をおいた計画書である。この醸造には多大の用具が必要であり、全容は省略するが、小規模酒造稼ぎが粗忽に請け負うことは不可能な事業であった。その他、醸造酒の保存期間、酒造の焼印、着手より成就・売出日・江戸売出し場所などの届出も必要であり、上酒御免に選ばれたのは次のような酒造人である。

1上酒造一〇〇〇石　下奈良村吉田市右衛門（武州幡羅郡・植村久五郎知行所）
2同二五〇〇石　番匠免村清左衛門（武州葛飾郡・伊奈右近将監支配所）
3同二三〇〇石　下大島町徳助（武州西葛西領・同支配所）
4同八〇〇石　根本村四郎右衛門（下総葛飾郡・本田伯耆守領分）
5同一二五〇石　流山村平八（下総葛飾郡・中井清太夫代官所）（拝借米七五〇石）

6同五〇〇石　流山村十左衛門（下総葛飾郡・同代官所）（拝借米三〇〇石）
7同一〇〇〇石　台宿村五郎兵衛（下総相馬郡・久世隠岐守領分）（拝借米四二〇石）
8同一五〇石　是政村五郎右衛門（武州多摩郡・野田文蔵代官所）（拝借米三〇〇石）
9同七〇〇石　神奈川宿五郎兵衛（武州橘樹郡・伊奈右近将監支配所）（拝借米三〇〇石）
10同一〇〇〇石　八幡町喜左衛門（下総葛飾郡・同支配所）
11同三〇〇石　下赤塚村辰次郎（武州豊島郡・同支配所）（拝借米一八〇石）

上酒御免の右一一人は早速幕府に請証文を出し、仰せ付けられた上酒試造高の通り、「上精諸白ニ仕、元米・添掛米・造水等随分念入、杜氏之儀も相撰造高精々吟味仕、詰樽等も別段致保方宜出精仕」り、上酒試造に着手する旨、意欲を表明した。そして上酒醸造のうえは、売り出し値段は計画案の通り、「米直段三拾五石ニ付金三拾五両替ニ極メ、上酒弐拾樽ニ付喜左衛門・辰次郎両人は代金拾弐両弐分、市右衛門外八人は代金拾三両、小売迄之諸入用を加江、壱樽ニ付金弐分弐朱、壱升ニ付銀壱匁壱分余之割合を以、仕入米之相場ニ准シ直段引下ヶ」る、としている。要するに、関東上酒は二〇樽につき一二ないし一三両とし、仕入れ相場に準じて値下げすることにしたのである。なお販売は既存の問屋には出さず、

銘々より御当地霊岸嶋・茅場町・神田川辺船付江出張、借屋仕、他之酒と混雑不仕様仕、右場所ニ而問屋并小売迄、縦令壱合弐合商候迚も、聊麁末之儀無之様入念商売仕

と、上記三ヶ所で借屋して売り出す。このたびの上酒試造品は、今後関東の地廻り酒の基本になるので、品質の向上に寄与できる酒にしたい。

また、御免上酒のほか、当時三分一造酒令のもと、市右衛門・五郎右衛門・台宿村五郎兵衛・清左衛門・辰次郎が

造酒した四六〇石は規制に従い次酒として地方売りにする。他の六人は三分一高を休株とし、上酒試造分のうち、品質が劣るものを地廻り酒に出す。なお、上酒試造米を幕府に求め拝借するものは、

　拝借米相願候者ハ申上次第（中略）先達而御吟味之節申上置候、質地差上御米奉請取酒造可仕候、右拝借米返納之儀は、御米奉請取候節之御張紙直段を以、代金直ニ来亥六月迄無間違急度返上納可仕候、万一聊ニ而も差滞候ハヽ、為引当差上置候質地御取上被仰付候共、其節御願ヶ間敷儀申上間鋪候、且拝借高百石ニ付酒八樽ツヽ、為冥加と上納可仕段申上候処、先当年は御試之儀ニ付、格別之御趣意を以冥加之儀は御免被成下候間、夫丈ヶ尚又仕入方格別念入、并売出し直段引下ヶ候様勘弁仕可申上候、弥出来方風味能上方酒同様ニ而、保方も宜敷候ハヽ、其時宜ニより引続石高相増上酒造可被仰付儀は、当年御試造之出来方（中略）出精之者江は、此上拝借金を以可被仰付

と、上酒試造にあたり拝借米を受けるものは、質地としての担保田畑をだして造酒をなし、来年六月までに返納することになった。流山村の平八・同十左衛門、台宿村の五郎兵衛、是政村の五郎右衛門、神奈川宿の五郎兵衛、下赤塚村の辰次郎等六人は、上酒造高のほぼ半高を拝借米で試造に着手したのである。その拝借米高は合わせて二二五〇石であった。しかも拝借高一〇〇石につき酒八樽を、冥加として上納したいと申し出たが、初年度は試造であるからとて、格別の御趣意により冥加御免となった。そのかわり念入りに酒造をなし、売出し値段を特別引き下げるようにとの指示であった。

　初年度より一一人中六人が拝借米をうけ、しかも試造に着手する当座そうそうの理由によって、同年の冥加免除を得たのであるから、各地の有力酒造にとっては、設備投資の危惧をこえた試行魅力を強く感じたのであろう。翌三年は御免上酒試造高一万三五〇〇石のうち五一五〇石の拝借米を受け、四割弱の米を援用しえたのである。御免上酒試

造人の寛政二年と同三年の試造米・拝借米の変化は次の通りである。（　）は、拝借米高。

下奈良村　吉田市右衛門　一〇〇〇石→一〇〇〇石
番匠免村　清左衛門　二五〇〇石→二三〇〇石
下大嶋村　徳助　二三〇〇石→二〇〇〇石（一〇〇〇石）
根本村　四郎右衛門　八〇〇石→一〇〇〇石（五〇〇石）
流山村　平八　一二五〇石→二〇〇〇石（一〇〇〇石）
台宿村　五郎兵衛　一〇〇〇石→一〇〇〇石（四〇〇石）
是政村　五郎右衛門　一五〇石→一二〇〇石（七〇〇石）
神奈川宿　五郎兵衛　七〇〇石→一一〇〇石（五〇〇石）
八幡町　喜左衛門　一〇〇〇石→一〇〇〇石（三〇〇石）
赤塚村　辰次郎　三〇〇石→一二〇〇石（七五〇石）

右の通り、二年度を迎えて五人が増石、基準の一〇〇〇石の三人は変化なく、減石は三人であった。ただし、流山村の十左衛門は消え一〇人となった。おそらく十左衛門の五〇〇石は同村の平八のもとに入ったのであろう。同三年、平八は二〇〇〇石（拝借米一〇〇〇石）に増高しているのである。

関東における御免上酒試造は初年度以来、旧来の関東型の醸造によったため、上方の銘酒におよばなかった。そのため質の改良を模索し、武州豊島郡下赤塚村酒造人辰次郎は、同三年の書上に伊丹・池田の銘酒醸造法を取り込むことを記している。すなわち、

一高千弐百石　　赤塚　　辰次郎

内七百五拾石　拝借米

刃（剣）菱造　此仕入方上酒八百石　直段拾三両

極上酒弐百石　　直段　拾五両

満願寺造

極上酒弐百石　　直段　拾六両

此上納酒樽六樽　　此升目弐拾壱石

右の記載によれば赤塚村の辰次郎は、中山道板橋宿にほど近く、御府内に近接する地の利を考慮し、また武蔵野の水源から湧出する白子川の良水を用いて、江戸へ下る銘酒なみの上酒試造を企画したようである。伊丹の剣菱や池田の満願寺という銘柄に倣う醸造であるから、上方杜氏を招聘したのであろうか。価格の設定も関東には見られぬほどの一〇駄一五両、一六両としている。しかしながら、このような寛政改革期の上酒試造も、上方の銘酒の上質には接近しえず、武州幡羅郡下奈良村の吉田市右衛門が連年にわたり幕府宛実情報告を続けたが、成果が得られず嘆息を窺えるような報告書となったのである。(12)

以上のごとく、寛政二年八月より上酒御免試造令は、勘定奉行柳生久通の指示により武州幡羅郡下奈良村吉田市右衛門等酒造人一一人により、三万樽の試造が開始されたのである。吉田家は幕府諸政策に応じてたびたび献金にも参加した豪農だが上酒の醸造は成功しなかった。しかし、この路線にのり、江戸市中へ進出を企図した地方酒造家は各地に増加し、同三年に五人、同四年に一四人、同五年に一〇人、同六年より十年にかけて二二人、同十一年には一八人、同十二年には二人、すなわち上酒試造に参加した関東の酒造・豪農層から八二人が御免をうけたのである。(13)

その範囲は武州・下総を中心に上総・上野・下野・常陸から一部相模に及んでいる。この政策による上質酒醸造はみるべき成果をあげなかったが、上酒試造にともなう拝借米の権益や、米の広域流通をねらった豪農層が、単純な地主経営より脱し、小規模産業資本運営に転換する萌しをみせたのである。しかし、寛政改革の終焉とともに、上酒試造に貸与した年貢米（酒造業にとっては拝借米）の総量が、幕府財政上放置しえぬ問題となり、享和二、三年（一八〇二、〇三）より貸与策は縮小・廃止の方向にむかい、上酒御免酒造は地主経営の側面からも退嬰的な存在になるのである。

三　化政・天保期の地方小規模酒造業

1　化政期の地方酒造業

寛政改革の後、文化三年（一八〇六）、幕府は酒造勝手次第の触を出し(14)、造酒の制限をさらに緩めた。この政策転換により各地において無株で酒造を開始するものが現れ、在来の酒造業者は勿論のこと、上酒醸造志向の酒造業にとって痛手となった。結局、この施策は江戸へ向けた関西からの下り酒を激増させ、関東上酒醸造に大打撃を与えたのである。

武州比企郡今宿村のように谷津田の低生産米に頼る酒造は、製品販売に見合う適正値段の酒米を確保できず、営業続行に苦慮したようである。文化十四年九月、今宿村の酒造は米の収穫期を迎えたが仕入金に窮し、一六〇両もの金子を村民から借り入れ、酒米を求めたのである。酒造の喜平次（長四郎家）は居宅屋敷の南半分を表より裏まで突抜けで担保とし、その他、酒蔵・酒造道具全品・酒造株高証文をもこれに充てたのである。喜平次は資金を貸してくれた村内の八十八と市太郎に、「酒造仕入金に困り貴殿から一六〇両を借用し酒造米を求めた。返済は来年の九月とし、遅れた場合は上記の担保物件を全てお渡しする」と証文に記している。

借用申金子証文之事

一我等居屋敷之内半分、但南之方表より裏迄
一酒蔵酒造諸道具有来之分不残
一酒造株高
此度酒造仕入金ニ差詰無拠貴殿江御無心申、金子百六十両致借用只今慥受取、酒造致仕入候処実正ニ御座候、但返金之儀ハ来ル寅之九月迄、元利共急度返済可申候（後略）

以上のように喜平次は、文化十四年より翌文政元年まで借用金を元手として経営にあたっている。しかし、その成果は不明である。

一般的に文化・文政頃は江戸文化の爛熟期とみられている。大都市へ多数の人間が流入し活況夥しかったようであるが、関東地方の村々ではその影響をうけて商品生産に参加し、没落する農民も少なからず発生した。また化政期は豊凶がくりかえして起こり、農村経済は変動的であった。文政期に入り喜平次の酒造はいかなる状況におかれていたか知りえないが、さきに紹介したように経営は悪化していたようである。

近世における武蔵の酒造業を鳥瞰しうる成果によれば、越後から杜氏が往来し季節稼ぎの労働者の評価が定着し、酒造技術の水準が上昇段階をむかえたのが近世後期とされている(15)。関東地方のかような気運に乗じて武州比企郡地域の酒造者も、経営・技術の改革を模索したようである。経営が好転しない喜平次は、酒造部門を越後の専門家にまかせる方向に転じたのである。いわゆる、生産諸式の貸出しを採用するのである。

文政七年（一八二四）八月、今宿村酒造稼ぎ人喜平次は醸造経営方式の転換をはかり、越後国頸城郡法音寺村（上越市柿崎区）忠右衛門に酒蔵・酒造諸道具を同申年より午年まで一〇年間（その後天保五年午より一〇年間）貸与することにしている。酒造経営の一切を越後杜氏に委ねたのである。翌文政八年、幕府は酒造休株のもの、酒造株を有し

ながら渡世しないものの酒造を禁止し、酒造制限にむかっている。(16) 喜平次の方向転換は時宜に即した一つの試行であった。ともあれ、越後の忠右衛門への貸付条件は以下の通りである。

一此度我等酒蔵・酒造道具、并別紙帳面之通、当申ノ従閏八月来ル午ノ八月迄中拾ヶ年季ニ相定、貴殿江貸置申候処実正也、地代蔵鋪之儀は壱ヶ年ニ文金八両ニ相定メ、毎年十二月廿日内金四両、残金之儀は翌七月十二日金四両、両度ニ無滞御済し可被下候、万一火難其外如何様之儀御座候而、土蔵廻りハ不及申ニ諸道具紛失御座候共、此方損失ニ仕貴殿江少も御難掛申間敷候

一御年貢村並之諸役此方ニ而相勤可申候、此酒蔵ニ付諸親類ハ不及申ニ脇々より構申者一切無御座候、若六ツヶ鋪申者御座候得者、我等加判之者何方迄も罷出急度申訳ヶ仕、貴殿江少も御苦労掛申間敷候

一金銭ハ不及申、諸商売之品ニ至迄無心ヶ間敷儀申間敷候、年季之内如何様之儀御座候共、貸置候上ハ少も違乱申間敷候、若不勝手ニ御座候而、年季之内たり共御仕舞被成候而も不苦候、諸道具帳面之通請取可申候、為後日証文依而如件

文政七年申閏八月　　　武州比企郡今宿村　酒造蔵貸主　喜平次㊞

同　証人親類　仙之助㊞

越州　法音寺村　忠右衛門殿

①文政七申年閏八月より午年まで一〇ヵ年間酒蔵・酒造道具を貸し出す。
②地代・蔵鋪は年八両と定め、十二月二十日に内金四両、残金四両は翌七月十二日に支払う。
③火災などによる土蔵・酒造道具などの損失は全て地主が負担する。
④年貢・村入用などは地主が負担する。

表25　文政7年，酒造道具

道具名	点　数	備　考	道具名	点　数	備　考
大桶	19本	一本蓋付き	細桶	3本	蓋付き
四尺桶	9本		四尺桶	2本	下物
舟	2艘	小道具共	釜	2つ	
むしろ	44枚		半切	107枚	
仕込かい	4本		山おろしかい	16本	
半役	3つ		大柄杓	10本	
長柄杓	1本		三尺櫂	11本	
流し尻さる	1つ		三尺桶	9本	蓋2面
三尺桶	2本	下物	水桶	1本	
積米桶	1本		洗い場道具	3品	
とこひつ	1つ		荷い	6荷半	縄3荷分
ごんぶり	2つ		本手桶	1つ	
小こしき	3つ	内大二つ	売場半切	2枚	
元へら	13枚		飯ため	4つ	
飯升	1つ		水升	1つ	
かき	2つ		こしき水さし	1つ	
だき樽	4本		坪台	15本	
飯わり	1本		麹蓋	404枚	
米かき	1つ		さまし桶	3つ	
さる(猿房)	4つ		上ため	4つ	
雑ため	4つ		めし出し	1つ	
月の輪	大1つ小2つ		地がら	5つ	さお共
計り桶	2つ		米通し	1つ	
大半切	2つ		半切台	3丁	
階	1丁		麹蓋筵	200枚	
達房	1玉		四つ樽	4本	
柳樽	10本		弐升樽	2つ	
壱升の舛	1つ		壱升金ばん	1つ	
壱升樽	1つ		かなしやうこ	大中小3つ	
焼印	3本		水はく	2つ	
小ひさく	5本		かすり	5つ	
のみ箱	2つ		じうのう	1つ	
またぶり	1つ		ささら	51丁	
ぶら	10丁		土火鉢	1つ	
つり	2荷		ごみとり	1つ	
掛け縄	32房		あゆみ	2丁	
粕階	2丁		二替階	2丁	
伊丹樽	5本		ばん樽	3つ	
桶の上の槙	121束		酒袋	739	
酒袋	500		坪台ふた	14枚	
釜しきん	大小2つ		しやうちう釜	1つ	
焼酎こしき	1つ		銭箱	1つ	
大桶たが竹	2本半分		帳箱	3つ	
判取箱	1つ		火はし	1膳	
やくわん	1つ		てつか	1つ	
三尺直し桶	1つ		風呂桶	1本	
にないしろ縄	3荷分		めし出しくつ	2足	
袋干縄	5房		櫂鉢	1つ	
桶はしこ	1丁		井戸の水そく	1つ	
あんどう	1つ		古畳	15帖分	

⑤年季中、地主側から金銭・商品につき融通など依頼しない。
⑥年季中、経営が不可能になったときは休止をみとめる。

これらの事項をみる限り、文政期をむかえた喜平次家は、酒造稼ぎにおける剰余を期待できなくなっていたのであろう。

越後の忠右衛門が借りた土地・酒造蔵のほか醸造用器具は、「酒造道具帳」、表25により全容が判明する。証人の武州高麗郡下鹿山村熊太郎が連印したこの書上によれば、その品目は天明二年（一七八二）に箕和田村から購入した一八品を大幅に越えている。この帳簿は喜平次家が、酒造の拡大・維持のため資力投入につとめたことを如実に示すものである。忠右衛門は道具帳の末尾に「前書之通預り置申候本書証文之通、急度取計可申候、依之印形致申候、文政七年中閏八月、越州頸城郡法音寺村酒造蔵借主忠右衛門㊞・武州高麗郡下鹿山村証人熊太郎㊞・今宿村喜平次殿」と記している。

越後国頸城郡から出た忠右衛門に酒造を委ね、賃貸料を酒造収入としたが、公認の酒造稼ぎ人は勿論喜平次であった。喜平次が文政の酒造制限令下の、しかも武蔵国における断続的な旱害の凶作に際し、いかなる対応をとり続けたか詳細は不明である。そして天保の幕府酒造統制策の時代を迎えることになる。

2　天保期の酒造政策と地方酒造業

幕府は天保元年（触書は文政十三年・一八三〇）酒造米減石を発令したが、それは天明八年の株高を基準とし、その三分一を減じ三分二造酒にとどめよ、というものであった。さらに天保五年には三分二を減じ三分一酒造を厳守せよと制限を強化した。これは米価の騰貴を抑制し各地の不穏な民情を沈静化するためであった。さらに御料・私領の酒造米高の調査を徹底させている。これは、天保酒造改め策の嚆矢である。[17]
この前年（天保四）、幕府は関東上酒御免令により継続した上酒試造が有名無実となっていた現状を追認し廃止した。しかし拝借米による酒造運営は各地に残存したため、また、米価操作に活用しうる実効性は残されていたのである。ここにおいて、あらたに登場するのが「関八州拝借酒造株」制の設定である。その運用に触れた詳細は明らかではないが、今宿村に近接した金田貞之助知行所入間郡和田村の平兵衛は比企郡鎌形村におかれた金田氏の地方役所に、次のような願書を差し出している。

乍恐以書付奉願上候

一御知行所入間郡和田村百姓平兵衛奉願上候、今般関東上酒御試造上株無株ニ而、当時相休居難渋罷在候者江御貸渡し被成下候由、御触達之趣奉畏候、然処文化三寅年酒造株有無ニ不拘勝手次第酒造可仕旨御触廻シ有之、依之、私儀去文化六巳年より米高十石酒造仕候処、去寅年御差留ニ付其後相止罷在、諸道具等迄不用ニ相成、其上渡世方にも差支甚難渋罷在候、右ニ付此度酒造米高十石御拝借仕度奉願上候、何卒以　御慈悲願之通り被仰付被成下置候ハヽ、難有仕合奉存候、以上

天保四巳年七月

御知行所入間郡和田村　願人　百姓　平兵衛
組合惣代　茂平次
右村　名主　与曾五郎

前書之通奉願上度奉存候間以　御慈悲御添簡被成下置度、偏ニ奉願候、以上

鎌形村　御役所様

上酒試造令の廃止につぐ、関八州拝借酒造株制の開始に接した極小規模酒造稼ぎの平兵衛が、過去の差し止めによ

り渡世に詰まったのであるから、一〇石の拝借株を認めてほしいと願い、名主を介して旗本知行村の地方役所へ対し、幕府への出願に要する知行所添簡の下付を求めたのである。かような拝借株の施策の有効性や、またその運用についての詳細な研究はない。

関八州拝借酒造米についての事例を、さらに一件紹介しておきたい。比企郡今宿村百姓定右衛門も願人となり所定の経緯により、天保五年（一八三四）三月、中村八太夫役所より酒造米高一五石の拝借株高を許された。株札は次の通りである。

中村八太夫　役所㊞

日比野七蔵知行　武州比企郡今宿村

酒造米高㊞拾五石　定右衛門

天保五午年三月

（書式・包紙省略）

右のように定右衛門は拝借株を得たのであるが、当初より酒造開業の意図は疑わしく、先行投資的願人であった。翌年三月、定右衛門は次のように譲渡を企てている。

内議定之事

一此度酒造御拝借御貸株御拝借相成候ニ付、我等酒造致度存則御願下ヶ仕候とも不慮之儀有之酒造差控居候処、貴殿格別之御望ニ付譲渡ニ相成儀ニ御座候ハヽ、貴殿方江無相違引渡し可申候、其節聊違変申間敷候、尤御願下入用之儀は御預り申置候、為後日内議定仍而如件

天保六未年三月日

今宿村　譲人　定右衛門、同　証人　長四郎

熊井村　内蔵之助殿

定右衛門は同村の酒造稼ぎ人長四郎を証人にして、熊井村内蔵之助に譲渡し、もし無用になったときは引き取るというのである。しかしこの商談は成立せず、以後、定右衛門は代官手代に年間七五文（さらに減石の場合は三二文五分）の冥加永を差し出している。

御貸渡酒造寅冥加永請取

㊞酒造高拾五石　但し三分一造

一永七拾五文㊞

卯十二月十八日　　武州今宿村　定右衛門

関保右衛門手付　進野延左衛門㊞・富田僖四郎㊞

同人手代　岡地建八・水嶋団助・中村条助

年々の請取証文は省略するが、かような空醸造業を関八州拝借酒造株制は発生させていたのである。

さて、旗本知行所村々では幕府勘定所の命令により天保八年の秋以降、減石の実情を調査し報告書を提出している。勘定所は相給の知行所村々が減石令を無視し、過造を繰り返す実態を知り、関東の旗本知行村を調査しその徹底をはかったのである。各旗本に対し知行村別の酒造稼ぎ人と株高を天明八年・文化元年・天保四年を掲げ、さらに天保八年度の減石と造込み分を明記するよう雛形を示し、提出させたのである。

旗本日比野氏は、知行所の比企郡今宿・竹本二ヵ村の調査をおこない、同年十一月に勘定所へ届け出ている。天保期の武州における酒造稼ぎはこの調査により知りうるわけであるが、全容は確認できない。ところで勘定所は旗本知行所より提出された書上を逐一検討し、その不備を質した。そこで日比野貞次郎は、

私知行所武州比企郡今宿村酒造人長四郎儀、去酉年中（天保八）是迄酒造致方高御調、其節差上候分当戌十月中御下ヶ相成、其節右長四郎儀大病ニ而前後不相弁、取臥罷在候ニ付無致方、同人召仕之者調帳面差上相違無之と

存居候処、右長四郎快気仕控帳見届、是迄御改之時々書上候とは相違仕書損致、何共恐入候得共右帳面御引替奉願上候、以上

と、天保八年に提出した長四郎分の報告書は召使いの代筆のため、天明・文化・天保四・同八年に至る減石高を誤記したと述べ、差替えを願ったのである。長四郎はこのとき知行主日比野貞次郎宛の願書を届けている。

乍恐以書奉願上候、御知行所武州比企郡今宿村長四郎奉申上候、去酉年中酒造株高御改ニ付私所持株高御尋之節、私病気ニ付代之者取調、別紙帳面之通奉書上候処、此節私儀全快仕控帳面見受候処、是迄造来候米高百五十九石四斗を六拾石と認差上候段、私病気中とは乍申代之者取調不行届、一同奉恐入候（後略）

と詫びている。日比野氏は勘定所の雛形にもとづき次の通り再提出したのである。

武蔵国酒造米高帳　小普請組岡村丹後守支配　日比野貞次郎知行所
武蔵国比企郡今宿村名主・酒造人長四郎

株高六十石　天明八申年書上高百五十九石四斗
文化元子年書上高三百石
天保四巳年以前迄の造高
一酒造米高百五十九石四斗（A）
内　酒造米高百六石弐斗六升六合余　当酉年（天保八）減石之分
酒造米高五拾参石一斗三升三合余　同年（天保八）造込分（a）

同支配　日比野貞次郎知行所
武蔵国比企郡竹本村百姓・酒造人太郎兵衛

株高百石　天明八申年書上高二百石
文化元子年書上高二百石
天保四年以前迄之造高
一酒造米高百石（B）
内　酒造米高六十七石　当酉年（天保八）減石之分
酒造米高三十三石　同年（天保八）造込分（b）
天保四巳年以前迄之造高、
合酒造米高（A＋B）　二百五十九石四斗
右者、私知行所酒造人相糺候処、去巳年以前迄造来候米高并減石高書面之通御座候旨申立候間、御触之趣厚心得、過造等無之様厳重申渡し候、尤右之外知行所之内、酒造人無御座候、以上
天保八酉年十一月　小普請組　岡村丹後守支配　日比野貞次郎
御勘定所
右者、勘定所より御加筆之通り相認メ差出し候処、早々相済申候、以後見合之ため書申候

右のように今宿・竹本村の酒造高は（A＋B）＝二五九石であるが、天保八年は（a＋b）＝八六石一斗三升三合余が造込分であり、三分一酒造高が遵守されている。旗本日比野氏は、減石の趣旨を心得、過剰な醸造がおこなわれぬように、知行村々に対し厳重に命令していると書き添えて、勘定所に報告したのである。

なお前掲の「関八州拝借酒造株」今宿村定右衛門は天保五年三月以降、代官中村八太夫役所へ拝借酒造株高一五石に対し年々冥加永を差し出していたが、天保八年十一月の酒造高改めに際し、いまだ酒造あい始めずという一札を知

行所宛に届け、勘定所への報告は除外されている。これは拝借株を運用する冥加永納入のみの空醸造だったからである。また、天保の酒造統制は減石のほか濁酒にも統制を加え、農村や宿場において販売されることに歯止めをかけた。酒造人長四郎店に隣接する入間郡毛呂本郷組二一ヵ村の名主は濁酒を造り、卸売する者は存在しない旨、請書を提出している。(18)

濁酒御請書

武州入間郡毛呂本郷組弐拾壱ヶ村

差上申御請証文之事

酒造之儀弥厳重被仰出、株持酒造すら三分壱造ニ堅被仰付候程之儀、濁酒者勿論に候へ共わずか之石数四斗樽見江懸之処江手造致し、手売ハ其儘被差置候得共、幾樽も造込置候儀、且聊にても卸売等決而難相成、尤表向手製手売之名目ニ而、内実卸売候ものも有之由、以之外成義、たとへ少分ニ而も此上卸売候者は、酒造隠造過造之もの同様無御用捨御召捕、厳重御取計可被成旨被仰渡、一同承知奉畏候、依而御請印差上申処如件

天保九戌年十月。

請書は関東取締御出役山田茂左衛門手付吉田左五郎・山本大膳手代太田平助・山本大膳手付内藤賢一郎・同人手代小池三助・同人手代須藤保次郎宛に出されているので、かれら手代・手付が廻村巡視にあたったのであろう。

四　越後杜氏のネットワークと小規模酒造業の経営

1　越後杜氏清水屋角右衛門と契約

関東地方においては上酒試造政策の強行にもかかわらず、灘の銘酒に匹敵する製品は生まれなかった。一部の米と水に恵まれた地方では、村の特産物に数えられる酒も造られたが、大半の地域では上酒の片鱗もみられなかった。

比企郡今宿村の酒造稼ぎ長四郎も依然として営業の続行に苦慮していた。文政期に越後の杜氏忠右衛門に委ねた稼ぎも儘ならず、天保五年（一八三四）には文政七年（一八二四）の貸借を延長し、「前書取極候通ニ而当午ノ秋より来ル辰ノ秋迄拾ヶ年定、尤蔵鋪地代之儀は壱ヶ年ニ拾弐両宛、前書日限之通御差出し可被下候、右取極候上ハ聊相違致申間鋪候、依而一札如件」と。一応、文政七年の八両より一二両に値上げし、忠右衛門に賃貸させた。契約は当五年より一〇年季（予定は天保十五＝弘化元）としたが、忠右衛門はまもなく撤退したのである。

さて、天保期の幕府酒造改めに際会した長四郎は、前述のように病苦をおして造込分の維持につとめる願書を出したが、酒造米の集荷購入に絶えず苦しみ続けた。天保十一年の師走、酒造蔵一ヵ所（間口六間・奥行一二間）、酒造道具不残、酒造株一式を担保に入れて、金一〇〇両を借り、営業の続行をはかった。

借用金書入証文之事

一酒造蔵　　壱ヶ所　　間口六間・奥行十二間
一酒造道具　　不残
一酒造株　　一式

右者、我等要用ニ付書面之酒造蔵・酒造道具并酒造株式共書入ニ仕、金百両㊞当座ニ受取借用仕候処実正也㊞、此金返済之儀者、来ル丑ノ十二月迄年ニ壱割ニ歩之利足ヲ加へ、元利共急度返済可仕候、期月ニ至り万一返済致兼候ハ、書入之品々証人方江引請、貴殿江者金子ニ而返済可仕候、為後日金子借用証文加判依而如件

天保十一子年十月　　比企郡今宿村　　借主　長四郎　㊞
証人　幸蔵・組頭　熊太郎

長四郎は借用金書入証文に金一〇〇両を当座に請け取り、返済は来年の十二月まで、年に一割二分の利息を加え元

利とも必ず返済する、もし不可能なるときは書入れの担保物件を証人に渡し、貸主には金子で返済すると誓い、証人には幸蔵と組頭熊太郎を依頼した。病身の長四郎は証文をつくりまず押印して、幸蔵・熊太郎両人に対し保証人を引き受けるよう要請したが、納得してくれなかった。そこで長四郎は借金の依頼を断念し、別途営業の再建を図ったのである。

借入金が用意不可能となった酒造長四郎は資金繰りを止めて、去る文政七年、喜平次が越後の杜氏に酒造経営を委ねた先例を踏襲することにし、天保十三年（一八四二）八月、越後国頸城郡柿崎宿（上越市柿崎区法音寺）の角右衛門に酒造蔵と、別紙帳面の通り酒造道具を貸し出し、来る子年まで一〇ヵ年季と定め経営を委ねた。この借用証文によれば、

酒造蔵借用申証文之事

一此度貴殿酒造蔵并ニ酒道具別紙帳面之通り、当寅ノ八月より来ル子ノ七月迄中拾年季ニ相定メ慥ニ借用申処、但し蔵敷之儀は壱ヶ年ニ金拾弐両宛ニ㊞相定メ、毎年十二月廿日限りニ内金六両相渡し候筈取極メ、無滞相済可申候、若シ相滞候得者加判人引請貴殿江御損毛相懸申間敷候、尤年内蔵并ニ諸道具破損之儀は我等方ニ而致し可申筈、万一大破普請之節は貴殿へ相談可仕候筈、右諸道具之儀随分念入無油断しふく可仕候、相成丈手入致し相用可申候、万一焼失致し候節は蔵諸道具之儀は貴殿方ニ而御損毛可被成筈、中味之儀は我等ニ而損毛致し可申候

一諸道具之儀不用之品も有之候間、右之品我等引受、年中之内ニ大桶壱本・細壱本・四尺壱本新規仕立置可申候、若し年之内、三五年之内にも店上ケ出立有之候節は、不用道具為代金七両差上筈ニ御座候

一御公儀様御法度之儀不及申、村方御条目之通り急度相守可申候、何ニ而も悪事ヶ敷儀決而仕間敷候

一宗旨之儀は、代々禅宗寺赤沼村円正寺旦那ニ紛レ無御座候、若疑敷宗旨之由申者御座候者、我等共何方迄も罷出急度申訳可仕候、尤抱之者共儀は此方江寺請状取置候間、御入用之節は何時成共差出可申候、尤抱之者共ハ不及申我等身分ニ付、万一不法之儀出来仕候歟、又は何様成不届不埒之儀仕出し申候共、少も貴殿江御難儀相懸申間敷、加判之者引請埒明可申候、為後日証文依而如件

天保十三壬寅八月日

蔵借主　越後国頚城郡柿崎宿　角右衛門㊞

店加判人　大豆戸村　仙右衛門㊞

国引請人　善能寺村　佐五右衛門㊞

今宿村　長四郎殿

また、長四郎から柿崎宿の角右衛門に出した証文は、

証文之事

此度我等酒蔵酒造諸道具并別紙帳面之通り、当寅ノ八月より来ル子七月迄中拾ヶ年季ニ相定メ、貴殿江貸置申処実正也㊞、但シ不用之品も有之ニ付、右之品御引受被成年季相済出立之節は、帳面之外六尺桶壱本・同四尺壱本・同細壱本、年中ニ新規ニ仕立置不用道具之為替セとして御差置可被成候、若三年五年之内店上ヶ候節は不用道具為代金、金子七両大家方江御済可被成筈、尤地代蔵鋪は壱ヶ年ニ金拾弐両宛、毎年十二月廿日内金六両、残金之儀は翌年七月十二日金六両、両度ニ無遅御済可被成候、御年貢村役之儀は此方ニ而相勤可申候、此酒蔵ニ付親類其外より差構申者一切無御座候、若六ヶ敷申者御座候ハヽ、我等引請貴殿江御苦労懸申間敷候、金銭諸品無心ヶ間敷儀申間敷候、年季明店上ヶ被成候節は、諸道具帳面之通り、外ニ前文不用道具之替り品請取可申候、為後日証文依而如件

天保十三寅八月

武州比企郡今宿村　酒造蔵貸主　長四郎㊞

同　　証人親類　　熊太郎

角右衛門殿

かように具体的な約定を結び、取り交わしている。借請側のやや曖昧さをもつ証文に対し貸出側の長四郎の証文は、相互の取決め内容を明解に記しているのが特徴的である。

①蔵敷は一ヵ年金一二両宛、十二月二十日に六両、翌七月十二日に六両とし、滞納した場合は保証人の負担とする。

②蔵・諸道具破損の場合、小破は借請人、大破・普請は双方の相談により修理する。

③諸道具は可能な限り手入れをしてもちいる。

④万一焼失の場合は、蔵・諸道具は貸主、中身は借請人の損毛とする。

⑤使用不可能道具が出た場合、年間に大桶一本・細桶一本・四尺桶一本を借請人が新規に備える。貸出側の証文では年季が済み出立のときは六尺桶（大桶）壱本・四尺桶壱本・細桶壱本を年内に新規に仕立てておき、使用不可能になった道具の代替品として残してもらう。

⑥契約半期内で休業の場合は道具の補塡料として七両を貸主に差出す。

⑦公議法度・村法に従い、なお赤沼村円正寺の宗門人別帳に把握されている。

⑧借請人は使用人たちの寺請証文を保持する。

などである。長四郎側の証人は親類で組頭の熊太郎、越後柿崎宿角右衛門側の保証人は店加判人として比企郡大豆戸村仙右衛門、国引受人として入間郡善能寺村佐五右衛門がおのおの押印したのである。越後杜氏の酒造稼ぎを近村の有力農民が保証するのは、近世後期をむかえて越後から杜氏の出稼ぎが一般化し、各地の村落にこのような動向が出現していたことを示すものである。
長四郎から酒造を引き受けた角右衛門は、同十三年八月、出生地の越後国から宗門送り一札を今宿村の役人へ届け出ている。角右衛門は四二歳、女房は三一歳だった。この一札によれば、大豆戸村仙右衛門の世話により長四郎の店借りとして酒造に携わること、榊原式部太夫領分頸城郡柿崎宿では浄土宗浄福寺の檀家で御制禁の切支丹宗門の類族ではないので、今宿村の宗門人別帳に加えていただきたいと、同宿名主嘉左衛門が押印している。こうして角右衛門は店借り酒造をはじめたのである。

送り一札之事

一角右衛門　当寅四拾弐歳、女房当寅参拾壱歳

右之者共此度勝手合ヲ以、其御村同州同郡大豆戸村百姓仙右衛門世話ヲ以、其御村方長四郎殿店借り差遣申候処相違無御座候、尤角右衛門宗旨之儀は当宿内浄土宗浄福寺旦那ニ而、御制禁切支丹宗門之類族ニ而は決而無御座、然上ハ当宿内宗門人別両帳面相除候間、以来其御村方宗門人別両御帳面ニ御書加可被成候、為後日送り一札仍而如件

天保十三寅八月　　　榊原式部太夫領分　越後国頸城郡柿崎宿　名主　嘉左衛門㊞

武州比企郡今宿村　御役人衆中

2　越後杜氏清水屋角右衛門倒産

天保十三年（一八四二）、越後杜氏の清水屋角右衛門が今宿村長四郎の店借り酒造をはじめた年、江戸幕府の勘定奉行梶野土佐守は、再任した老中水野忠邦に伺い酒造人の呼称変更の命令を出している。諸国酒造人はこれまで酒造

株と呼ばれていたが、株仲間禁令のこともあり、酒造稼ぎと唱え替えのうえ、酒造米高をもって御料・私領・寺社領とも酒造人へ鑑札を渡して支配するように。また酒造稼ぎが名前替え、代替りなどしてもその節、鑑札を渡すのではなく、当初の鑑札をもって永々酒造をおこない、譲り渡したときも同様に心得て届けるように、廃業のときも同様であると命じたのである。なお減石令が出た場合も鑑札高から引き高をするようにと触れている。その触書は次の通りである。

梶野土佐守殿申渡候書付

諸国酒造人之儀是迄酒造株と唱候処、株唱候儀為止め酒造稼と唱替此度相改候、酒造米高ヲ以御料・私領・寺社領をも為取締酒造人共江鑑札為渡候間、其旨為心得御知行酒造人共江鑑札可被相渡候、尤此後酒造人名前替・代替り等之節其都度々鑑札書替為相渡候儀には無之候間、此鑑札以名代永々酒造致候様申付、勿論由緒ヲ以稼、其譲渡し候節も同様為心得、其時々是迄之通り相届ヶ以後相止メ候節は其段可被申立候、減石之儀追而御触有之迄は右高之三分二仕込、三分一減石之積り心得違い無之様、急度可被申付候

天保十三寅年

右のように酒造株の呼称は酒造稼ぎにかわった同十三年、越後杜氏清水屋角右衛門は今宿村の長四郎より酒造蔵・酒造道具一式を借り受け、二人の常雇を用いて、先述のごとく酒造を開始した。ところが、僅か五年間で経営に行き詰まり、保証人に身代を託すことになった。弘化三年（一八四六）六月七日の「差出し申店引渡一札之事」によれば、長四郎から借用した一〇年季の酒造業の保証は、仙右衛門と佐五右衛門が担当したが、角右衛門は不足資金を専ら仙右衛門の紹介で借用し、当座を凌いでいたようである。しかし、借用方から返済の滞納は不埒であるとの訴えもあり、親類立会いのうえ検討したところ、仙右衛門口入り以外の借用金も多額にのぼり、返済不可能であることが判明した

のである。

角右衛門の身元引受人である善能寺村佐五右衛門は、借財整理について保証人大豆戸村仙右衛門に対して次のように申入れた。すなわち、角右衛門の商品は各人への借金返済にあて、不足分は仙右衛門が引き受け返済する。そして、残る年季の五年間、仙右衛門店を管理し、長四郎方への店賃支払い、その他一切の処理を任せる。その証人として松山町武助をたて、角右衛門の家族は佐五右衛門が引き取る、という内容であった。この店引き渡し証文を分析すると、以下のように経営破綻の算定結果となるのである。

越後杜氏角右衛門が弘化三年六月、経営に行き詰まり返済不可能になった金額は、金一〇五両の酒造元仕入れ金に、利子金一一両と銀六匁を加えた額であった。このうち金一三両一分は上半期に弁納したが、残金は金一〇四両三分二朱であった。したがって借用元金を僅か一朱減らしたに過ぎなかったのである。

この借用金の抵当として見積りできたのは、酒四一五駄代（金八〇両）・薪代（一両三分）・味噌代（金四両）・夜着布団蚊帳代（二両二朱）・勝手諸色道具代（一両一分二朱）・伊丹樽小樽（一分）・箪笥一重（一分二朱）・米三俵（二両二分）・瀬戸村十兵衛殿月掛最合掛金請取予定（二二両二分）であった。

そのほか当座支払う金額は、角右衛門が越後に戻り金策をする旅費（五両）・河端屋店借り賃（一両二朱と八五文）・大豆戸村虎之助方米代残金（一両二分）・店賃（六両）・閏五月晦日までの給金二人分（一両二分と五四四文）・大豆戸村喜藤次の相続講割済金（二九両）、合計金四四両二朱と六三三文を数えた。

角右衛門は身辺の夜着布団や蚊帳・箪笥まで抵当物件に計算し、財産処理をしたが、経営上、他村の講金なども利用して金繰りをしていた様子が窺えるので、営業当初より試練の連続であったのであろう。角右衛門はあらゆる算段を講じたが結局、金四二両二朱と四六九文が不足し、他に金五両と二貫二九四文の米代金借用、金一五両の酒代未収など解決できなかったのである。

差出し申店引渡一札之事

一金百五両也　　但し酒造元仕入金
此利金拾壱両と銀六匁也　　但し六拾両十一ヶ月・四拾五両十ヶ月（内訳金額前述通り）
右は、今宿村ニ而酒造人清水屋角右衛門儀、酒造元不足ニ付年々貴殿江御無心申入、全実意を以金主方江御口入被下候度々借用相調商売取続罷在候処、酒造人追々不埒ニ付今般親類夫々立会取調候処、去巳年貴殿御口入之金子書面之通借用ニ相成、其外親類方より借財多分ニ有之、返済方可致手段無之ニ付、今宿村店有物諸色取調前書之金子ニ積り、貴殿御口入金返済ニ差向ケ、元利之内不足之分は貴殿御弁金ヲ以御済被下候筈ニ而、此度今宿村店諸品不残貴殿江引渡、角右衛門は我等方江引取申候処相違無御座候、尤右店角右衛門借請年限ニ付借請証人共其儘差置候間、年限中は是迄之名目ニ而店賃其外貴殿方ニ而御勤、御勝手次第酒造御支配可被成候、然上は当人は不及申脇々より故障之筋決而無御座候、万一故障之筋有之候ハヽ、我等引請何方迄も罷出致申開、貴殿江少も御苦労掛申間敷候、為後日店引渡一札入置申処仍如件

弘化三午年六月七日　　角右衛門代兼　善能寺村　佐五右衛門㊞
松山町　証　人　武　助㊞

大豆戸村　仙右衛門殿

このような状況により、角右衛門は善能寺村の佐五右衛門に引き取られ、損金の全ては保証人の大豆戸村仙右衛門が負うことになったのである。越後杜氏に酒造の成果を託した酒造株持ちの長四郎は、酒造蔵や酒造道具の貸出しにより一〇年間の収入を計上したが成功しなかった。それにもまして、越後杜氏の経営に期待して資金を投じたであろ

う、近村の地主層は相当の欠損を免れなかったのである。長四郎が酒造をおこなわず、道具貸し程度に経営の縮小をすすめたのは、父祖の経験を学び、この地方における酒造業の限界を理解していたからである。酒造は資本を要し、また規制も受けたので経営の難しい事業であった。しかし、升売りや居酒屋は繁盛し、嘉永元年七月、村のなかの宿場である今宿では五軒の酒店が、女性を働かせ良俗を乱す営業をおこない、近村より批判され詫びている。

3　越後杜氏嶋田村六兵衛と契約

今宿村の長四郎店酒造稼ぎは、弘化三年（一八四六）清水屋角右衛門が潰れたのち、しばらく従事者がなかった。酒造株をもつ長四郎はその後、手をこまねいていたのであろうか。毎年酒造冥加永を納入しなければならない長四郎は、関東地方に広がった越後杜氏のネットワークを利用して時宜の到来をまっていたが、嘉永四年（一八五一）、越後の六兵衛を見出し、長四郎店の酒造を再開したのである。

越後国頸城郡嶋田村（上越市頸城区島田）の六兵衛が長四郎と取り交わした一札によれば、六兵衛は赤沼村円正寺の檀家となって今宿村に居住し、長四郎より酒造蔵・酒造道具を同亥年八月より来る酉年まで一〇ヵ年間貸借して、前件の角右衛門同様に酒造をおこなうというものである。店賃は年一五両とし、十二月二十日までに金七両二分、翌七月十二日に金七両二分を納入するとの約定である。角右衛門時代より金三両の値上げになっている。一札の契約事項は従来と同文言で、長四郎側の証人は親類熊太郎、世話人は嘉兵衛であった。また六兵衛側の借用証文は未完成の書類を含めてA・B・Cの三通が残されている。

Aは、武蔵国入間郡萩原村太郎店の彦六が国引請人、同国同郡片柳新田亀三郎店の清七が請人、同国比企郡今宿村嘉兵衛が世話人として名を連ねている。しかしこれには捺印がない。

Bは、同国入間郡荻原村（名前は切り取り）が国引請人、同国入間郡根岸村（名前は未記入）が請人、同国比企郡今宿村嘉兵衛㊞が世話人である。

Cは、同国入間郡荻原村太郎店の彦六㊞が国引請人、同国比企郡鎌形村千代蔵店（名前切り取り）が請人、同国同郡竹本村善蔵㊞が世話人である。

この三通をみると、Aは捺印がなく、借用証文作成に着手した段階で失敗に終わったものであろう。Bは世話人の嘉兵衛が捺印しているので契約途上で肝心の請人、すなわち根岸村の某が尻込みして破談に終わったのであろう。Cは竹本村の善蔵が世話人となり、この契約を締結させたことを示している。借用状の定式である文中の三ヵ所、すなわち借用実正の箇所、借用金支払い期日の箇所、連帯人の保証文言の箇所、におのおの捺印されているのである。

以上の三通はおのおの書者（書き手、筆跡）が異なるので、六兵衛借用の成立が難産であったことを如実に示している。嘉永四年の段階にいたる酒造の転変が容易ならざることであったから、このように請人（保証人）になる者を見出し難かったのであろう。

酒造蔵借用証文之事

一此度貴殿酒造蔵并諸道具別紙帳面之通、当亥八月より来ル酉ノ七月迄中十ヶ年季ニ相定慥ニ借用申処実正也㊞㊞、但し蔵敷之儀は壱ヶ年ニ金拾五両宛相定、毎年十二月廿日限り内金七両弐分相渡可申筈、残金七両弐分翌七月十二日相済㊞㊞可申候、若し済兼候ハ、加判人引請貴殿江御損毛相掛申間敷候、尤年之内、蔵并諸道具破損之儀は我等方ニ而致可申候

一諸道具之儀随分念入無油断修覆可仕候、万一焼失致し候節は蔵諸道具之儀は貴殿方ニ而御損毛致し可被申筈、中味之儀は我等方ニ而損毛致し可申候、且年中借請諸道具新規仕立候共、店明候節は借請品数之余有之候ハヽ、

古道具は私共江引請、新規之分は御店江残置可申候
一御公儀様御法度之儀は不及申、御村方御作法相背申間敷候
一宗旨之儀は禅宗ニ而、寺は赤沼村円正寺旦那ニ紛無御座候、尤抱之者共は不及申我等身分ニ付、万一間違等も出来仕候歟、又は何様成不届不埒之儀仕出し候共、少も貴殿江御難儀相掛申間敷、加判之者引請埒明可申候、為後日証文依而如件

嘉永四年亥八月日

越後国頸城郡嶋田村百姓　蔵借主　六兵衛㊞
国引請人　武蔵国入間郡萩原村　太郎店　彦　六㊞
請人　鎌形村　千代蔵店（切り取り）
竹本村　世話人　谷兵衛㊞

今宿村　長四郎殿

為取替一札之事

一此度我等酒造蔵諸道具并別紙帳面之通、当亥八月より来ル酉七月迄、中十ヶ年季ニ相定貴殿江貸置申処実正也、但し店賃之儀は壱ヶ年ニ金拾五両宛、十二月廿日限りニ内金七両弐分、残り七両弐歩七月十二日迄両度ニ無滞相済可申候、尤此酒造蔵ニ付親類其外脇より故障ヶ間敷儀一切無御座候、若し差滞候者御座候ハヽ、加判之者引請少も御苦労懸申間敷候、年季明店上ヶ候節は諸道具別紙帳面之通、取調受取可申候、尤新規仕立候諸道具有之候共、古品は貴殿方ニ而引請新規之品は当店江差置可申筈、家根其外諸道具修覆之儀は成丈念入可被成筈、万一火難等有之候ハヽ、蔵道具之儀は我等方ニ而損、造置候酒は酒造人方ニ而御損毛可被成候、為後日一札依而如件

嘉永四年亥八月日

武州比企郡今宿村　酒造蔵貸主　長四郎㊞

同証人親類　熊太郎　㊞
同村世話人　嘉兵衛　㊞

六兵衛殿

右のように蔵・酒造道具の貸出し形式は従前と同様である。店賃が一二両より一五両に値上げされた程度である。しかし貸借運用が変質している。貸主側の証人・世話人は変化をみないが、借主の経営保証人が一変したのである。すなわち、越後杜氏が在郷地主から酒蔵・酒造道具一式を借用して酒造りを開始する場合、かつて忠右衛門・角右衛門の前例を経て、ここに六兵衛が登場したのであるが、国引請人となって杜氏の身元宗門を保証し、また金銭の保証をする請人に名を連ねた太郎店の彦六や千代蔵店の某（切り取り、名前不明）など、全て越後杜氏のネットワークにより成立した相互扶助による醸造である。それは越後から出た杜氏が力量を確立し始めていたからであり、また武州在地の地主層が酒造経営のもつ危険性を、杜氏のネットワークに丸投げしたからでもあろう。しかしながら、かような越後杜氏の営業に関わる分析は、管見の範囲では知ることがない。酒造史料の大半が地主経営の範疇内に存在し、雇用人としての杜氏の存在は明解であるが、越後杜氏の酒造専営史料は残存しなかったからであろう。本章の用いる史料も経営史料にはほど遠い内容であるが、越後杜氏ネットワークによる小規模酒造業の経営展開に視点をおき、さらに叙述をすすめてみよう。

さて嘉永四年（一八五一）八月、六兵衛が借り受けた道具の全容は「酒造諸道具覚帳」により表26のように知ることが出来る。長四郎と六兵衛は同一内容の覚帳を二冊作成し取り交わしている。長四郎は表紙綴じ紐にかさねて「武州今宿松本」と刻した丸印を捺し、六兵衛は「武州今宿（印文不明）」の角印を捺し、さらに「前書の通り預かり置き申候、本書証文の通りきつと取計い申すべく候」と記した。

以上のように、ごみとりや火箸にいたるまで借用して酒造に取り掛かるのである。

嘉永四年に開始された越後杜氏六兵衛の酒造が軌道に乗るか否かは、地主の長四郎にとって強い関心事であったとおもわれる。先祖が開始した酒造は、これまで度重なる挫折を味わったのであり、経営方針として酒蔵・酒造道具の

表26　嘉永4年，酒造道具

道具名	点　数	備　考	道具名	点　数	備　考
大　桶	14本	蓋付き	四　尺	6本	蓋付き
細	5本	蓋付き	舟	1枚	小道具付き
釜	2つ	3尺4寸	むしろ	80枚	内10枚不足
半　切	81枚		仕込みかい	4本	
山おろしかい	7本		半　役	3つ	
大ひさく	10本		長柄ひさく	1本	
三尺かい	5本		流し尻箱	1つ	
三　尺	10本		水　桶	1本	
積米桶	3本		洗場道具	1組	3品
とこひつ	1つ		荷い箱	4荷	しろ縄付き
ごんぶり	2つ		本手桶	1つ	
小こしき	3つ	大2つ	元平かい	7本	
飯ため	3枚		飯　升	1つ	
水　升	1つ		かき桶	2つ	
こしき水さし	1つ		だき樽	6本	
坪　台	14本		飯わり	1本	
麴　蓋	150枚		米かき	1つ	
さまし桶	3つ		た　め	10丁	
親ため	4丁		こしきぶんじ	1本	
月の輪	大2小2		地から	4組	さお1本不足
もち箱	1つ		米　通	1つ	
おり引半切	2枚		半切台	1丁	
二替階	2丁		四つ樽	2本	
柳樽	20本		二升樽	3本	
1升の升	1つ		一升金ばん	1本	
一升樽	5つ		金じゅうこ	大中2つ	
水はく	2つ		小ひさく	5本	
かすり	3つ		呑み箱	2つ	
じうのう	1丁		またぶり	1本	
ささら	20本		ふ　う	5丁	
井戸つり	2組		ごみとり	1つ	
掛け縄	32房		あゆみ板	2丁	
桶階	2丁		廣敷甕階	1丁	
伊丹樽	3本		酒　袋	294枚	
釜しきん	大1つ		坪台莚蓋	6枚	
焼酎道具	1通		銭　箱	1つ	
帳　箱	1つ		火　箸	1膳	
三尺直し桶	1本		風呂桶	1本	
めしだしくつ	1足		袋干縄	5房	
櫂　鉢	1つ		井戸水はく	1つ	
古　畳	15枚		しぶかめ	1つ	
三升樽	5つ				

貸付による安全策をとり続けてはきたが必ずしも本意ではなかったのである。

かつて忠右衛門・角右衛門は長四郎との間に、一〇年季契約の貸借で営業をはじめ、五年ほどで頓挫しているが、六兵衛も同様な危機をむかえていた。当初六兵衛は資金繰りのために、保証人として同盟した越後杜氏のネットワークに頼ったが、しょせん出稼ぎから経営請負に転じた彼らには全幅の余裕はなかった。

六兵衛の経営続行にはオーナーである長四郎からの資金援助が必要になった。しかし単純な出資であれば共倒れとなる危険がみえている。長四郎は資金貸付の形式をとり、六兵衛の酒造経営を継続させようとはかった。安政三年（一八五六）十月、今宿村嘉兵衛を保証人にたて、金八〇両を翌年八月まで「相当の利合」、すなわち利息を定めず貸し付け、返済不可能になったときは保証人が引き受け「必ず弁金、長四郎様へは少しも御損毛掛けず」との一札をとったのである。翌四年九月には金一〇〇両を同様に貸付形式によって貸付・出資したのである。

借用申金子之事（下書き）

一金八拾両也㊞（六兵衛の印）　但し通用金也

右は酒造仕入金ニ差詰り申ニ付、無拠貴殿江御無心申入、書面之金子只今慥ニ受取借用㊞（六兵衛の印）申処実正也、但し此金返済之儀は来ル巳ノ八月迄、相当之利合を以元利共返済可仕候、若シ遅滞ニ相成候ハヽ、加判之者引請急度弁金仕、貴殿江少も御損毛相掛申間敷候、依而如件

安政三辰年十月　今宿村　借主（六兵衛）

同村　長四郎殿

借用申金子之事（下書き）

一金百両也㊞（六兵衛の印）　但し通用金也

右は酒造仕入金ニ差詰り申ニ付、無拠貴殿江御無心申入、書面之金子只今慥ニ受取㊞（六兵衛の印）借用申処実正也、但し此金返済之儀は来ル午八月迄、相当之利合ヲ以元利共返済可仕候、若シ遅滞ニ相成候ハ、加判之者引請急度弁金仕、貴殿江少も御損毛相掛申間敷候、依而如件

安政四年巳九月日

比企郡今宿村（欠）・入間郡（切断）

今宿村　長四郎殿

こうして借用金一八〇両により六兵衛の経営は危機を乗り切り、文久元年（一八六一）、一〇年季契約の更新をむかえることができた。長四郎が杜氏六兵衛の借請け経営に対し、共生基盤の存立を意識して出資し、一体化しつつあった危機を乗り切る方策をとったからである。

4　越後杜氏嶋田村六兵衛と再契約

文久元年（一八六一）八月、越後国頸城郡嶋田村六兵衛は嘉永四年より一〇年季借用を過ぎ、さらに一〇年季の続行を長四郎と契約する。契約の書類は従前通りであった。

「酒造蔵借用証文之事」「為取替一札之事」は金額を別として粗同文であったが、今回は添書なる一通が加えられた。同文は、

添書一札之事

一貴殿酒造蔵并諸道具一式、本書之通借請申候処相違無御座候、尤御店之儀、貴殿御入用之節は年中ニ御座候共、聊無相違明渡し可申候、依之別紙差入申処如件

文久元年酉八月日

越州頸城郡嶋田村百姓　酒造蔵借主　六兵衛　㊞

入間郡萩原村太郎店　　証人　　彦　六　㊞
同　郡根岸村市左衛門店　同　　清　八　㊞
比企郡今宿村　　　　　証人　　嘉兵衛　㊞

今宿村　長四郎殿

唯一の変化は契約年中（年季内）でも貸主の長四郎にとって必要な事態になれば返還するとの文面である。横浜の開港以後激化した江戸周辺の特殊事態を背景にもつ添書であろう。

さて、すでに一〇年を経た六兵衛の国引請人は今回記されていない。証人（保証人）として武蔵国入間郡萩原村太郎店彦六・同郡根岸村平左衛門店清八・比企郡今宿村嘉兵衛の三人が名を連ねている。長四郎と同村の嘉兵衛は世話人でもあった。今回の契約は長四郎と六兵衛の取り交わし一札によると、文久元年酉八月より来る未七月までの一〇ヵ年季とし、店賃は一ヵ年金一八両とさだめ、金九両は十二月二十日限り、残金は翌七月十二日限りとした。酒造蔵と諸道具は相互に詳細な「酒造諸道具控帳」を二冊作成し、交換所持して、嘉永四年と同様に両者が保管している。なお年季終了時に、新規諸道具は長四郎店へ差し置き、古品は六兵衛が引き取ることにし、万一にも火難にあえば蔵・酒造道具は長四郎が、仕込みの酒は六兵衛がその災厄を受けることに定めたのである。酒造道具は嘉永四年からの継続であり、道具の種類には大差がないが員数は増加している。おそらく六兵衛の酒造量が上昇した関連であろう。なおこの年九月、「酒造蔵家根其外修覆掛り覚帳」によれば、長四郎は酒造蔵屋根そのほかの修復をおこなっている。大橋村の左官秀次郎、その他大工・職人を八月二十七日より九月二十三日まで断続的に投入して完成したのである。

5　幕末・維新期の地方酒造業の動向

江戸後期より長四郎は、今宿村名主兼改革組合村の小惣代もつとめ、家業も酒造・薬種・鉄物商いを兼ね、持高一一石五斗五升であった。文久三年（一八六三）の今宿村御用留帳によれば、「今般御取締様罷出、小惣代役請いたし儀是迄何ヶ年相勤候哉、猶又持高・農間渡世之儀取調書上候趣、寄場より被仰越候間、安政四巳年十一月より被仰渡相勤候、持高十一石五斗五升也、農間酒造・薬種・鉄物類商ひ仕候、今宿村名主長四郎、当亥六十三歳」と、関東取締出役へ提出した報告書により知ることができる。

幕末期をむかえて酒造の経営はまことに多端であった。しかし今宿村の長四郎店はさまざまな試行により乗り切り、維新をむかえるのである。世上の乱れは地域によっては、ひととき無政府情況を出現させた。藤田小四郎らの天狗党の乱の波及と捕縛人の護送、武州・上州を席捲した慶応二年（一八六六）の世直し一揆などその一例である。

支配権力の凋落は当然酒造株統制などに弛緩を生む。長四郎店でも嘉永四年の諸道具帳では、わずか三本であった西国流の伊丹樽が、表27のように文久元年には五〇本と激増し、祝い用の柳樽二〇本が三〇本に増えるなど、商品の全国的流通に組み込まれた動向が歴然となる。長四郎が六兵衛に貸した酒造用具に伊丹流が増加し、また、武州榛沢郡横瀬村の酒造業で幕末期に酒造取調役を補佐した同村の名主荻野七郎兵衛は、文久三年二月の「酒造御改書上帳」にみずから「大坂流酒造人」と称し、池田・伊丹・灘等の上方酒造法の摂取を鮮明にしている。

表27　文久元年，酒造道具

道具名	点数	備　　考	道具名	点　数	備　　考
大　桶	13本		四　尺	10本	
細	4本		三　尺	13本	
坪　台	14本		た　め	20丁	
地から	6組	但しさお1不足	柳　樽	30本	
伊丹樽	50本		古　畳	28枚	

さて明治元年（一八六八）、長四郎は六兵衛の経営上昇機運をみて、賃貸の値上げに踏み

切ったのである。一〇年季契約の半期を過ぎた同元年八月、辰より寅までの一〇ヵ年季の約定を無視して、すなわち満期をむかえずに契約を改定させ、「酒造蔵借用証文之事」「添書一札之事」の二通一組の書類を作成した長四郎は、年間一八両の契約金を倍額の三五両に値上げし、七月と翌十二月に分けて受領することにしたのである。維新期のインフレ状況を参酌しても極端な値上げであった。しかも添書一通には、酒造蔵と諸道具一式の貸借賃のほか、一年間に生酒一石四斗を御遣料として現物で納入するようにと約定を改めている。

添書一札之事

一貴殿酒造蔵并諸道具一式、本書之通拝借申処相違無御座、但し年々店賃之外、生酒壱石四斗御遣料ニ差上可申筈、尚又金百両也、右は為敷金此度差上置候間、返済之儀拾ヶ年賦割渡ニいたし、年々拾両宛御返済被下相済可申候、勿論本書之通店賃として年々金三拾五両宛差上候間、右金差引ニ仕金廿五両宛可差上、内金拾弐両弐分ハ十二月廿日限り相渡、残り金拾弐両弐分は翌七月十二日迄ニ相済可申候、且又御店之儀貴殿御入用之節ハ、仮令年中ニ御座候共聊無相違、明渡し可申候、依而別紙入置申処如件

明治元年辰八月日

越後国頚城郡柿崎宿　酒造蔵借主　六兵衛㊞
国引請人　武蔵国入間郡萩原村　太郎店　彦　六㊞
同国同郡片柳新田　亀太郎店証人　清　七㊞
同国比企郡今宿村　世話人　嘉兵衛㊞

今宿村　長四郎殿

また添書によれば、貸借関係の締結にあたり、長四郎はあらたに敷金の収受を定め、前金で一〇〇両という大金を受領した。敷金の返済は一〇ヵ年賦割済とし、年に一〇両宛、店賃三五両より差し引き、二五両を六兵衛が長四郎方

へ半金一二両二分宛、二度に分納することになったのである。契約の改定にあたり文久元年の証人のうち、入間郡根岸村平左衛門店清八は退き、同郡片柳新田亀三郎店清七が登場している。このように越後から出て杜氏として雇われた人々が、酒造業の保証人を引き受けるのは、越後杜氏が形成したネットワークによる酒造経営への参加を示すものであり、幕末期に成長した越後杜氏の、武州における存在形態の一端である。

おわりに

以上のごとく幕府の酒造統制令下における、武州比企郡今宿村長四郎家の酒造経営の実態を検討し、非特産物地域における小規模酒造業が、越後杜氏に生産手段を貸与する経営構造をとって展開する一例を実証した。越後杜氏が酒造生産部門を借り請け、雇用労働力を擁して醸造経営を成長させ、杜氏技術者集団が経営主体を構築するための、杜氏ネットワークを維持したのである。しかしながら、多くの場合、経営主体の形成に移行しえなかったのである。そして、産業資本経営者へとすすむ展望を模索しながら、それを閉ざさざるを得なかった。その本質は何故であろう。一般論として、徳川期の地主制が強固であり、その延長上に維新政権の土地改革が覆いかぶさったからであるとみれば、無為な検討課題になろう。しかしながら、杜氏技術者社会のネットワーク形成が、産業資本経営者へと胎動しつつあり、諸々の可能性が存在したとみられるのである。それらを集約して今後、さらに調査と考察を加えたいと思う。

第二節〔補論〕江戸近郊における茶業稼ぎの展開

一　近世狭山茶業の展開

江戸時代の後期、化政・天保の頃、武蔵野の西方に連なる狭山・加治丘陵の周辺に手揉み製茶が勃興した。それは衝撃的なもので、まさに文字通りの勃興であったようだ。しかし、手揉み製茶展開の具体的な様相は明らかでない。先学の著書も江戸期の史料に恵まれず叙述に苦労している。江戸後期に起こったこの地方の手揉み製茶は、のちに狭山茶と呼ばれるのであるが、すべて煎茶である。

狭山茶の歴史について述べた著作では中島幸太郎・大護八郎・吉川忠八などが主なものである。諸氏の研究には若干、見解を異にする点もあるが、依拠する文書はほぼ同じものである。それゆえ、明らかに江戸期に記された文書と確認できるものを（散佚したものを含め）掲げると次のように極めて少量であり、新事実の発掘も乏しい。したがって本節では煎茶の流行と江戸茶問屋の動向をさぐりながら、あらためて狭山茶形成のネットワークについて検討する。

年　代	狭山茶関係の文書内容
文化十一年	「道中之日記」に焙炉手揉み茶作りの見聞記事あり（吉川家文書）
文政二年六月	江戸の諸国茶問屋五店より、村野・吉川家の依頼を受け入れ販売の仕切りを了承する旨取替し一札を出す（村野家文書）
文政三年四月	「狭山本場茶製連名帳」三四戸の連名と焙炉数合計一一二枚を記載（村野家文書）

文政四年八月　金子藤兵衛より指田半右衛門宛茶仕切書、翌五年以降は山本嘉兵衛より半右衛門宛仕切書（指田家文書、『狭山茶業史』）

文政十一年七月　山本嘉兵衛より指田半右衛門宛茶仕切書「茶仕切小判六拾目割」（指田家文書、『狭山茶場誌』写真版）

天保元年　宮寺村の本橋玄逸が狭山茶場碑文案作成、文化九年より狭山茶作られる（村野家文書）

天保三年四月　林韑により「重闢茶場碑」撰文できる（碑文による）

天保十年八月　重闢茶場碑開碑当日の寄進覚帳（村野家文書、『狭山茶史考』、『狭山茶場史実録』）

安政六年　「諸日記覚帳」に六月より十一月迄に茶二七五貼扱う記事。安政七年五月青茶内金記事あり（中島家文書）

文久元年三月　茶師仲間定（木下家文書、『狭山茶業史』）

文久三年四月　「茶荷物駄賃掛帳」は伊豆姫之湯村から高倉村の西沢直右衛門に送った茶荷物の継送り駄賃帳（西沢家文書）

己年四月　茶問屋二〇軒より、在村の茶問屋行事そのほか荷主に宛てた、煎茶買入れ約定（村野家文書『狭山茶業史』）

八月　大橋太郎治郎より指田半右衛門宛茶仕切

狭山茶関係の著作として、中島幸太郎『狭山茶場誌』（北狭山茶場碑建設会発行、一九三七年）、同『狭山茶史考』（私家版、一九七一年）、大護八郎『茶の歴史―河越茶と狭山茶』（川越叢書第九巻、一九五七年）、同『狭山茶業史』（埼玉県茶場協会編集・発行、一九七三年）、吉川忠八『狭山茶場史実録』（私家版、一九七二年）、同『続狭山茶場史実録』（私家

版、一九八一年）などをあげることができる。

狭山の手もみ煎茶は、先進地帯の技術を受容して発達したのであるが、その詳細は判然としない。ここでは、ひろく知られている煎茶の展開について概観しておきたい。

「茶の湯」にかわり「煎茶」が全国的にひろまるのは江戸時代の中期以降である。特に煎茶手前が確立し、諸流の家元が展開するのは化政期（一八〇四～一八三〇）前後とみられる。

煎茶がもてはやされるようになった背景は、各地において、それぞれの特徴をもった煎茶風の飲用が、日常的におこなわれていた事実を推測させる。それが先人の工夫改良によって銘品を生むに至り、質的に高度な嗜好品となったのである。

それとともに、江戸後期の文人たちが中国の高士文人の風流にならい、煎茶をたしなみ茶の湯を否定し、煎茶のサロンを精神的な支柱にする者も多くなった。なかでも、江戸後期の文人たちは三絶といって、漢詩・書・画にすぐれた才能をほこった。かれらの交流の席には、必ず煎茶がみられたのである。

たとえば豊後の田能村竹田は、文政六年（一八二三）、京都に滞在して頼山陽・小石元瑞など多くの文人たちと交流を深めている。そして同年五月には尊敬してやまなかった青木木米を、鴨川のほとりに訪ねたのである。木米は竹田を招じて茶を煎じ、心からもてなした。竹田は感謝の意をこめて即座に七絶一首を作り「木米翁喫茶図」を描いてその画賛とした。竹田は帰郷後、煎茶についての学殖をもとに、同七年「茶仙図十幅」を描き、さらに同八年には長崎を訪ね、中国の文人たちの著作などから煎茶の考証を収集した。そしてかの地で「蕉陰喫茶山水画」を描いている。

一方、木米は、竹田が京を去った同七年、茶どころ宇治の、朝陽に輝やく景観を「兎道朝暾図」と題して描き、二、三の友人に贈っている。

これらの文人たちと交遊のあった浦上春琴も「高士煎茶図」を描き、また池大雅の描いた「樹下煎茶図」も著名である。

田能村竹田により真価を認められた岡田米山人も、天保五年（一八三四）、「山中煎茶図」を描くなど、文人の煎茶好みが、化政・天保期に高揚したのである。このような流行は各地にひろがり、田能村竹田の「黄築紀行」によれば、数多い地方文人との交歓の席に煎茶が不可欠であったことを記している。

地方へ煎茶が波及し、文人茶が流行すると地方の豪農・地主はきそって文人墨客を招き、揮毫を求めるなどの風潮を村々にひろめ、一種の高踏的なあそびの意識を確立した。煎茶は村と都市を生産・消費の経済関係でつなぐ要素であるとともに、地方文人を育てる栄養素の役割を演じたのである。

武州多摩郡青梅で生まれ、江戸において商業を営み、なお学者としても著名だった橘樹園山田早苗は、生涯多数の著作を残している。その一つに『路辺見聞玉川泝源日記』がある。江戸から多摩川の水源を探索し、なお名勝旧蹟に歩みをすすめ、また各地の文人・学者などをも訪ねた早苗七〇歳頃の巡歴誌である。天保十三年の弥生三月、早苗は村山通りより殿ヶ谷戸村の阿豆佐味天神社を拝み、丘陵を越えて坊村の村野氏を訪ねている。このとき早苗は次のような記録を残している。

さて、阿豆佐味天神社より向が岡をこえて、野路をわけゆきて、坊村といふところの村野氏を訪ひけるに、この頃製せるといふ新茶を煎じ給はりけるが、味はひは宇治の茶のよきに同じとおぼゆ。又、去年製しといふをも煎じたる味はひ、やはらぎてよしとおぼゆ。この辺、専ら上茶を製して、江戸へもあまた出だせりと云。因みて、過きし年、碑石建てたりとて、伴ひて見せ給へり。鎮守寄木神社の境内に建ちたり（重闢茶場碑のこと）。早苗云

名茶を製するは狭山辺を専らとして、入間、多摩に跨りて、あまた出だせり。（『玉川泝源日記』慶友社、一九七〇年刊）

江戸において手広く商業をおこない、また学者・文人としてもその才能を高く評価されていた山田早苗は、江戸文人との交友に宇治煎茶を喫し、その風味を熟知していたのであろう。その人が評価するほどに狭山地方の煎茶も向上していたようである。

二　江戸茶問屋の動向

狭山茶生産地帯における手揉み製茶の展開を考察するとき、見逃すことのできない問題として、江戸茶問屋の動向が存在する。右にあげた狭山・加治丘陵と、その周辺における農民的商品生産は、江戸との需給関係によって盛衰を重ねたが、製茶もその一つである。江戸における茶の需要をまかなったのは上方から製品を仕入れる茶問屋であった。幕府は明暦三年（一六五七）に材木問屋・米問屋・薪問屋・炭問屋・竹問屋・油問屋・塩問屋・酒醤油問屋・茶問屋などが新興の商人を締め出すことを禁止していた。

近世前期の江戸茶問屋の存在数は明らかではないが、享保十年（一七二五）には三一名を数え、茶仲買が一五、六名存在し、延享四年（一七四七）には茶問屋は米・綿・紙などの八品問屋の一つに数えられている。その後、寛政三年（一七九一）、江戸茶問屋数は減少し一一名となり、一方茶仲買は増加して五〇人余りを数えた。

茶問屋は文化年間に表向きは、

①諸国茶問屋

②城州江州銘茶問屋（城江銘茶問屋と略称）

の二系統あり、茶仲買は、おのおの何れかに属する形式をとった。

①は駿州・遠州・三州・尾州・濃州の五ヵ国から生産される茶を、東海道付の海岸諸港に集荷し、そこから江戸に送る茶問屋であった。出荷の港は勢州白子・志州鳥羽・尾州常滑・三州平坂、その他遠州・相州・駿州など合計一四港から船積みされるものである。

②は城州・江州の茶を大坂表の菱垣廻船で江戸に運ぶものであった。

①は近世前期より活動した古記録もあったが、②は文化年代以前の古記録はなく、文化の茶問屋編成のおりに公認され、菱垣廻船積新堀組に加えられたものであった。しかし、煎茶製品の集荷の実態は截然としたものではなく、両派混同もあったようである。

文化十年(一八一三)にこれら問屋は整備され、茶問屋数は三七名で、そのうち①・②を兼帯する問屋として八名ほどが存在した。江戸の茶問屋制はこのように文化年間に、①諸国茶問屋は旧来からの渡世のとおり、②城州江州銘茶問屋はこのときの株札渡しの新規名目で成立したのである。さらに天保改革による株仲間解散以降は、②も東海道付の諸港より茶を船積みするようになったようである。

幕末をむかえ、嘉永の諸問屋再興期には(『諸問屋再興調』大日本近世史料、東京大学出版会)、①諸国茶問屋を惣代して江戸本町四丁目大橋屋太郎次郎が、②城州江州銘茶問屋を惣代して江戸通町二丁目山本屋嘉兵衛が、茶問屋間の出入りや在方茶業者との問題などの解決に当たったようである。嘉永の再興にあたっては①・②の一本化を幕府は求めたが、旧来の商業慣行を破ることは不可能として、一番組・二番組と称することにしたのである。

なお、①の有力者として江戸伊勢町中条屋頼兵衛・江戸堀留町二丁目松屋与兵衛があり、総数一四名。②には江戸大伝馬町二丁目冨田屋利兵衛・同町一丁目長井屋利兵衛など総数二四名であった。

また、諸問屋再興をめぐる段階で、二四名中の江戸小網町二丁目西村屋加兵衛・堀江町三丁目豊田屋甚右衛門・浅草高原屋敷万屋万蔵の三名は、文化六年より天保十二年まで②城州江州銘茶問屋惣代であったと訴える事件もみられた。以上のように江戸茶問屋もたえず変動し、それなりに商業活動はきびしい試練があったようである。

江戸地廻り経済圏でたえず消費地向けの農民的商品生産に注目していた農民のなかには、京畿産出の製茶に着目して、従来自家用であった茶の改良にのりだす者もいた。茶の改良と商品化に思いをはせた者は、一人や二人ではなかったであろう。

そのうえ、江戸問屋が、表向きは諸国茶問屋と新興の城州江州銘茶問屋に分かれて商業活動を繰り広げており、当時両派にとっては、自からの集荷圏以外から一定水準以上に達した製品を求め、それが江戸において商品としての地位を築くようであれば、恰好の経済活動となったのである。

輸送も茶製品は比較的軽量であり、江戸地廻りから問屋への陸送が可能であった。狭山・加治丘陵周辺農民の自発的な製茶への意欲と、茶問屋たちの江戸地廻りからの製品集荷志向が合致し、いわゆる狭山茶（brand）が商品化されたのであろう。江戸地廻りから製品を求めようとする問屋も、製品の開発に力を入れた先駆的な農民も、ともに複数存在したのであろう。地域によって若干の遅速はあったが、多発的な形態で煎茶の製品化が展開したのである。

三　狭山煎茶の盛行

江戸において新興の城州江州銘茶問屋が株札をえた文化期の中頃、江戸地廻りでは煎茶製品化の動きが起こりつつあったようである。城江銘茶問屋は、菱垣廻船による下り荷のみに頼らず、江戸周辺に産地を育成しようという意図、いわゆる新規産地の開発・育成に着手していたと考えられる。

狭山煎茶の製品化のための技術獲得について、後年の記録や伝聞に製茶の苦心などが語られているが、この地方を産地に見立てた銘茶問屋が、宇治の技術を伝えて速成をはかったのが実情であろう。またそのような動向に応えて上方の見聞の折りに実見し、知識をより具体化した者も存在したにちがいない。上方の煎茶技術に関して唯一の実見記事を残しているのは、文化十一年（一八一四）の「道中之日記」（吉川家文書）である。前年の江戸における茶問屋制の確立、江戸地廻りへの進出と符合する。この日記には、Ⓐ「覚、先ふかしはやくあをりさまし、夫より段々ほいろニかけ、十二、三度かけ右じく、少し水キ有時分ほいろ上、人はたの如ニて仕揚可申候事、尤ほいろ上ニて少しもむへし、ふかし少々口伝、すみ半俵程ニて、上ニ茶碗其上キリふきかけべし、尤ほいろが（後略）」、Ⓑ「覚、近江茶せいし用とうせいみのせいし水少々入赤くなる程にる、其上三度程かまニていり仕揚申候」と記されている。技術についてのメモであるから解釈も異なる点も考えられるが、おおよそ次のように意訳できよう。

Ⓐの「覚」は、茶樹から摘みとった葉茶をふかし、とりだした葉茶を団扇などで手早くあおぎ、熱をさまし、それを手頃の量にまとめて焙炉《ほいろ》にのせてかきまぜ、葉茶の軸（茎）にまた水気が残っている段階で仕揚げの作業にかかる。そして仕揚げのとき焙炉の上で少し揉み、瞬時丸めて焙炉の上で少しむすようにしてから取り上げる。使用する炭は半俵ぐらいを点火して用い、葉茶を焙炉で煎茶に仕上げるときは、火加減が大事であるから、茶碗で口に水を含み、時おり炭火の上に吹きかけながら、焙炉と火と葉茶の按配（塩梅）の妙をおしはかって製茶することである。もっとも、焙炉が（以下文書破損で不明）……。

この「道中日記」の記事には巡覧した地名に八瀬村（京都市左京区）もみえ、おそらく、焙炉煎茶の製法のメモは、宇治での実見をもとにしたものと考えられる。この記事内容は、狭山に伝えた煎茶技術の嚆矢である。そして技法の骨子は、第二次世界大戦後まで続けられた焙炉製茶のそれと同様である。

Ⓑの「覚」は、近江は篠製の箕に葉茶をのせ赤くなる程度に煮て、その後三度ほど釜で煎りあげて仕揚げる、と近江の釜煎り製茶法を記録している。近江路では、「を丶みゑち川・たか宮」（愛知川・高宮）などの地名が散見するので、その方面での見聞と思われる。

確実な史料からみれば文化年間の終わり頃、江戸で城江銘茶問屋が確立し、また江戸地廻りでも農民の意欲的な製茶への取り組みがあり、両者融合して「焙炉手揉み製茶」が展開したのである。

従来自生に近かった茶樹も、畦畔に育成樹として増加し、江戸むけの狭山茶ブランドとして名乗りを上げたのであろう。山城国宇治郡や久世郡などで生産される上煎茶のみでは、江戸の需要に応じることはできなかったおりから、時宜にあった産業開発であった。

「香り」と「こく」のある煎茶用の葉茶は、限られた自然条件のもとで産出された。谷津と呼ばれる小河川と、それを取りまく丘陵、そして真土《まつち》という土壌が欠かせないものである。谷津の小河川から上昇する蒸気は、空気が冷えるとともに朝靄・夕靄となってたなびき、茶樹をしっぽりとおおう地域である。

真《まこと》に狭山丘陵や加治丘陵は最適の地であった。それに反して、茶樹改良のなかった当時は、野方の軽土で、しかもたえず霜害にさらされる新畑地帯では、上質の葉茶は生産不可能であった。明治初年の迅速図によれば、野方新畑地帯は、まとまった茶園が全くみとめられないのである。

文化年間も丁丑十四年で終わり、文政に入った翌二年（一八一九）、それ以前から狭山産の煎茶を江戸に売り出す希望をもち続けていた狭山茶生産農家の村野・吉川氏に、江戸の茶商である「諸国茶問屋」五店から、取引き応諾の取替証文が届けられた。待望の江戸売り出しの開始である。

この文面によれば狭山で生産の緒についた「宇治製茶之儀精々相弘メ申度、只御頼之一条承知仕」り、と諸国茶問屋側は記している。したがって公式的には生産者の切なる依頼により、江戸で売り出してあげます。というもので、以下文面によれば、仕切表は城州同様の仕切りとする。しかし武蔵国内の他の生産者については、江戸諸国茶問屋の仲間定法の通り、駿州・遠州なみの仕切りとし、村野・吉川家の分は格別の依頼である。よって、早春からの出荷分は六月の仕切り勘定に、それ以降の分は九月仕切り勘定とする。今後の取引きは、文政二年度に関係した問屋のみとし、それ以外には売り出さないこと、などを定め相互に取替し証文としている。ここに連印したのは板屋与兵衛・山本嘉兵衛・長井利兵衛・中野宗助・大橋太郎次郎の代の庄吉であった。これらの問屋は主に新興層である。旧来から諸国茶問屋の筆頭にあった大橋屋は手代が連印に加わっている。

村野家・吉川家の分は格別依頼により城州と同じ仕切りとし、他は諸国茶問屋仲間の「定法」通りとする、などと確認した理由は、新興の狭山茶を、江戸における新興層の城江銘茶問屋が確保する意志を強く示したものであった。そして大橋屋手代が加わっている手前、他については定法通りとしたものである。城江銘茶問屋が江戸地廻りにおいて、宇治煎茶の手法にもとづく製茶地帯を育成し、宇治産出の茶のみでは賄い切れない江戸の需要に、応えようとしたものである。とりわけ、山本嘉兵衛は狭山煎茶の確保に力を入れ、残存する仕切書も、指田家との取引きによれば、文政五年、金子藤兵衛から山本嘉兵衛とかわっている。大橋屋その他も仕切りに散見するが、宇治の手法にもとづく狭山煎茶は、山本屋が中心であった。

文政初年より狭山丘陵周辺の茶業生産者は、手揉み煎茶に力を入れた。文政三年「狭山本場茶製連名帳」が作成され、当時の生産者と焙炉数、表28を書き上げている（表28）。同帳によれば、武州入間郡小ヶ谷戸村が九名で焙炉三一枚、同郡坊村が八名で同二四枚、同郡中野村が五名で同一六枚、同郡土屋新田が三名で同九枚、同郡西久保村が二名で同八枚などが主である。

表28　製茶人焙炉枚数一覧

枚数	村	氏　名
5枚	坊村	村野弥七
4枚	西久保	吉川忠八
5枚	小ヶ谷戸村	中村儀兵衛
2枚	同	本橋作右衛門
6枚	中野村	中村平左衛門
4枚	中神村	森田源兵衛
4枚	谷ヶ貫村	滝沢栄蔵
4枚	中野村	田中七兵衛
4枚	坊村	村野喜太郎
4枚	西久保	吉川半兵衛
4枚	土屋新田	吉川陽介
2枚	中野村	大野斧吉
3枚	坊村	西島源兵衛
4枚	同	細淵重蔵
3枚	土屋新田	吉川利兵衛
2枚	同	西村作右衛門
3枚	坊村	田中彦兵衛
3枚	矢寺村弥堂前	小島清右衛門
8枚	小ヶ谷戸村	中村弥右衛門
2枚	坊村	細淵四郎兵衛
3枚	同	村野与左衛門
2枚	小ヶ谷戸村	中村七左衛門
3枚	同	中村次右衛門
2枚	同	本橋源兵衛
2枚	同	本橋作兵衛
2枚	中野村	吉川佐左衛門
2枚	同	吉川仁右衛門
	坊村	村野利八
3枚	二本木	手塚重兵衛
5枚	小ヶ谷戸村	中村七兵衛
2枚	同	小沢清右衛門
	笹井村	与七
	黒須村	伝右衛門
	二本木新田	長谷川仁左衛門

註　『狭山茶業史』57頁より作成.

以上のように文政二、三年、江戸への売り出しが実現し、諸村に茶生産に従事する農民が増加したことを示している。この動向に応じて、江戸諸国茶問屋が把握しょうとしたのは、これら煎茶生産者をとりしきることのできる代表者であった。それは後に、在村の「茶問屋行事」と呼ばれる人たちのさきがけであった。

さきにもふれたが狭山煎茶の生産は、有力な農民的商品生産物のなかった地方に一大衝撃を与えた。農民はきそって茶樹の育成に加わり、各地域に茶をひろめた。茶はこの地方の生産者農民に、はじめて金銭収入の恩恵を与えたといえる。従来、地主や在方商人あるいは在郷の金融業などにかたよっていた金銭の流通が、畦畔であっても茶樹を保持すれば現金収入のみちがひらけ、農業経営を多角化することができた。

このような天恵の衝撃を記念し、各地に茶についての建碑が盛行した。最初の試みは天保年間の「重闢茶場碑」であった。その建碑にかかわった人々を二つの史料から表示すると表29の通りである。

狭山茶の生産は広域多発的に展開し、農民の経営規模の如何を問わずみとめられた。たとえば二本木村の旧旗本二

表29 重闢茶場碑関係者一覧

重闢茶場碑(裏面)			重闢茶場碑開碑当日寄進覚(天保10年8月27日)		
	中野村	中村平左衛門			
	同	田中七兵衛		田中七兵衛	2分2朱
	同	吉川半左衛門		吉川半左衛門	3分
	同	大野重左衛門		大野重太郎	1分
	同	吉川佐左衛門		吉川三郎兵衛	1分
	中野村新田	吉川利兵衛		吉川利兵衛	2分
	同	吉川金左衛門		吉川金左衛門	1分2朱
	同	西村作右衛門		西村作右衛門	2分
	卯	吉川吉右衛門		吉川吉右衛門	
	同	吉川要右衛門		吉川要右衛門	1分2朱
	小ヶ谷戸村	本橋作右衛門			
	西久保村	吉川半兵衛		吉川半兵衛	3分
	坊村	村野喜太郎		森野喜太郎	1分2朱
	同	西島源兵衛		西島源兵衛	2分
	同	村野利八			
	同	田中庄右衛門		田中庄右衛門	1分
	同	村田栄次郎			
	荻原村	本橋治郎兵衛		本橋治郎兵衛	1朱
	矢寺村	文字山松五郎		文字山作次郎	1分
	同村弥堂前	小嶋清蔵		小島清蔵	3分
	二本木村	大野平次郎		大野平次郎	3分
	同	長谷川藤右衛門		長谷川半右衛門	3分
	同	長谷川仁左衛門	新田	長谷川仁左衛門	3分
	同	関谷文次郎		関谷文次郎	2分
	中神村	森田源兵衛		森田源兵衛	2分2朱
	同	枝久保久米右衛門		枝久保粂右衛門	2分
	中山村	平沼元右衛門		平沼元右衛門	2分
	堀之内村	志村善次郎		志村善次郎	1分
	谷ヶ貫村	萩原兵右衛門			
	同	滝沢永蔵		滝沢栄蔵	1両2分
	江戸日本橋南	山本嘉兵衛		山本嘉兵衛	10両
	西久保村	吉川忠八		吉川忠八	10両2分
	坊村	村野弥七			
追加連	矢寺村	荻野弥吉		荻野弥吉	2分
	上根岸村	水村藤兵衛		水村藤兵衛	3分
	同	神山与市郎		神山与市	2分
	川越鳴町	長谷川重右衛門		長谷川重右衛門	3分
	今井村	指田半右衛門		指田半右衛門	2分
	榛沢郡田中村	野沢岩太郎		野沢岩太郎	2分

給分を例示すると表30の通りである。

表30　旧坂部知行分二本木村の茶樹・焙炉書上
（明治２年）

名前	反別 畝歩	茶の木間数 間	焙炉数 枚	家族数 名
仁兵衛	30.19.半	50	2	5
栄次郎	60.01	15	1	9
米五郎	91.20	15	1	8
辰五郎	5.23	25	3	7
半次郎	143.22	300	2	13
伊左衛門	241.23	30	1	5
弥三郎	9.00	10	1	7
登美蔵	64.16.半	20	1	9
市郎右衛門	145.11	25	1	5
友右衛門	244.05	150	3	7
伴次郎	169.05	200	1	8
豊次郎	71.02	50	5	7
亀吉	35.25	50	3	6
源左衛門	32.18	100	2	6
勇右衛門	65.27	90	1	5
新右衛門	9.05	15	1	5
彦次郎	197.02	150	2	7
七五郎	29.00	200	3	6
清左衛門	32.15	30	1	8
菊蔵	35.26	7	1	5
幸助	160.02	700	6	9
武右衛門	52.08	25	1	7
九兵衛	9.18	30	1	5
平右衛門	25.11	23	1	9
計24	1962.05	2310	45	168

註　吉川忠八『続狭山茶場史実録』所収中村家文書より作成.

狭山茶は大いに展開したが、江戸地廻り経済圏にあり、この地方では在郷の有力製茶人が江戸問屋の「行事役」として集荷し出荷していた。そのため茶渡世仲間は結成されていなかった。しかし、横浜開港以降、茶業の発展もいちじるしく、維新期をむかえて仲間の結成がはかられ、その展開は表31の通り、武蔵六郡八〇戸にもおよんだのである。

製茶の急激な展開から、他地方の茶を買い入れるほどの盛況もみられ、特に安政の開港以降、輸出用の茶生産もおこなわれるようになると、大量の茶が必要となった。狭山茶産地のものだけでは不足し、他地域や他国からの買い付けもおこなわれた。一例として表32の高倉村の西沢家の場合をあげることができる。

文久三年四月十日、伊豆の姫之湯村（静岡県田方郡中伊豆町）助左衛門から、茶八固が入間郡高倉村の西沢直右衛門へ送られた。茶八固の内訳は一〇貫目・九貫目・一〇貫四〇〇目・九貫八〇〇目・一〇貫七〇〇目・一〇貫六〇〇目・一〇貫目・一〇貫一〇〇目、合計八〇貫六〇〇目である。この荷物は駄賃為替の早継で、駿州諸荷物問屋佐野村の半兵衛により、高倉村まで送り届けられ、運賃が金一両三分二朱と銭三貫四一〇文を要している。

表31　茶渡世仲間結成願関係者一覧

村　名		茶渡世仲間参加者	
入間郡	上谷ヶ貫村	伊三郎(1)	37
同二本木	西久保村	忠八, 半兵衛など(7)	
同	中野村	喜右衛門など(10)	
同	二本木村	市郎右衛門など(9)	
同	三ヶ島村	政右衛門など(10)	
高麗郡	笹井村	与吾吉, 清右衛門など(4)	4
多摩郡	三ツ木村	太左衛門など(8)	8
榛沢郡	田中村	伝蔵, 岩太郎, 嘉吉, 市五郎など(4)	22
同	萱沢村	勇助(1)	
同	上野台村深	藤太郎, 佐助, 斧吉, 紋三郎, 伊勢松(5)	
同	谷村	秩父屋清吉(1)	
同	永田村	久右衛門, 幸助(2)	
同	猿喰土村	藤七(1)	
同	小前田新田	力蔵, 佐十郎, 伊兵衛, 仲右衛門(4)	
同	飯塚村	吉五郎(1)	
同	寄居村	与兵衛, 平兵衛, 重蔵(3)	
男衾郡	保田原村	由兵衛(1)	6
同	鉢形白岩	小藤次(1)	
同	富田村	兼五郎(1)	
同	赤浜村	治兵衛(1)	
同	本田村	周平(1)	
同	今市村	半次郎(1)	
幡羅郡			3
6郡		80戸	

註　吉川忠八『続狭山茶場史実録』所収中村家文書より作成.

表32　伊豆国佐野村より高倉村まで茶荷物運賃

年月日	継送地	運賃	運賃その他	合計
文久3年4月10日	佐野 問屋半兵衛 → 竹之下 問屋市右エ門	2,016文	150文	2,166文
4月11日	竹之下 → 松田 六郎兵衛	立替 2,164文	3,252文	5,146文
4月12日	松田 → 粕谷 弥太郎	立替 5,416文	2,548文	7,964文
4月14日	粕谷 → 田尻 荷問屋	立替 7,964文	2,900文	
4月15～16日	田尻 → 八王子 米問屋安右衛門 八王子 → 箱根ヶ崎 問屋三五郎 箱根ヶ崎 → 高倉			10,864文＝ (金1両2分2朱と140文) 金1両3分2朱と3,410文

ところで、送り主の助左衛門の居住した伊豆国賀茂郡姫之湯村は、水田一二町歩余、畑六町歩余のほか、山林原野が二一八町歩という山村であり、炭やわさびの山地であり、周辺にも茶は生産していない。荷主の助左衛門は、おそらく発送地の佐野村周辺で茶を買い集め、西沢直右衛門へ送ったものであろう。伊豆姫之湯から、相模国境の竹之下（静岡県駿東郡小山町）へ継ぎ送り、さらに相模の松田宿、下糟屋の問屋鈴木弥太郎を経由して、田尻―八王子―箱根ヶ崎―高倉と運送されたのである。

なぜ高倉村の西沢直右衛門は、わざわざ茶生産の本場である駿河を越えた伊豆国から、茶をとり寄せる形式をとったのであろうか。江戸後期の駿河国では茶仲間が生産者から製品を集め江戸茶問屋へ売捌いていたが、この流通は同国の駿府組・川根組・森町組などの茶仲間が独占しており、たびたび商行為上の訴訟出入りも発生していたので、これらの商圏内からは茶を買い付けることが困難であった。それゆえ伊豆国の商人の手から茶を購入したのであろう。狭山茶の広域流通は明治を迎えてさらに発展するのである。

註

（1）『御触書宝暦集成』一三八三号。
（2）沼野勉・山本修康「比企地方における近世酒造業の展開について」（『埼玉県立歴史資料館研究紀要』第一九号、一九九七年）。なお、馬場憲一「一豪農にみる酒造開業過程の様相―武蔵国入間郡平山村斎藤家の場合―」（『地方史研究』第一四五号、一九七七年）によれば、地方市場における米流通の停滞が、加工商品としての酒造開始へとむかうとの指摘がある。なお、斉藤家についての研究は岩田みゆき『幕末の情報と社会変革』（吉川弘文館、二〇〇一年）が詳細である。
（3）本章で用いる史料は埼玉県比企郡鳩山町松本家所蔵である。
（4）（5）（6）（7）（8）『御触書天明集成』二九八六・二九八七・二九八八・二九八九号。
（9）この政策についての研究は、吉田元「御免関東上酒」（『日本醸造協会誌』第八七号、一九九五年）、同『江戸の酒』（朝日新聞社、一九九七年）。柚木学「寛政改革と関東上酒御免酒」（『酒造経済史の研究』有斐閣、一九九八年）。立正大学古文書研究会編『近世酒造業と関東御免上酒の展開』（二〇〇三年）などが知られている。

（10）（11）（12）『新編埼玉県史　資料編一六　近世七・産業編』（一九九〇年）。

（13）註（9）『近世酒造業と関東御免上酒の展開』。

（14）『御触書天保集成』六一六〇号。

（15）『埼葛の酒文化』（埼葛地区文化財担当者会報告書　第五号、二〇〇五年）。

（16）『御触書天保集成』六一六一号。

（17）この間の触書は『御触書天保集成』六一六四〜六一六七号。

（18）「関東を主とする酒造関係資料雑纂」（国立国会図書館所蔵）。

第四章　「日記」に見る農民生活
――作業をめぐる地域史――

はじめに

農業は人々の命の根幹にかかわるものである。日本の農業は列島の存在形態によって想像できないほど変化に富んでいる。主として地域差による生産条件の相違である。現代社会においても、さまざまな生産を展開しているのであるから、その歴史的推移は測り知れないものであろう。かつて筆者は、近世史研究が太閤検地と寄生地主制を主題に論じられた頃、若干の分析を試みたのであるが、農民階層を研究しながら、農民の暮らしの実態を明らかにし得なかった。今日、その反省をこめ、農民と農業生産の実状を、農民の心性を念頭におきながら叙述し、考察するものである。

紹介する農事の記録は、武蔵国比企郡須江村岡田家（埼玉県比企郡鳩山町）・同国幡羅郡中奈良村野中家（埼玉県熊谷市）・同国比企郡大塚村小林家（埼玉県比企郡川島町）の事例である。膨大な記事内容を伝えることは不可能であるから、農事作業に限定して述べてみよう。

一　武蔵国比企郡須江村岡田家の「年中日記帳」

1　岡田家について

武蔵国比企郡須江村の岡田半三郎は安政四年（一八五七）以降、日々の生活を記録しはじめ、その冊簿の一部が安政七年（万延元・一八六〇）・文久二年（一八六二）の「年中日記帳」[1]としてみとめられる。安政七年は三月に改元されて万延元年となるが、岡田半三郎は八月に綴りを改めている。それら半紙横帳の簿冊は一部が断簡となり完璧に復原できない。しかし生活の実相を十分に窺うことが可能である。この日記の筆者は明治前半期まで須江村において活躍している。

ところで、岡田家は幕政期に須江村の組頭として村政を担当した庄兵衛（将兵衛）という家筋にあたる。須江村では明和・安永・天明頃の村方出入りの後、名主役を空席とし、組頭二家が村政にあたった。なお岡田家の家族構成の変化などは、宗門人別帳が残存しないため明らかにできない。しかし天保十五年（弘化元・一八四四）須江村の長命寺分宗門帳断簡により、若干の手懸りがえられる。

一　家主　庄兵衛　七拾五歳　当村真言宗　長命寺
庄兵衛男子　熊五郎　三拾五歳　同宗　同寺
熊五郎女房　とミ　三拾四歳　同宗　同寺
同人　女子　いゑ　拾弐歳　同宗　同寺
同人　女子　きち　四歳　同宗　同寺
〆五人　内　男　弐人

女　三人　私一家分　庄兵衛

と小紙片の記録から家族構成を読み取れる。戸主は七五歳の庄兵衛であり、すでに妻を亡くしているが、息子夫婦が女子二人を育て、五人暮らしである。この宗門帳断簡より安政七年（万延元）の「年中日記帳」まで一六年を経ている。老齢だった庄兵衛はすでになくなり、半三郎が日記のなかに父上さま・母上さまと記録した人物は熊五郎・とミ夫妻のことであろう。熊五郎は五一歳、とミは五〇歳をむかえた年のことである。日記の筆者は同家を継嗣した半三郎である。

安政四年二月のこと、熊五郎こと庄兵衛は男子に恵まれなかったため、娘いゑに婿をむかえ家督を継がせたのである。同家文書のなかに次の一札がみられる。

落着一札之事

其御村方三郎兵衛殿弟
半　六
当巳廿九歳

右之もの、今般其御村方伊兵衛殿・大久保村市三郎媒を以、我等方江聟養子ニ貰請候処実正也、然ル上ハ村方宗旨・人別両帳面江書加江候間、以来者御村方宗門・人別両御帳面御除可被成候、我等儀御法度之悪宗門親族ニ而ハ決而無御座候、依之落着一札差出申処如件

川越領比企郡須江村
組頭　庄兵衛

安政四巳年二月日

横沼村御名主衆中

以上のように、安政四年に横沼村（大河戸家）から養子として庄兵衛家にむかえられた半六は、聟入りしたのち半三郎と改名し、一家の中心となって農業経営にあたったのである。当時須江村は明和・天明年間以降の長期にわたる

村方出入りを収拾したのち、村を大組分と小組分にわけ、村の行政をすすめていたが、庄兵衛家は小組を代表する組頭（実質は名主）で、持高も表33のように小組分の三八・四％にあたる二二石九斗五升余をもつ地主であった。
岡田家の婿となった半三郎は、父の庄兵衛を継いで、農事日記を残したのである。日記は村内において、上層の経営規模をもつ農民が、家族揃って日々農業にいそしむ、堅実な姿勢をよくしめしている。

2　安政七年（万延元）の日記

安政七年（万延元）三月の日記をみると、次のように書き留めている。一日に妻は家族と唐臼で籾を碾き、玄米にして六石を仕上げている。この日の夕方、親類の並木の武左衛門が死去したと知らされると、直ちに顔出し（お悔みの挨拶）に行き、翌二日には手伝いに加わり、また武左衛門死去の報を横沼（半三郎の実家）に書面で連絡している。

表33　須江村小組持高（安政7年）

名　前	持 高(升, 合, 勺, 才)
善右衛門	790,739
清左衛門	404,934
彦　八	439,867
治郎右衛門後家	170,534
村右□□	179,333
武左衛門	525,400
市郎兵衛	47,000
富右衛門	20,000
権平・いわ	702,109
孫　七	14,000
伝左衛門	16,867
清兵衛	35,867
長命寺	328,967
庄兵衛	2295,695
合　計	5971,245

註　須江村小組分のみ．同村大組分は25956,171ほど存在する．

父の庄兵衛は近所の乙五郎を連れて墓穴掘りをしている。その後二、三日間は葬儀の片付けなどに加わり多忙の様子である。
手伝いも終わると、唐臼碾き、糸撚り、機織り、縄綯いなど連日働いている。また男たちは、この地方の稲作が丘陵奥地の人工沼の灌漑に依存したことを示す「沼普請」に毎日のように出掛けている。谷津田の上方に沼があり、その保護は稲作用水を確保するために必要な、村落共同体による普

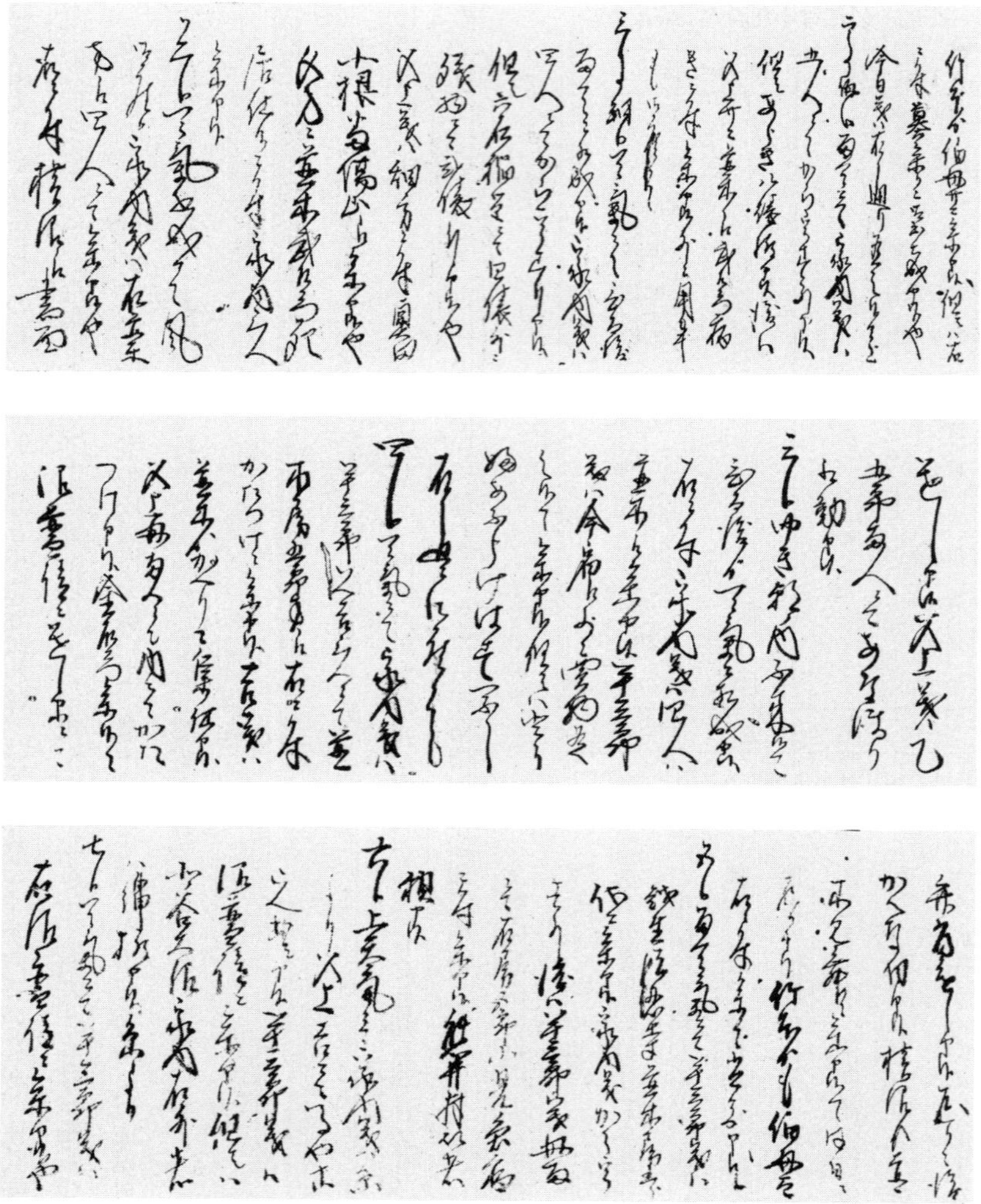

図２　岡田日記（193 頁参照）

請作業であった。

安政七年（万延元年）（現代文に略記する）

三月一日、天気、昼すぎ雨天。家内（家族のこと、以下同）は四人で唐臼を碾き、六石を仕上げる。父上は畑方につき奥田・北根・番場山へ行く。夕方、並木の武左衛門死去の報に接し、家内三人で顔出しに行く。

三月二日、天気、風吹く。家内は四人で並木へ手伝いに行く。死去の報を横沼（半三郎の実家）へ書面で通知する。父上は乙五郎を連れて墓穴掘りをつとめる。

三月三日、朝のうち雪、昼過ぎ天気になる。家内は四人で並木へ行く。半三郎は今宿へ少々買物があり出掛け、豆腐・油揚などを購入。

三月四日、家内は半三郎・いへ・吉の三人で並木の房五郎へ葬儀の片付けに行く。吉は並木から帰り休む。父上・母上は家で片付け仕事。日雇いの金右衛門が来たので、弁当をもたせて沼普請に出し、帰宅後「かへな」（干し藁や干草でつくる馬の飼葉）を切る。横沼から、半三郎の兄が並木の葬儀見舞に来る。竹本からは伯母が同じく並木に来て、夕方立寄る。

三月五日、雨天。半三郎は越生の法恩寺へ、並木の房五郎の代りに行く。家内は唐臼を碾く。午後半三郎は房五郎の子供が急病になったので並木へ行き、熊井村の医者玄徳の応診をたのむ。

三月六日、上天気。家内は糸より、父上と吉は馬屋の肥出し、半三郎は北ノ谷・大沼の沼普請に行く。家内その他は縄拵えと糸より。

三月七日、天気。半三郎は沼普請に行く。父上は越生の市場へ米を運ぶ。家内は糸撚りして機を織る。

三月八日、上天気。半三郎は麦のさく切り（鍬でうねの間を軽く掘り返して麦秣の根元に土を寄せる）。吉女は機織り、母上と、いへ女は持病がおこり休む。父上は赤抜沼普請に出る。上の実造方より書面が届く。内容は半三郎が開封したところ田作りのことであった。

三月九日、上天気。半三郎は日傭の金右衛門が来たので、ため（下肥）かけをする。父上は水車場へ粉を取りに行き、その後、麦のさく切り。病の二人は縄を綯う。父上は田作一条について新宅実造方へ行く。夜に入り竹本の伯母が来る。

三月十日、朝のうち天気。半三郎は谷沼普請に出る。家内は糸撚り。父上は松山の市場へ白一反を売りに出る。ついでに紺屋に糸を届ける。ただし木綿糸に絹糸が少々入る。これは吉の着物を織る糸である。日雇いの民造が来て木葉掃きをする。昼食後に雨が降り出したので縄を綯う。風呂を沸かし入浴する。

三月十一日、前夜半三郎は髪結。ただし吉女と母上の二人で結う。父上は田地一件につき出掛ける。

次に八月二十一日からの記事を紹介してみよう。

八月二十一日、久し振りに慈雨があった。いへは糸撚り、父庄兵衛と半三郎は髪結いの後、俵あみや、わらじ作りに精を入れた。日照り続きに雨があり、慶事と思えたので濁酒を作った。日傭の桶屋金右衛門が碾いた米四升を濁酒にするために、蒸した米のなかに、糀の飯米を三合入れ、以前から使用している酒糀筵にひろげておくと、伝染した糀菌がひろまり、数日待つと甘酒から濁酒になる。

翌二十二日、おしめり祝い（慈雨を祝う）に、この秋の新米を炊き、おかずに半三郎が捕えた魚を料理し汁にした。魚は網にかかった小川の雑魚だった。半三郎のみ昼食が多かったためか消化せず、夕食抜きで就寝した。この日も雨続きだったので父はわらじを編み、女性は糸撚りをしたのである。
このように雨天を除き一日も休むことなく労働に従事している。

万延元年八月二十三日の記事（原文）

二十三日　天気ニ御座候て　家内
半三郎義ハ　水口畑うなへニ参
いへ義ハ　もろこし切ニ罷出申候
吉義ハ　朝めしたき致申候
母上父上両人ハ　朝めし後
昨日吉両人ニ而　かり置申候稲　干ニ
参申候　かりのこり候稲もかりて
干申し候　半三郎ハ水口畑うなへニ参
いへ義ハ　壱人にて八丈畑江あふらな
まきニ参　但シつミまきニ参
但シ昼前ニ皆致シ申候　右之
通ニ御座候　吉義ハ朝より壱人
ニ而機織始メ申候　但シ並木ニ而
機道具かり申候て始目候

＊家内の半三郎は小字水口畑を耕す
＊いへはもろこしの刈り取り
＊吉は朝飯炊き
＊父母は昨日の刈り稲を干し、残りも刈り取り干す
＊半三郎は水口の畑を耕す
＊いへは小字八丈畑へ油菜を摘まみ蒔き（つまみまき）に行く
＊吉は並木の房次郎から高機を借り織物を始める

いへ義ハ　昼めしさへニとうから
し吹噴拵え候て　皆々ニて喰らへ
中候　めし後ニて　家内
一同ニ咄御座候ニ付　相休
八月二十三日　ひる後よりハ　家
内義ハ　一同より合申候義ハ　田畑
農作之義ニ付　取合有
之候ニ付　右之通り御座候

＊いへは昼飯の惣菜にとうからしの煮物を拵える

＊昼食後、仕事のことで意見がまとまらず休息する

＊昼食後、作業の進行について意見を交わし決める

八月二十三日、好天だった。半三郎は小字水口の畑うない（土の起こし返し）にでた。いへ女はもろこしを刈り取り、その後、ひとりで八丈畑へ油菜を蒔きに行った。条蒔きではなく、抓み蒔きだった。吉《きち》女は朝飯焚き、その後、機織りを始めた。機織り道具は並木の親戚から借りたものである。父母は朝食後、昨日、半三郎と吉女が刈り取りとった稲を干し、刈り残した稲も片付けた。

いへ女は昼飯の惣菜にとうからしの煮物をつくった。昼食の最中、農作業の進め方について異論がでたので、食後休息し、午後、家族一同が寄りあって話し合い、「田畑農作之儀ニ付」意見調整をおこなったのである。日々の作業は家族全員の協業により達成する。断片的な記事であるが、家族の息遣いが感じられる。

八月二十六日、天気もよく、日雇いの金右衛門が来たので、半三郎は父と三人で屋敷畑を耕した。その後、向田前を半三郎と金右衛門両名で耕したのである。吉女は機織りを続け、母といへ（妻）両名は、ふん豆（ぶん豆、肥料用

のエンドウマメの一種）を蒔いた。
八月二十七日、天気よく、半三郎・いへ女・母の三名は大根に肥を与え、その後、菜・大根作りをする。母はいも畑の草取りをする。父は昨日から続けて水車屋へ粉を碾きに行ったが、さらに小麦三斗をつけ加えたのである。今回は越生の市場へ米一駄を出し、相場は四三五であった。夕方、御岳山の御師様（配札）が泊った。ただし翌日の昼食までである。村内の上《かみ》の乙五郎が御師のもとめに応じ、村内を先導し配札することになった。

万延元年（安政七）九月三日・四日・五日の記事（原文）

三日　天気にて　家内半三郎
始メ父母いへ四人ニて　向田
南北共ニ同　やしき
畑え　少々つゝ小麦蒔入申候
但シ四ヶ所　玉川連密院
石尊様勧化参候ニ付
青銅弐拾四文出シ申候　後
半三郎九日日待御座候間
罷出申候　乙五郎宅ニて致
今日農行ノ義ニ付　父上
半三郎両人にて取合御座

＊好天が続いたので半三郎・父母・いへ四人で小麦蒔をした
＊向田畑・南畑・北畑・屋敷畑の四ヵ所
＊玉川郷の連密院石尊様勧化金二四文出す
＊秋の収穫祭、くんちひまちといい三回開く
＊初めの日待ちが乙五郎宅で開かれ半三郎出席
＊父上と半三郎が農事につき対立、家庭内が不和になった

候ニ付　不ハ相成申候
右　半三郎夜ニ入候
返りて休
四日　天気ニ而　家内義ハ父上
朝ノ内　外四人者共ふし置
候内ニ　何方江カ罷越候テ　朝飯
後ニ（訂正）前ニ返り候ニ付　朝飯ニ致
後ハ金右衛門参候ニ付草刈りニ
遣し候て後　右金右衛門義ハ
畑うなへニ出し　半三郎ハ朝
めし後ハ　昨日一条ニ付相休
九月四日今日義ハ右ニ印置
候通り父上義ハ母両人ニテ昨
日拵置候胡麻ヲかたつけ
外ニ手仕事少々仕候　いへ義ハ
めしたき相勤申候　吉義ハ
昨日一条ニ付　ふて候て　昨日より
相休居申候ても　内者共ハ

＊夜になり半三郎はひまちから帰り休む
＊父上は家族四人起床前に何処かへ出掛け朝食頃に帰宅
＊日雇いの金右衛門を草刈・畑うないに出す
＊昨夜の対立から半三郎は朝食後も横臥した
＊父母のみが昨日刈り取った胡麻の片付け作業をした
＊いへは飯焚きをしたが、吉は対立に不満、ふて寝する
＊吉のふて寝に家内の者は取り合わず、半三郎も口をきかず傍観

其ままにて　一口取合不申候
罷有候ニ付　半三郎も一口
差かわさす　天気之義ハ
くも申候
朝より隣家之子
供遊ニ参申候間　遊せ置申候
右今日義ハ一通相記置申候
所実正ニ御座候　先ハ　以上

九月三日は良い天気だった。半三郎・父母・いへの四人は向田畑、その他、屋敷沿いの畑など合計四ヵ所小麦を蒔いた。

この日、玉川村の連密院石尊様が勧化に来宅したので、銭二四文を奉納した。

半三郎は秋の収穫を祝う、クンチ日待ちの初日が、乙五郎宅で開かれたので出席した。同日、半三郎と父親が家の維持の件で意見が対立し、家庭内に不和が生じた。

九月四日、父上は朝食前に外出し、用事を済ませ、のち日雇いの金右衛門を作業に出したが、半三郎は昨日の反目から、朝食後も横臥して仕事に出なかった。

いへは飯焚きをしたが、吉はこの件に不満があり、ふて寝していた。家族はとりあわず、半三郎も口をかわすことが無かった。半三郎は一昨日以来の一件につき、事実を正しく記したものであると断っている。

日記には不和の内容が一切記されなかったが、後に、父から娘の吉（半三郎の妻いへの妹）に婿をとり、田畑を与えて分家させる提案があり、その分家反別が予想外に広く、半三郎には納得ができなかったからである。婿として同家を継いだ半三郎は、経営反別の急減によって没落を危うくするなど、思いもよらぬことであった。

土地生産性と労働のそれは、農民にとってひとときも、脳裏を離れることはなかったのである。

岡田半三郎の日記は右に紹介したように、農業により生計を維持し、伝統的な百姓の家をまもるために、日々堅実な生活を続ける様子が、目に浮ぶようである。

このような暮らし方は、第二次世界大戦前の日本の農村を知る世代にとっては、体験的な知識でもあり、納得できる記録である。

半三郎の日記によれば、農業を経営の中核におく岡田家は、断続的に男子日雇をもちいて農作業をすすめている。また田畑作業の手が空くと（作業の余裕）、他の作業に使役し、慣習的な日雇関係の保持をはかっている。それは日雇い人が、他家の労働力に流れることを阻止するためでもある。たとえば田畑に雑草除去作業がなければ、原野・山林において草刈りを指示し厩肥をつくらせ、また土地生産性の低い粗田を掘り起こしなどに使役している。

農業労働力を補完するための、なかば常傭的な日雇いは女性には見られない。農作業を生産信仰とからめた言説、すなわち早乙女による予祝制をふくむ田植えなどは存在しない。農民の労働意識にはその幻影もみられない。農業労働が身体の強度により家族内で分担されることなど、自明の理として認識していたのである。

また、日記の記述から、収穫量増強策の生産技術変化を確認することも容易である。たとえば、『清良記』（一六二九～一六五四年頃成立）の記述する、水田耕作の疎放的技術段階では、早乙女の植え付け能力を、上を一日に二反歩、中は一反五畝歩、下は九畝歩としている。

一日に二反歩を植えるような疎放な技術（苗と苗の間隔を空け無造作に植える作業）では、幕藩制領主がおこなった検地による石盛＝年貢収奪により、本百姓はたちまち潰れて水呑百姓になるであろう。

農業技術の向上に注目していた岡田家は、おのおのの水田の特質を有効に利用するため、田植え寸前に田の存在状態に合わせて、畦付け（くろつけ・たのくろつけ）を経験者の父がおこない、植え付けは家族四人総出で実施している。田の形状に合わせて条蒔（摘み田）・条植（植え田）にするのであるが、条間と株間を日照時間のかかり具合、水掛りの条件、地質等に応じて、方角・広狭・長短を決めて植えていくのが精農であり、年貢収奪にも耐え、民富をもたらすのである。

岡田家の小字を付した水田面積と、田植えに要した労働量を測れば、一人一日一反歩の田植量を超えることは無い。細心の注意をはらって丁寧に植えているのである。

幕末より昭和三十年代迄の田植えは、手植えのみの作業であり、それは男子熟練の植え手が、終日腰を上げず、苗束を手放さず、田面にのめり込むような過酷な作業でも、一反歩が限界であった。

右の関説は岡田家における農作業のひとときを眺めたに過ぎない。一年分の記録でさえ日記はさまざまな農民の実像と、その時代の特質を我々に教示してくれる。わずかな分量の紹介ではあるが、宝庫のような日記を開き、以上のように一家の日々を窺ってみたのである。

安政七年（万延元）年中日記帳の抄録

月 日	記 事（訓みくだし文）
一月 一日	半三郎、父と共に村内を年賀、竹本村・奥田村へも年賀
一月 二日	半三郎、平沢村へ年賀、父母とも村

内へ年賀

一月　三日　母と吉両人大師様参詣、初絵売りより三枚購入、六四文也

一月　四日　母・きち・いへ三人で洗濯、（下略）

閏三月　廿日　雨天のため半三郎は麻縄を柔らかにする（実は棕櫚縄）

閏三月廿一日　半三郎昨夜より川漁、ウナギ二尾・ナマズ一尾捕獲、沖中田を耕す

閏三月廿二日　父と半三郎は小麦畑の作切り、母と手伝い女子は落葉掃き

閏三月廿三日　鎌形村へ廻状を届ける、ただし次郎右衛門後家に依頼

閏三月廿四日　半三郎は木綿に下肥を施す、吉は茶を摘み煎る

閏三月廿五日　父は松山の市で樫木苗五五本購入、垣根に植え付ける

閏三月廿六日　半三郎は馬で下肥をはこび父母と吉が施肥、夜浅右衛門御祝儀酒を配る

閏三月廿七日　半三郎施肥作業、父は越生市場へ米を出荷、帰荷に杉皮購入

閏三月廿八日　家族四人川間田を耕す、父と半三郎交互に馬犂を執る

閏三月廿九日　家族四人木綿蒔き・もろこし蒔き、作業終了し柏餅で祝う

閏三月　晦日　父と半三郎馬で肥運び、また両人は田の畔直し、母は岩殿観音詣

四月　朔日　農休日、半三郎は畔修理と田廻り、家族は柏餅・麦こがし作る

四月　二日　父と半三郎は前屋敷の氏神様の屋根替え、母と吉が茶を摘む

四月　三日　半三郎と父母・吉の四人で田を耕す、煎茶を作り竹本伯母へ差上げる

四月　四日　父と半三郎・金右衛門三人で保久の分家土蔵屋根葺き

四月　五日　父は松山の市場へ行く、半三郎馬鍬修理、富士山御師二人泊る

四月　六日　四人で前谷丁の田を耕す、肥料用のエンドウ豆を刈り敷く

四月　七日　昨日同様水田に刈り敷を踏み込み耕す

四月　八日　釈迦誕生日休養、草餅をつくる、家族中髪結い

四月　九日　父と半三郎は唐臼で舂割り

四月　十日　唐臼挽く、半三郎は谷前田を耕す

四月十一日　四人で田うない、水口新田に大豆を蒔く

四月十二日　父は越生の市に米一駄出荷、板・釘・塩・庇用の松材を購入

四月十三日　牛頭天王の日待ち、母と吉は赤沼村の円正寺の地芝居を見物

四月十四日　水田各所へ肥料用の大豆を蒔く、金右衛門が苗床の用意

四月十五日　半三郎は松山の市へ布三反出荷、父は胡麻と油荏を蒔く

四月十六日　半三郎は川越の市へ布出荷し帰途実家へ泊る、土方が来て畑を田に直す

四月十七日　土方の半次郎・儀左衛門が土をこなす

四月十八日　雨のなか、四人で田の畔を塗り固める

四月十九日　いへが早産で嬰児死去、黒石神社で玉串幣をうけ流れ灌頂

四月　廿日　父と半三郎は八丈の田を耕す

四月廿一日　同様に弁当持参し八丈の田掻き

四月廿二日　同様に八丈の田を耕す、母は前畑の麦刈り、繁忙なり

四月廿三日　同様に父母吉三人で田植え、半三郎いへの看護と米搗き

四月廿四日　道心一人来宅し読経、一飯一汁を与える、瞽女に昼食を与える

四月廿五日　父母・吉は田植え、いへは御七夜につき洗顔し飯を食う

四月廿六日　父と半三郎は田掻き、母と吉は田の切り反し

四月廿七日　一同で麦刈り、並木の房五郎手伝いに来る

四月廿八日　母・吉・半三郎は川越の嵯峨御所出開帳に参詣、帰途岩殿山を参詣

四月廿九日　半三郎と金右衛門は田掻き、父は母と大麦穂打ち

（後略）

以上が「年中日記帳」数日分の抄録、訓みくだし文である。農事をはじめとして岡田家の暮らしが眼に浮かぶ。半三郎が横沼村の名主の家で育ち、須江村の名主家の婿として入り、村役を継ぎながら農事に携わる身は葛藤の権化であった。しかし半三郎は父母のために、家のために献身する。日記は父上・母上に観て頂くという感覚で終始記録したのであった。

二　武蔵国幡羅郡中奈良村野中家の「年中作方諸用見附込帳」

1　野中家について

武蔵国幡羅郡中奈良村は中山道熊谷宿に接した村である。本節で紹介する同村の農事記録は「元治二乙丑年正月吉祥日　年中作方諸用見附込帳　中奈良村　野中彦八郎定義」(2)という詳細な作業日記である。野中家は中世土豪の系譜を引く開発名主である。先祖代々村の指導者として活躍し、同記録に現れる彦兵衛は彦八郎の父親で、文政十年（一八二七）より明治元年（一八六八）まで、中山道熊谷宿助郷村三七ヵ村大惣代をつとめている。同家の家族構成は人別帳をみることができないので、「年中作方諸用見附込帳」（以下、「作方帳」と略称）の正月の記事より推測し、詳細

は後日を期したい。

元治二丑年（慶応元・一八六五）の正月、村方一同の年始礼をうけ、彦八郎は書き初めを張り、村役人と共に鎮守へ初詣をする。彦三郎は年男、村廻りの年始をする。同人は翌二日、お供に岩吉を連れて妻沼村押切辺へ年始に行く。その後も同様に、三、四日に下奈良・葛和田・川上・上之村・肥塚・上奈良などの村々へ年始に出ている。そのほか「作方帳」には、正月早々それぞれの家事を開始、正月休みを恭賀するような気配は無い。

たとえば、岩吉と徳次郎は師走に残した障子張り。おだい・おとも・母・おまつ・周作は小仕事などを少々している。このような記事から、岩吉と徳次郎は住み込みの雇用人、おまつと周作は寺子屋に通っているので、同家の子供である。

次に紹介する「作方帳」は前掲の通り、彦八郎が元治二年正月元旦より一年間の農事について、日々の作業経過とその担当者を記録したものである。使用人への手間賃や農作の進捗状況を確認するためのメモでもあり、走り書きで方言や当て字もあり難解である。記事の一部分を掲げてみよう。

2　元治二年（慶応元）「年中作方諸用見附込帳」

四月八日、雨ふる也、○庄吉休也、二ツ道助右衛門来るなり、朝作より岩吉・彦三郎両人むしろヲリ也（莚織り）、壱枚半文（半分）ヲル也、又おだい小仕事（縫物など継続している家事）、おしき畑タヲり（機織り）也、彦八郎書者也、彦兵衛内、母内、おまつ周作両人内也、新吉子守也、庄吉ナハヲ人ひろナヲ也（縄を一尋綯う也）

九日、雲ル也、雨ふる、○庄吉休也、○前原慶次郎壱人、二ツ道助右衛門ツマ来る也、朝作より岩吉・彦三郎両人西山ソばヂウノヲ也（西山蕎麦地耕す）、又イモヂ（芋畑）草とり也、又彦八郎熊谷宿下石原ニ九ラヤニ九ラモチ行也（荷鞍屋に鞍持ち行く也）、彦兵衛内、母内、おだい子チコヨヂリ也（根っこ振り切る也）、又おしき山のあイ子ハタき也（山と耕地の間の根っこを断ち切る作業）、又子ヂコヨヂリ也（根っこを振り切る）、おまつ・周作両人手習い行也（寺子屋で学習）、新吉子守也、下奈良村前原慶次郎ヨリハタウチ来る也

十日、天気上々、○庄吉休也、熊谷宿より大善院来る也、代村ヨリイト（糸）モチ来る也、一日め六ハリ（六張）也、朝作より岩吉・彦三郎両人西山イモヂウノヲ也（芋地耕す）、又岩吉・彦三郎・おだい・おしき〆四人稲河原二反大豆マキ也（蒔く）、夫より切新田前ウイナイ大豆まき也（耕して大豆を蒔く）、壱反七畝歩まき也、岩吉・彦三郎・彦八郎・おだい・おしき〆五人也、壱反二畝歩まめヒ九（ひく）也、又大豆三分壱まく也、壱日也、彦兵衛むかイかハラ（向河原）与兵衛惣次郎内、御周儀まねき行也（御祝儀に招かれ）、又村方後原与兵衛女房なくナル也（死去）、彦兵衛行也（お悔やみに行く）、母内、おまつ・周作両人手習行也、新吉子守也

十一日、天気上々、八百吉壱人来り始メ、○庄吉休也、後原与兵衛ヨリモチ八ツモろヲ也（貰う）、馬場新右衛門来る也、朝作より岩吉西山イモヂウノヲ也（芋地耕す）、夫より彦三郎・岩吉・弥吉・おだい・おしき〆六人山のマハリ（周囲）竹四のほる也（竹や篠を除去する）、西山九ねハた（垣根端）モヽキ・ケや木二本うイる也（桃・欅植える）、彦兵衛上増田村（幡羅郡）行く也、他行也、母内、おまつ手習行也、周作内、新吉は草刈也

十二日、天気上々、○庄吉休也、○清左衛門壱人、○八百吉壱人、早起より玉之井村トヨ吉来る也、朝作より岩吉・彦三郎・弥吉〆三人西山くねバタ（垣根端）柳木色々木ほる也、又岩吉・彦三郎東山くねバタ（垣根端）ツバきの木こぐ也（椿掘り

出す）、彦兵衛熊谷宿行也（町会所出勤）、母内、
おだい上州太田宿トン龍様（呑龍）行也、おしき
小仕事、おまつ・周作両人手習行く也、新吉草か
り也

右に掲げた四月八日から十二日の記事について、二、三の事項を指摘しておきたい。表題の通り田畑耕作についての記録であるから、作業に関わる家族の動態、雇用人と思われる作業担当の人名と、それに要した時間などがわかる。記録した野中彦八郎はおそらく就寝前に、その日の作業を時系列に書き留め、後日の雇用賃の支払い、また翌年以降の農事計画に活用することを念頭に日々、まめまめしく記し続けたのであろう。

記録の最初は当日の入来者から記している。

八日は日限りの手伝い人として、二つ道の助右衛門。九日は前原の慶次郎、二つ道助右衛門の妻。他に慶次郎とその妻。十二日の清左衛門・八百吉、本文の掲載を略したが十三日の八百吉・弥吉・清左衛門・助右衛門・辰三郎などは、自己の農作業の「あいま」をみて野中家の作業を手伝っている農民であろう。

ほかの用件で入来した記事は、十日の熊谷宿の大善院（本山派修験）。代村（中奈良村に南接する台村）の糸屋が撚り糸を一〆六張持参、これは女人衆の織物用の糸であろう。十三日には熊谷下石原（熊谷宿の西）の荷鞍屋が修理した鞍を持参（九日彦八郎が修理を依頼した品）。村内の筬《おさ》師鐐之助が高機《たかはた》の筬を持参。二つ道助右衛門の母親が来る。熊谷宿関上寺（石上寺）が来る。また熊谷の右衛門という人屋（日雇い斡旋業）も来宅している。繁忙の様子である。

次いで朝仕事の記事へ続く。八日は終日雨のため、家屋内の仕事に専心している。岩吉・彦三郎は莚織り一枚半を織る。彦八郎は村方の書類整理。父母は家に居り、おまつも周作（子供）も家。新吉が子守りをする。

朝仕事は朝食前の「ひと仕事」で暮らしの慣行であった。主として同居者が従事する作業である。同居する雇用人

は、「さくまい」と「こぞう」と「女中」に分別できる。「こぞう」はおおむね未成年で、主人に付き添い、家事をはじめ農事全般に従事した。「作方帳」に○庄吉休也、とあるのは、本人が病気か、都合があって実家に戻っていることをメモしたものである。年始回りのお供をする岩吉も「こぞう」である。「女中」は家事全般と農事にも従事し、また夜なべの機織も担ったが、織り賃は別途に支払われたので、無賃働きではなかった。「さくまい」は成人の通年常雇い人で、母屋かあるいは、長屋門に付属した部屋に宿泊し、衣食住とも家族同様に暮らしていた。

朝飼がすむと、その日の作業を約束している通いの日雇い人を加えて、朝仕事の続きに取り掛かり、あるいは別の作業を開始する。野中家の「作方帳」はその詳細な情報を提供してくれるのである。乙丑年（元治二・慶応元）の「作方帳」は、野中家が農耕労働力を積極的に確保することにより、田畑の耕作・きりまわしを貫徹し、富裕な地主経営を維持する一年間の状況を物語るのである。

3　野中家の養蚕

武蔵国幡羅郡中奈良村野中家の「作方帳」は前掲の通り、農耕作業の全容を詳細に記録している。かの彦八郎は農作業に関わる自己の意思を一言も記さず、日々の農事を丹念にメモし、爾後の経営を構想するための備えとするのである。記録する思いはその一点にあったと推察する。筆マメに見えるので、別に日記や収支算用帳・雇用人帳なども残しているのであろうが、現今の社会状況から、調査を省かざるを得ない。

「作方帳」から経営の意思をくみ取るならば、養蚕の展開が考えられる。(3)

当時、横浜開港によって生糸・蚕種を扱う浜商人は中山道の宿場からも出現し、保守的な米作地主に衝撃を与えていた。熊谷宿助郷三七ヵ村大惣代の野中家はいかに受け止めていたのであろうか。同帳より窺ってみよう。

三月五日、養蚕に関係する事項が初見される。

くすハタ村（葛和田村）根キシ（岸）仙右衛門殿ヨリくハナイ（桑苗）二百七十本モチ来る也、彦八郎めぬま（妻沼）行也、又めぬまくハナイかイニ行也（桑苗買いに行く）、又四百本かイ来る也

幡羅郡の葛和田村や妻沼村には桑苗業が成立し、桑市も生じ、周辺各地へ売り広めていたのである。両村ともに利根川の河岸場であり、流通生産を担っていたので、新しい産業の動向に敏感だったのであろう。

この記事によれば彦八郎は桑苗六七〇本を購入している。近代の養蚕農家は一反歩に五〇〇本ほどを植樹し、二年で台木に育成し、三年目から桑摘みを開始する。江戸時代のやや粗法な耕作を想定すれば六七〇本の苗は、三反歩以上に植え付けられる数量である。

三月十一日、朝作より岩吉・彦三郎・おだい・おしき〆四人、くハウイ也、作ナリ四本ウイル

三月十二日、朝作より岩吉・彦三郎・おだい・おしき〆四人くハウイ也

三月十三日、天気上々、庄吉休、朝作より岩吉・彦三郎両人ウイル也、おだい・おしき両人くハウイ也

三月五日に購入した桑苗は、同十一日・十二日に岩吉・彦三郎・おだい・おしきの四人で二日かけて植えたようだ。無事に活着すれば二年後には立派な桑園となる。野中家に従来、いかほどの桑畑が存在したか確認できないが、桑葉を購入して養蚕をおこなう投機的な農事を変更し、自前の桑で養蚕をおこなう経営に転換を図ったのであろう。

さて、養蚕は農作業の展開のなかで副次的役割であったのか、しばらく叙述を変えて検討を加えてみよう。

（前略）それ蚕といふものの種子と云う事は、繭より出る蝶の、紙に粟粒の如き子を産み付けたる物なり、春暖気を請けて早く毛虫（毛蚕＝けご）と成るゆへ、商人などは、高山北下り成る所（冷寒）へ、上げて置くもの也、年により世上に蚕種子の切るる（欠乏）時は其の利百倍し（高値）、また余る時は只くれても貰ふ人なし（中略）

夫れ桑と云物、蚕種子と等しく、年によりて其の価、高下計り難し、世上に不足なる時は、桑一駄にして、金弐・三分、一両余迄もする、また世上に有り余りたる年は、皆刈り干して捨てる也、夫れ蚕と云うもの春中より掃き立て（毛蚕＝けご）、はじめ先ず桑の芽で養ひ、次に桑の葉を切て養ひ、後に枝葉にして養ふに段々其の名有り、其の初めをしじ子と云、夫よりたか子、舟子、庭子と段々に起き替りて（五齢で成熟する）、其の期有りて能繭を造る、一朝一夕も徒にして桑を養ふの限に不及時は、其虫食を省かれ、繭を造る事なし、如斯日久敷、辛苦困窮しても、今一朝一夕の桑に至て、質種（質入れする品）もなく、金を貸す人なければ、無是非妻子に離るる思いして力不及、夜の中密に川へ流し、山に捨て家挙りて打ち伏せ泣く、其様只人を野辺に送り来て、歎き悲しむに異ならず、惣じて蚕と云う物、隣家の患を聞ても色変じ忽ち害をなす、鼠また其の虫（蚕）を好み、風と喰い初めては一夜の内にも、大いに仇（被害）となる故、蚕婦の家には先ず逸物の猫を飼い、惣じて蚕家に入りては、忌み嫌ふ事をば慎むべき事也、遍身綺羅の人は是蚕を養ふ者に非ずと、古人の詩も只其の地其所に住みて、かかる辛苦を知るに非ずしては、其の哀れも弁じ難し、且亦蚕を養ひ立て、やとふて繭を造らするに至ては（上蔟）、或は木の枝、または藁稗粟殻の類を以て、まぶし（蔟・蚕簿）と云う物を、拵へ、蚕虫を其中へふるに、虫の咽の透き通るを期とす、是をひきりと云

以上の文は田中丘隅が『民間省要』の一節「百姓四季の産」[4]で述べたものである。丘隅は養蚕の作業を詳述し、養蚕が農民的商品の第一にあげられるが、投機性の強い生産であることを指摘している。また田畑の耕耘が男性中心におこなわれ、反面、養蚕は女性が主導権をとる様相が窺われるのである。

幕末期、中奈良村の野中彦八郎が桑苗を大量に仕入れ、桑園を拡大する挙に出たのは、横浜における対外貿易に参加した多数の豪農が、生糸・蚕卵紙（蚕種）を売り込み、なかには浜商人と呼ばれる豪商も出現していた。彦八郎が

この「作方帳」を記した六ヵ月後には、武州世直しの民衆が村々を席捲し、世均しの思想を鼓舞する時代であった。(5) 父親は熊谷宿三七ヵ村惣代であり、それを継ぐ家筋の彦八郎は、時代の展開をいかに思索していたのか、胸中を語る文言はない。只管、農事作業を記すのみであるが、耕耘に加えて養蚕にも配慮するのは、時勢をとりこむ思索を持っていたからであろう。

「作方帳」に飼蚕の記事が出るのは、四月四日、「彦八郎かいコハくたてる也（卵からかえった毛蚕を産卵紙から掃き取って飼蚕を始める）」が最初である。俗に蚕の掃き立てという。屋内の養蚕作業と同時に、畑仕事に桑樹の作業が始まる。(6)

五日、（中略）彦三郎、暮方桑ほどきニ行く、おしげ一日侶織、おだい色々小仕事、おまつ・周作手習行、新吉朝作り、夕方草壱ト籠ツヽ二タ籠刈、母蚕仕事。

六日、天気上々、〇庄吉休、〇矢野氏来る、多平次・吉左衛門・万吉礼ニくる、新右衛門来る、小平次・重蔵来る、朝作より岩吉は新田前田三番切、夫より昼前切也。

彦三郎、朝飯より中堀浚普請ニ行く昼前也、彦八郎西裏弐反七畝歩、壱反壱畝歩、九畝歩桑帯解并根草取り、周作朝作り草刈り、夫より桑帯解昼前也、昼より両人休、年行事ニ付休（村内の「年行事社」の社事、当山派修験）、彦八郎昼より新宅脇より庭の前、夫より大乗院西七畝歩（新義真言宗の寺の西）、夫より新田前壱反五畝歩桑帯解并草取り、彦八郎・おだい両人也、おまつ手習いニ行、新吉子守り、彦兵衛十六間村転読料地堅木苗植込見分ニ行、春吉同道両人行、母蚕懸り。

右の記事は概略次の通りである。四月四日に彦八郎が蚕を掃き立て、五日、彦三郎は桑園で桑帯解きを開始する。「桑ほどき」とは、去る年の初冬、落葉した台木から出た数本の桑木の上部を揃えて伐り、藁縄で纏めて束ね、冬を越した桑木の縄を鎌で切り解く作業である。

桑木は畑の形状にあわせ、個々の間隔をあけて条植する。したがって冬季は条木間に、正月用の福寿草などを栽培、また施肥のためにも桑帯して歩きやすくする必要があった。

桑ほどきの後、根草取りをおこなうのは雑草の宿根草があり、春一番に芽吹くためにまず退治する必要があった。六日の記事に彦八郎とおだいが、桑帯解きの作業した反別は六反九畝歩である。五日の夕方、彦三郎が済ませた反別は不明だが、合計反別は七、八反歩にもなるであろう。

次に養蚕の作業についての記事を抽出してみよう。

四月二十五日、天気上々、日暮ヨリ雨ふる也、蚕日雇（朱書）〇西田おしま来るハヂめ也、西田およ来る也、

二十九日、おしま・おまつ桑をくれる。

など断片的に記されている。蚕仕事が多忙になったので、西田村からおしま・おとよの二人を蚕日雇いとして使役したのである。

五月の初旬、農作業は広汎に開始される。たとえば次のように展開する。

五月二日、天気曇る、〇おすみ同夜来る、〇八百次郎昼より半人、おしま昼前休、宅江昨夜行、昼より半人勤、代村おわさ来る、同夜吉右衛門沼地掘浚儀ニ付来る、朝作岩吉・佐市郎・彦三郎・三人藍刈取、朝飯、岩吉・佐市・おだい・彦三郎・おしげ〆五人藍植、夫より五ツ半時過より彦八郎・彦三郎・おだい・おしげ・岩吉・佐市・新吉〆七人西裏弐反七畝菜種刈、凡壱反八畝計り刈昼也、昼より同所刈切壱反六畝歩、夫より又新宅脇壱反弐畝歩刈切、暮過迄尤七ツ半時頃より彦八郎桑切、おしげ夕飯焼、尤昼よりおしま来り出る也、昼より八人也、彦兵衛熊谷行、周作子守り、母・おまつ蚕懸り、八百次郎裏蔵裏山根はたき也、おすみ同夜彦兵衛同道来る。

この日、彦兵衛は熊谷の会所に出勤し、帰途、日雇い周旋屋より紹介された、おすみを女中として同道、八百次郎は昼より半日雇い、おしまは昨夜西田村の自宅へ戻ったので半日雇い、代村（台村）のおわさが日雇いでくる。昨夜吉右衛門が沼地浚いの件で来宅、朝作の仕事は岩吉・佐市郎・彦三郎の三人が藍の刈り取りをおこなった。

朝食後、岩吉・佐市郎・おだい・彦三郎・おしげの五人で、跡作付に藍の植付をする。その後、九時過ぎより彦八郎・彦三郎・おだい・おしげ・岩吉・佐市郎・新吉七人で西裏二反七畝歩の菜種を刈り取り、さらに一反八畝歩を刈り切る。昼飯の後、同所で一反六畝歩、新宅脇で一反二畝歩をそれぞれ刈り切っている。

暮れ方になって五時頃より彦八郎は桑切り（枝桑）に出たのである。おしげが夕飯をつくり、母とおまつは終日、蚕の世話をしたようだ。かように日々の農作業が展開するので、蚕の飼育は、上蔟などの超繁忙期を除くと、家庭の女性と日雇いの女子に任されていたようである。

「作方帳」の記事は一日の作業過程を時系列に把握したものである。田畑の耕耘が中心であるから養蚕の記事は少ないが、飼蚕は日々絶え間なくおこなう作業で、ひとときも目を離せない。しかし、記録する事項は、桑呉れ（桑で飼育）、育成管理（莚の除湿）などについて断片的である。

五月三日、おすぎくハもぎ也

（伐りとった枝から桑葉をもぎ取り、幼蚕期は包丁で刻み施桑する）

五月四日、おだいヲコ（蚕）之コしりトル也

（蚕のこしり・こくそ・蚕糞・条沙を除去する。莚を入れ替えて清潔にする）

五月五日、彦三郎・彦八郎両人くハかり也

（台木から徒長した枝桑を伐りとり、束ねて持ち帰る作業）

彦八郎くハ切行也、五月やゆハい之ミきハ庄ぶ酒
（彦八郎は男子後継者として、節句の箭弓祝、神酒は菖蒲酒）
五月九日、彦八郎くハかイニ行
（桑が不足するので剰余がありそうな家を探して購入する）
彦三郎新田前くハ四ハ（四把）切也
（彦三郎は新田前の畑から桑四把伐り、運び込む）
五月十日、彦八郎、彦三郎両人くすハ田村（葛和田）根きし仙右衛門殿くハかいニ行く、壱だん代金壱両と二百文也、おだいヲこゝニいナリ也、おすみ・おまつ・母内、〆三人かせイ来る也
（彦八郎・彦三郎は葛和田村の桑苗商人根岸仙右衛門宅に行き、桑を購入する。一駄一両と二〇〇文だった。田中丘隅の時代と同額である。おだいはお蚕に居なり、即ち、蚕に付きっきりである。蚕の成長期で多忙のため、おすみ・おまつ・母の三人が加勢する）
五月十一日、おだい・おまつ・おすみ・母〆四人くハくれ也、また彦八郎・彦三郎両人くハかイ也、くズ和田村ヨリかヲ也、おだい・おすみ・おまつ・おしま・母〆五人くハモギ也
（おだい・おまつ・おすみ・母の四人で桑呉れ作業。彦八郎・彦三郎は十日と同じく葛和田村の根岸仙右衛門より桑を購入した。前掲四人の女性に、おしまが加わり五人で、桑もぎをする。購入した桑枝より葉をモギ取り、蚕に与える作業）
五月十二日、彦八郎・彦三郎両人クハかイ也、かヂ山デクハかヲミキリ太たミ六ばツケ壱だんくふる也、アト二、三ハ之コル也、代金二両三分也、夫より彦三郎むぎかり也、新宅鐐之助くハイヲコニくれル也、おまつくハく

れ也

（彦八郎・彦三郎は桑買いに出る。かヂ山（不明）で桑を買いきり、大束六把を付けて一駄買った。二、三把買い残したが代金は二両三分だった。帰宅後、彦三郎は麦刈りをする。新宅の鐐之助が来て、蚕に桑を与える作業を手伝ってくれた。おまつも桑呉れ作業に従事した）

五月十三日、朝作より彦八郎・彦三郎・金蔵〆三人仙国くハかイニ行也、二だんツケル也、おだい・おすみ・おまつ・母〆四人くハはき、又ヲこニくハクレ也、彦八郎クハモぎ也

（朝仕事に彦八郎・彦三郎・金蔵の三人で仙国桑を買いに出た。二駄求めることができた。おだい・おすみ・おまつ・母の四人は桑枝より葉を摘み取り、蚕に与えた。彦八郎は桑枝から葉を摘み取る作業に加わったのである）

五月十四日、彦三郎・金蔵両人クハかイ也、内中（家中）クハモぎ也

（朝から彦三郎と金蔵は桑買いに出かけた。蚕が成長したので家中皆で桑葉を枝より摘み取る作業に従事した）

五月十五日、朝作より彦三郎・金蔵〆二人くハかい也、壱だ切也、岩吉まぶし（蔟）ツくり也、彦八郎まぶし（蔟）ツくり也、おだい・おすみ・おまつ〆三人ヲコヒろイ也（蚕上簇）

（朝から彦三郎と金蔵は桑買いに出かけた。一駄買った。家では岩吉と彦八郎が蚕に繭をつくらせるためのまぶし（蔟）を造り始めた。当時の蔟は、稲藁をスグリ（選り）、両手で軽く握る程の量を木製工具で折り曲げて、一個ずつ藁一本で束ね、折り癖をつけた。束ねた藁を外すと蛇腹状になる。これが髪型に似ているので島田蔟と称した。この蔟を板と竹で造った「コノメ」という、莚一枚分の差板に拡げ、「ひきり」になった蚕を振り分け、繭つくりを待つ。さらに、コノメ数枚ずつを「差し壇」に入れて「上蔟」「カイコヤトイ」という。こ

のような段階を、田中丘隅は「虫の咽の透き通るを期とす、是をひきりと云」と表現する。まさに、そのような状況下、おだい・おすみ・おまつの三人が、おこひろい（蚕拾い）に従事したのである）

五月十六日、朝作より彦三郎・金蔵両人仙国クハ切行也、壱だツケル也、岩吉かイコあケル也、穃之助ヨリクハカヲ也

五月十七日、昼より蚕二階江上る、尤昼より金蔵蚕上ケ、母・おだい・おすみ・おまつ・彦八郎昼前上る

五月廿一日、天気上々長閑、蛹かき、◯おとよ来る始メ、半人

五月廿三日、天気上々、蛹かき、◯おとよ半人

（五月十五日に大略上蔟をむかえたのであるが、蚕のなかには遅れて生育し、二眠・三眠と脱皮ごとに遅育する。遅れた蚕のために彦三郎・金蔵は桑切りに出掛け、仙国桑を一駄運び込み、新宅の鐐之助より残桑を買い入れるなど、遅蚕対策をとり無駄のない作業を続ける。また同日より乾燥のよい二階に蔟を移し、二十一日より繭掻きを始める。この日よりおとよが、半日の日雇いで作業に加わっている。

「ひきり」（前掲参照）した蚕は蔟のなかで繭を造る。蚕は一疋ずつ自己の領域を図ったかのように、口から糸を吐きながら繭を造り、中で蛹になる。一匹一個の繭はなかに蛹一つになって一週間で完成する。その後、蛹が固くなると繭掻きといい、藁で作った蔟から一個ずつ取り出し、繭の周囲を覆う薄いケハを除き、莚一枚分のコノメに拡げ、差し壇に戻して乾燥する。

蚕の中には繭となる最後の活動を成就せず、病死する個体もある。屑繭とか汚染繭と呼ばれ、正規の売却から外される。また「たままゆ」という、蚕二疋繭一個の個体もある。繭になる作業中に接近し過ぎた蚕が、二疋で繭を造り上げたものである。往古はこのような固体を用いて紬織りの反物が商品化されたのである。屑繭

（ビショ繭）も専業商人が集荷し、真綿その他の製品とし、蛹は飼料・肥料につかわれ、蚕繭には捨てるものなしと評されたのである。中奈良村野中家の繭は、熊谷宿の繭商人が全て買い入れていたようだ）

閏五月十九日、熊谷宿まイかイ来る也（繭買い）

閏五月廿日、おすみ・おしき両人ハたヲり也、おまつ小仕事、母糸トリ也、おりん糸とり也（自家製の繭より糸トリをして機織りをする）

閏五月廿二日、母糸トリ、おりん糸トリ三升トル也、おすみハタにる、おしきはたヲリ也、周作手習い行也、おまつ糸より（撚り）をかける也

閏五月廿四日、彦三郎コイヒク也（下肥を運ぶ）、コクソハコビ（蚕糞を運ぶ）、おすみ・おしき両人コクソハコビ也

六月　朔日、天気上々、組中年貢ヲさめニ来る也（夏物成）、（中略）彦八郎・数右衛門両人上須戸行也、夫より年貢トル也、日ルま（昼間）彦三郎年貢トリタテ也、暮方おだい・おしき両人まイトリコむ也（干した繭を屋内に入れる）

六月　九日、かイコかゴ（籠）アグル也、東木コや（木小屋）之二かイ（二階）アゲル也

六月十六日、まイかイ来る也（繭買い商人）

六月廿一日、まイかイ来る也

六月廿三日、まイかイ壱人来る也

（熊谷宿の繭商人が買い付けに来宅したのは閏五月十九日が最初である。上蔟より繭かきが終り、奇麗に整った繭は、なかの蛹も堅くなり、出荷の条件が整ったからである。このとき正常な繭はすべて売却されたのであろう。ところが、閏五月も過ぎ、六月中旬より再び繭買い商人が四日間も訪れている。正常な繭の蛹は蛾とな

って、繭から出て交尾し、蚕卵をする時点である。当時の養蚕は暖房装置もなく自然にまかせて飼育したため、遅蚕が著しく生じ、正常な出荷が不可能であった。そのため蛾の生じた繭は時期外れに売却したのである。また閏五月二十日以降の記事のごとく、自家で糸トリをし、機織するのが女性の仕事であった。蛾は蛹から生じ、繭に口から液体を発して穴をあけて出る。通常破れた繭、鼠に齧られた繭などは、糸トリが困難であり廃棄された。しかし蛾の出た穴繭は蛾が溶かした液体が糸を繋ぎ、正常に糸トリが可能であった。したがって、遅蚕の蛾の出た繭も、時期外れの商品として取り引きされたのである）

六月廿七日、彦八郎妻沼宿行、夫より上州押切村新井久太夫行也、宿ル也（妻沼宿より利根川を渡れば現太田市押切町）

六月廿八日、上州押切村新井久太夫かイコ種モチ来る也。彦八郎押切村新井久太夫行也、暮方ヨリ来る也　※彦三郎は来る・帰るを、すべて来る也と記す書き癖。

六月二十七日・二十八日の記事によれば、彦八郎は上州押切村の蚕種商人新井久太夫方に行き宿泊している。彦八郎は乙丑年野中家養蚕の顚末を告げたのであろう。前掲の記事により知られるように、野中家は掃き立てた蚕卵に比して桑が圧倒的に不足であり、成蚕期には各所を回り購入に必死だった。そのむかし、田中丘隅が述べたような投機性の危機を、現実に体験したのである。

彦八郎はこの両日何故、押切村を行来したのであろうか。当時、春蚕《はるご》のさきがけは五月末には繭となり、閏五月を経て六月末、蛹から羽化し産卵した。蚕種商の久太夫は残桑を持つ養蚕家に、夏蚕《なつご》の飼育を勧誘したのであろう。彦三郎は断り蚕種を返却したのである。(7)この年の「作方帳」には夏蚕の記事は無い（各県の養蚕業史によれば、昭和初年には春蚕・夏蚕・秋蚕・晩秋蚕・晩々秋蚕など飼育整備の向上によって、すぐれた繭を生産したことが知られる）。

前述の通り幕末期野中家の養蚕は、投機的要素を持ち、当時横浜開港による輸出景気により高騰した蚕種、値上がりした桑の購入費用、蚕日雇い賃の支払など、収支は思わしくなかったのであろう。同家の収支万覚帳の検討に後日を期すものである。

三　武蔵国比企郡大塚村小林家の「年中日記控帳」

1　小林家の田畑耕作

江戸時代の武蔵国比企郡大塚村は往古より川越藩に属し川島領の一角にあった。同領は藩主松平伊豆守信綱時代の河川改修・囲堤の造成により、藩内第一の水田地帯となった地域である。明治維新後、町村制施行により川島領の四七ヵ村は六ヵ村に編成され、大塚村は小見野村に編入されている。

川島領は水田耕作を中心に微高地は畑として有効に活用している。大塚村は水田一四町九反九畝二二歩、畑三町八反五畝一三歩という小村で、これから紹介する小林家は当村の名主をつとめた模範的な農家である。小林家は藩政時代より日々の出来事を簡潔に記し、特に農事については作業の進行をメモし、各年度の比較によって効率をはかっている。

明治五年（一八七二）同家の「年中日記控帳」[8]（小林家文書七七四）を繙くと、以下の通りである。

一月元旦　小林家は元旦の早朝より、藩政時代の村役人としての慣行に従い、村内各家の年始回りをなし、二日は表村の臨済宗養竹院に年始を済ませている。村内の同宗末派大福寺へは正月十五日に祝い酒を持参したのである。また正月の慶事慣習として大師様に参詣し家内安全の祈禱護摩札を受けている。家族は村内で祭文語りを聞くなど正月を愉しみ、近所同士で大盤振舞いの団欒のときを過ごしている。

一月七日 七種粥が終わると藁仕事が連日続き、畑仕事は主に麦踏みと下肥え出し、そして、田畑へのけずり肥え散らし、麦や菜種畑のさく切りなどの、多忙な農事が開始される。

一月二十一日 農閑期を利用した旅行も江戸時代と同様に企画され、伊勢参宮は鳥羽井村四人・正直村二八人・大塚村二四人と規模も大きい。

二月四日 また近隣の祭事にも出かけ、川越の不動様、熊谷在の上岡の馬頭観音、松山の箭弓稲荷などに足をのばしている。

二月二十日 冬季を利用して物置の壁塗り補修工事を済ませる。

二月二十六日 唐臼屋を呼び、臼の修理や新製作を試みている。唐臼は籾を取り除き玄米にする道具である。竹で編んだ円盤を粘土で固め、二枚の盤を擦り合わせて籾殻を除去するのである。竹と粘土の擂り面は摩滅がはやいので収穫前に補修を要し、耕作規模の大きい農家にとっては欠かせない作業であった。

二月の後半は、晩春から初夏へかけて続行される田畑土拵えと蒔種作業の準備である。ためだし（下肥を畑に別置した肥溜に移す）・けずり肥（硬くなった土を削り砕いて田畑の上に撒き散らす作業、地質改良と肥料の役割があった）・さくきり（作物の条畝にそった耕耘）・草取り・田うなえ（耕耘）・田たてなど目白押しに作業が続く。

季節はかわり炎暑も近づく、初夏の農事に目を転じてみよう。夏をむかえる繁忙な作業は麦刈り、夏の穂打ちと続く。この季節では畑は夏作の取り入れ、稚蚕の掃き立て、田植えの準備に畔塗りをし、次に田掻き、肥え撒きと、五月節句を祝う暇もない。田畑のなかで腰をのばして、漸う各家の庭に泳ぐ鯉のぼりを望見するだけである。

2　小林家の労働力と耕作反別

小林家の農事作業に欠くことのできないのは、家族労働力と日雇い労働力である。二二二〜二二五頁に示した「年中日記控帳」には、小林家が雇った村内や近郷の男子が（名前は省略したが）、ほぼ定雇いのようなかたちで、朝から夕方まで農事に従ったことが判明する。そのなかには小林家の小作農民の由五郎・市五郎・音五郎・惣五郎などは農繁期に欠かせぬ日雇いでもあった。また、隣家との「もあい・もやい（催合）」作業もおこなわれている。五月の麦穂打ち（脱穀作業）には隣家へ手伝いに行き、六月の雑草除去作業には、隣家の娘おつよが助っ人に小林家へ来るなど記録されている。

小林家の「年中日記控帳」によれば、一日の植え付け作業と反別を記入した箇所がある。それはおおむね日雇い労働力を複数活用した日時である。たとえば、五月十一日まで田搔き、苗取りをおこない、同月十二日より田植えを開始、二十日頃終了している。その様子を検討すると、植付面積は記された件数のみで約一町歩を数え、家族のみの場合は記載が無い。田植え作業中は祖父母・当主夫妻と、男子日雇い三、四人ほどが参加し、ほかに苗取りの女子が従事している。その間、一〇日ほど費やしているので、水田のみでも一町歩以上の自作耕地を有していたと推定される。五月二十六日　田植えが終了すると、田の神を送る行事「さなぶり」（早苗饗）をおこない、祝いの飲食を摂り、一同の健康と、豊作を祈願している。

収穫の秋をむかえた十月には十一日より一〇日間、家族全員と日雇い人総出して稲刈りに従事、同月二十一日に稲刈り仕舞いの一杯で祝っている。

小林家は畑作業や、雑木山の手入れなど考慮すれば、田畑三町歩ほどを（日雇い人を使いながら）、常に自作地として耕作しており、それを越えた田畑は小作地とする経営方針であったようだ。

小林家が自作分の耕地に投入する労働力は、明治十五年（一八八二）の「日雇頼入記簿」（小林家文書一〇三八）によってさらに追認が可能である。この年の日雇人は三四〇人工《にんく》である。九〇人工より一〇〇人工におよぶ日雇いは二人、三〇人工が一人で、残る一二〇人工は、繁忙期の短期日雇であった。小林家は連続して日雇頼みをした伴吉という使用人に、賃金の他に「二円五〇銭」を礼金として贈り、労働力の維持に気を配っている。

明治五年　年中日記控帳の抄録

月 日	記 事
一月 一日	村内年始
一月 二日	養竹院へ年始
一月 三日	大師様へ行く、白襦袢、羽織紐買う
一月 四日	祭文読を聞く
一月 五日	おさよ様針仕事に参る、二軒へ大判に行く
一月 六日	七種の仕度、小麦出し俵はたき
一月 七日	牛ヶ谷戸村年始、七種
一月 八日	年始客数人来る
一月 九日	年始に行く
一月 十日	伊勢太々講取立
一月 十一日	五人大判、うどん二斗三升多く残る
一月 十二日	年始客有り、藁仕事、蓑作り
一月 十三日	万光寺へ年始、藁仕事、蓑作り
一月 十四日	団子神前に供える八升、富士山御師来る
一月 十五日	大福寺にて酒
一月 十六日	炭焼きを見に行く、飼い葉切り
一月 十七日	伊勢講の相談有り、蓑作り
一月 十八日	縄ない、莚織り、蓑作り
一月 十九日	来客有り、莚織り
一月 二十日	父川越へ魚買いに行く、莚織り
一月二十一日	伊勢講鳥羽井村四、正直村二八、自村二四、莚織り
一月二十二日	連経絡世話人四人にて一分三朱ずつ預け

る、莚織り
一月二十三日　吉五郎算盤習いに来る、縄ない、莚織り
一月二十四日　ため出し
一月二十五日　天神様参拝、莚織り
一月二十六日　父足立へ病気見舞いに行く、莚織り
一月二十七日　鳥羽井源蔵の馬逃げる、莚織り
一月二十八日　角泉観音様縁日、麦踏み、莚織り
一月二十九日　川越で箱買う、莚に印を書く
二月　一日　川越不動様へ行く、買物金一両
二月　二日　新川端河岸のさく切り、莚織り
二月　三日　父足立へ見舞に行く、酒屋へ馬を貸す、縄ない
二月　四日　家の女性たち上岡観音、箭弓稲荷へ行く、藁おろし
二月　五日　高畠下野の畑麦踏みとさく切り
二月　六日　鳥羽井前、高畠下へ行く、ため出し（下肥を溜めに出す）、さく切り
二月　七日　高畠へ行く、さく切り、菜種の草取り
二月　八日　前の島、新川端へ行く、さく切り、菜種の草取り
二月　九日　新川端へ行く、菜種の草取り、さく切り
二月　十日　馬屋直し、屋根直し、馬屋の糞出し
二月十一日　午後強風、菜畑さく切り、豆ひき、飼い葉切り（馬の飼料）
二月十二日　河岸の観音講、袋の菜畑へ行く、ため出し
二月十三日　新川端畑へ行く、ため出し
二月十四日　正月芝居へ行く、ため出し
二月十五日　釘無村の伯母来泊する、莚織り
二月十六日　壁塗り、莚織り
二月十七日　けずり肥のうち散らし、飼い葉切り
二月十八日　五ヵ村《（ママ）》の芝居に行き、五ヵ村に泊る
二月十九日　小雨降り大北風吹く
二月　二十日　壁塗り
二月二十一日　新川端へ行く、けずり肥（硬くなった土を削り撒き散らして肥に使う）

二月二十二日　新川端へ行く、牛蒡掘り、菜種さく切り
二月二十三日　高畑ふんずうそら豆草取り、ため出し
二月二十四日　自宅餅つき餅米一斗二、三升つく、けずり肥
二月二十五日　中井田たてる、唐臼土直し
二月二十六日　唐臼屋来宅、唐臼拵え仕舞（完了する）、馬で田うなえ
二月二十七日　芋こしらえ
二月二十八日　笹山前、坂下前、四角田などで田たて
二月二十九日　下の前など田たて、芋こしらえ
二月　三十日　橋場前田たせ、新川端菜種さく切り、小麦同
三月　一日　田うない
三月　二日　さく切り
三月　三日　芋植え
三月　四日　さく切り、六日迄同じ
三月　七日　田うない
三月　八日　さく切り、九日・十日も同じ
三月　十一日　けずり肥、十二日も同じ
三月　十三日　さく切り、土こなし（土塊を崩すこと）
三月　十五日　苗代田のくろぬり（畔をつくる作業）
三月　十六日　苗代田へ水を引き込む
三月　十七日　けずり肥、二十日まで同
三月二十一日　堰から田へ水落とし開始
三月二十二日　田掻き作業開始
三月二十三日　さく切り
三月二十四日　けずり肥
三月二十五日　苗代田へ籾種を蒔く
三月二十六日　さく切り、けずり肥
三月二十八日　田のくろつけ（くろぬりと同じ作業）
四月　二日　さく切り、けずり肥
四月　六日　さく入れ、草うちならし
四月　七日　同
四月　八日　田うない
四月　十日　草刈り
四月　十二日　木綿蒔き

四月　十五日　さんざい刈り（草刈り）
四月　十七日　けずり肥、麦こしらえ
四月　十八日　豆刈取る
四月　二十日　けずり肥
四月二十四日　くろつけ（畔をつくる作業）
四月二十五日　麦刈り
四月二十六日　菜種刈り
四月二十七日　麦刈り
四月二十八日　麦刈り、麦打ち（ぼうち）
四月二十九日　麦刈り
四月　三十日　麦刈り、麦打ち
五月　一日　午前麦打ち、午後麦刈り
五月　二日　午前麦打ち、午後麦刈り
五月　三日　午前自家の麦打ち、午後隣家の麦打ち
五月　四日　新川端のかっぱ抜き、午後雨中止
五月　五日　くろぬり、午後雨止む、子供節句遊び
五月　六日　中井田のくろぬり、白井沼質屋娘節句祝来宅、臼挽き
五月　七日　頭痛のため終日寝る、雇い人は麦刈り
五月　八日　小麦打ち、田掻き、その後かっぱ抜き
五月　九日　午前小麦刈り、午後隣家の小麦刈り仕舞、小麦打ち
五月　十日　午前小麦打ち、午後田掻き、その後かっぱ抜き
五月　十一日　午前かっぱ抜き、田かき、午後雨中苗取り

（後略）

3　小林家の小作地

藩政時代の村名主であり、維新後は戸長をつとめた小林家は、村の模範的な家であった。飾らず奢らず地道な本百姓経営から、自作地が家族労働力による限界規模を超えると、徐々に集積した田畑を小作地化したのである。集積の

発生とその過程は年貢納入に窮した農民の、質流れ地によるものと考えられる。

明治初年における小林家の農事は、先に紹介したように順調であった。同家は村役人であるから営農上の記録にも留意したものとみられ、万日記や金銭出入簿などを今日に伝えている。連年にわたるものではないが、前掲日記に照応する明治五・六年の小作帳、同十六・十七年のそれを検討し、同家の自作地以外の経営を概観しておきたい。

明治五年の「小作帳」によれば、表34のように畑の小作人は六名八筆で七反二畝一七歩である。日記によれば五年の五・六月は雨続きで麦は不作だった。小林家は小作料を減免し一石六斗二升とし、大豆は平年作だったので二石三斗九升余を収取している。翌六年は干天続きのため大豆が不作となったので減免した。しかし、この年、新たに粂五郎が畑五畝歩（麦五斗・大豆二斗五升）の小作人となったので、麦は合計六石一斗五升・大豆一石四斗九升を収取し前年より若干増収になった。

水田の小作地をみると明治五年度は小作人一五名二〇筆で一町六反八畝一六歩、小作米三九表二斗七升二合である。小作米は一俵＝四斗三升入りの藁俵詰めに約定されていた。

水田の反別小作料は上中下の田品により相違するが、小林家は一反につき二俵と二斗二升〜二俵と三斗四升余りで約定していた。明治初年における周辺諸村の小作料と比較し、若干低かったようである。

次いで明治十六・十七年について検討しよう。表35のように同十六年の小作人は一七名となり、反別も八反五畝一七歩と僅かながら増加している。畑小作料の麦は六石五斗五升五合であり、明治六年とほぼ同量である。なお明治十六年は干天が続き大豆は収穫皆無だった。水田小作地についてみると、小作人は一八名で同数だが、田の面積は一町歩余増加している。小作米も七二俵となり、同六年の二・一倍になったのである。地租改正を経て租税体系が変革され、それにともない小作料も上昇したのであろう。なお同十七年の水田小作地は二筆一反歩ほど増加したが、同家の

表34　明治5・6年，小林家の小作経営

小　字	名　前	小字田畑反別（畝）	小作料納入分（明治5年）	小作料納入分（明治6年）
畑中	三右衛門	新堀端　畑　6.17	大豆2斗5升（麦不作）	麦　5斗2升5合， 大豆　2斗4升
河岸	伴次郎	袋　畑　12.00	麦1石2斗，豆6斗	麦　1石2斗（大豆不作）
村	由五郎	槐戸　畑　5.00	大豆2斗5升（麦不作）	麦　5斗（大豆不作）
同	同　人	つつみ　畑　6.00	麦4斗2升，大豆2斗1升	麦　4斗2升，大豆3斗
村	広三郎	大道端　畑　12.00	大豆4斗2升（麦不作）	麦　8斗4升， 大豆　4斗
村	安　平	五反野　畑　8.00	大豆2斗8升（2升勘弁）（麦不作）	麦　5斗6升（大豆不作）
同	同　人	同　畑　8.00	大豆2斗8升（同上）	麦　5斗6升（大豆不作）
鳥羽井	政五郎	新堀端　畑　15.00	大豆1斗5合（無毛12.00引）	麦　1石5升， 大豆　3斗
小計	6人	8筆　畑7反2畝17歩	麦　1石6斗2升 大豆2石3斗9升5合	麦　6石1斗5升5合 大豆　1石4斗9升 ※9筆 畑7反7畝17歩
村	彦　八	堀端前　田　10.00	米2俵と3斗4升4合	5年と同額
同	義　八	中井田　田　11.00	米3俵と3升4合	同
同	由五郎	中井田　田　12.00	米3俵と1斗5升4合	同
同	同　人	諏訪戸　田　1.24	米2斗1升5合	同
同	音五郎	同　田　1.24	米2斗1升5合	同
同	同　人	中井田　田　10.00	米2俵と3斗4升4合	6年なし（小林家自作する）
同	亀五郎	同　田　9.00	米2俵と2斗2升4合	5年と同額
同	亦　七	石　橋　田　9.12	米2俵と2斗7升2合	同
同	清五郎	鎌　田　田　15.00	米3俵と3斗8升7合	同
同	安　平	村　前　田　12.00	米3俵と2斗5升7合	同
村	新　造	村　前　田　13.00	米3俵と2斗7升5合	同
同	粂五郎	雷　電　田　10.00	米2俵と2斗1升5合	同
同	同　人	鳥羽井前堀田　田　5.00	米1俵と1斗7合	同
同	同　人	同　所　田　3.00	米2斗	同
同	幸右衛門	前　田　田　14.00	米3俵と3斗9升6合	同
同	蔦五郎	蔦五郎前　田　3.19	米1俵と七7合	同
同	同　人	由五郎前　田　3.00	米3斗	6年なし（小林家自作する）
鳥羽井	秀五郎	鳥羽井前　田　3.00	米3斗	5年と同額
村	与平次	中宿前　田　9.27	米2俵と2斗8升9合	同
同	牧太郎	堀端前　田　12.00	米3俵と1斗3合	同
小計	15人	20筆田1町6反8畝16歩	米39俵2斗7升2合	米34俵3斗6升8合

註　小林清家文書 No.780 より作成．小作米1俵＝4斗3升入，※粂五郎畑 5.00，麦5斗，大豆2斗5升入る．

表35　明治16・17年，小林家の小作経営

小字	名前	田畑反別	小作料(明治16年)	小作料(明治17年)
		畝	斗	斗
鳥羽井	清吉	畑 8.00	麦 5.60 (大豆不作)	麦 11.20 大豆 5.60
同	同	畑 8.00	麦 5.60 (大豆不作)	
下の	田五郎	畑 4.15	麦 4.50 (大豆不作)	麦 4.50 大豆 2.25
下八ツ林	甚五郎	畑 12.00	麦 8.40 (大豆不作)	麦 8.40 大豆 4.20
三保谷	弥太郎	畑 8.00	麦 5.40 (大豆不作)	麦 6.40 大豆 3.20
畑中	三右衛門	畑 6.17	麦 5.25 (大豆不作)	麦 5.20 大豆 2.62
鳥羽井	政五郎	畑 15.00	麦 10.50 (大豆不作)	麦 10.50 大豆 5.25
鳥羽井	林造	畑 10.15	麦 8.40 (大豆不作)	麦 8.90 大豆 8.10
同	政五郎	畑 8.00	麦 6.40 (大豆不作)	
同	宗次郎	畑 5.00	麦 5.00 (大豆不作)	麦 5.00 大豆 2.50
同	喜八	(畑 6.02)	(明治17年7月より)	大豆より 3.33
同	惣五郎	(畑 7.00)	(明治17年より)	麦 5.60 大豆 2.80
同	弥五郎	(畑 8.03)	(明治17年より)	麦 6.48 大豆 3.20
同	善次郎	(畑 8.00)	(明治17年より)	麦 6.40 大豆 3.20
同	時造	(畑 8.03)	(明治17年より)	麦 6.48 大豆 3.24
同	亀五郎	(畑 1.09)	(明治17年より)	麦 1.04 大豆 0.52
同	同	(畑 13.00)	(明治17年より)	麦 12.09 大豆 6.00
鳥羽井	平吉	(畑 21.18)	(明治17年より)	麦 17.28 大豆 10.90
三保谷	安次郎	(畑 26.18)	(明治17年7月より)	大豆 15.00
小計	明治16年	畑 85.17	麦 65.05 (大豆不作)	
	明治17年	畑 185.10		麦 115.47 大豆 81.91
		畝	斗	斗
村	治作	田 3.29	米 1俵 0.47	米 1俵 0.47
同	宗次郎	田 14.19	米 2俵 3.90	米 2俵 3.90
同	庄五郎	田 15.04	米 3俵 3.22	米 3俵 3.33
同	同	田 5.22	米 1俵 2.11	米 1俵 2.11
同	同	田 5.22	米 1俵 2.60	米 1俵 2.60
同	同	田 7.28	米 1俵 4.22	米 1俵 4.28
同	同	田 11.01	米 2俵 3.26	米 2俵 3.26
同	同	田 9.14	米 2俵 1.57	米 2俵 1.57
同	喜八	田 12.28	米 3俵 1.56	米 3俵 1.56
同	亦七	田 9.00	米 2俵 2.48	米 2俵 2.48
同	亀五郎	田 8.22	米 3俵 2.80	米 2俵 1.13
同	同	田 13.01	米 3俵 1.67	米 3俵 1.67
同	由五郎	田 10.23	米 2俵 3.44	米 2俵 3.44
同	久太郎	田 11.02	米 2俵 3.77	米 2俵 3.77
同	同	田 17.19	米 4俵 4.03	米 4俵 4.03
同	時造	田 10.15	米 2俵 3.14	米 2俵 3.14
同	牧太郎	田 10.28	米 3俵 0.26	米 3俵 0.26
同	儀八	田 3.02	米 1俵 3.69	米 3.69
同	新吉	田 8.13	米 2俵 0.83	米 2俵 0.83
同	栄次郎	田 1.21	米 2.00	米 2.00
同	松五郎	田 14.26	米 3俵 3.71	米 3俵 3.50
同	忠五郎	田 12.08	米 3俵 1.86	米 3俵 1.86
同	森吉	田 12.03	米 3俵 0.58	米 3俵 0.58
同	彦八	田 11.08	米 2俵 3.03	米 2俵 3.03
同	豊次郎	田 32.01	米 8俵 0.03	米 9俵
鳥羽井	平造	(田 6.02)	(明治17年より)	米 1俵 2.22
同	政五郎	(田 3.15)	(明治17年より)	米 1俵 1.27
小計	明治16年	田 273.29	米 72俵 0.03	
	明治17年	田 283.16		米 74俵 1.78

註　小林清家文書 No.1070 より作成．小作米 1 俵 = 4 斗 3 升入．

小作米の収取量は、以前とほぼ同額だった。

小林家は水田耕作による米、畑作による麦・大豆など、自家の保有米と種籾や家畜の飼料と一部の備蓄米を除き大方売却している。明治十四年の「穀物売上帳」(小林家文書一〇一三)によれば自作米と小作米を合わせて八四俵を売り上げている。当時小林家の小作米収取は五〇俵余りであるから、自作米三〇俵余を加えて出荷売却していたと考えられる。なお同家は明治十年より、金銭の融通貸付もおこない、同十五年の「金銭出入帳」(同家文書一〇五〇)を分析すると、貸付金一六二八円三五銭となり、同年の金利収入が二一四円五三銭となっている。

その後、小林家の小作経営に変化がみられるのは同十七年の畑小作地についてである。表35のように小作人八名が新たに加わり一町歩増となる。しかもその全てが同年七月より質地小作の契約である。この事情は明治十二年より同十四年にかけてのインフレーションにより米値段が上昇し、大塚周辺でも普通米一石＝一二円五〇銭で取引されたが、大蔵卿松方正義による不換紙幣の整理、銀行の整理などによるデフレ政策により普通米の取引値段も一石＝四円七〇銭に急落し、農民は大打撃を受けたからである。肥料をはじめ農業用品の購入代や租税の納入に窮した農民は、余裕ある近隣農家からの借金により切り抜けようとしたのである。担保物件として出した畑はそのまま小作地として耕作したのであるから、借財の返済が済み次第、原則的には小林家から小作人に戻されるものであった。

農民は自らの土地を耕しながら、年々借用金と利息＋小作料を支払うことになるから、畑は質流れになり手元を離れることが多い。その後、表35の小作人八名と一町歩余りの質小作地について、小林家の記録は沈黙している。

おわりに

本章は、幕末・明治初期における武州農村の中核的な農民の農事を検討したものである。用いた史料は、岡田家・

野中家・小林家の日記帳であるが、全てが当主の筆記である。

岡田家の半三郎は、入婿の立場から父上・母上と配慮して記録し、家の経済は父が握り、半三郎は農事を任される立場から、その詳細を記録し、また村社会の慣行もつぶさにメモしている。

しかし自己の感情や社会観を記すことは無い。断片的な文脈から、感情の起伏が解り、封建制社会における婿の立場の、やる瀬ない思いが窺われる。しかし、村役人の家筋を継ぐ気骨は烈しい。十一月十七日、川越藩からの御用金徴収に反発し藩役所に出頭、さらに勘定方を握る榎本弥左衛門屋敷に行き泊り込むなど、後年、明治の戸長制下の村指導者となる片鱗をしめしている。

なお、この日記帳は往時の家と村、幕末期におけるジェンダーの検討などに有益であろう。本章の日記抄録欄に女性の仕事を少々省いたのは、註(1)の青木美智子氏の研究が存在するからである。ぜひ参照されたい。

野中家の彦八郎が記した「作方帳」はいわゆる日記帳ではない。標題の通り、日々の農作業帳である。彦八郎の父、彦兵衛は中山道熊谷宿三七ヵ村惣代をつとめる家柄の大地主である。「作方帳」によれば彦兵衛が宿会所へ出て庶務に関わる記事も散見するので、農事外の事項もみられるが多くはない。彦八郎は日々農事の全てを記録し、耕耘の規模、労働力の多少と雇用数、農機具の補充、施肥の過不足など、農事の現状と後来、参考可能な記事にするという思いがあったようだ。少なくとも来る年の必要資料としての記事である。

本章は彦八郎の詳細な農事記録のなかから、養蚕に限定して検討を試みたもので、当時の経済的変動に対処し、投機的産業である養蚕に野中家が加わり、飼育の放棄にも成りかねない危機を乗り越える情況を垣間見たものである。大きな地主の細心な人遣いに経営観が理解できるのである。

小林家は、川越藩領大塚村において代々名主をつとめる模範的な本百姓だった。前掲のように維新後も戸長に就き、新行事を取り入れながら旧来の慣行も守り、年間の諸行事を率先しておこなうのである。藩政時代より上層農民であり、本田畑の耕作において年々の剰余が少額であっても無駄に消費することは無かった。日記にも伝統を固持し、氏神や菩提寺の行事はもとより、遠方からの勧化などにも応じた様子がわかる。

同家の日記は簡略ではあるが記事の数値に確実性があり、さらに日雇いの実数や、耕作反別を確認できる諸帳簿、金銭出納の記録など照合可能な史料が存在する。したがって構造的に近代的地主として成長する過程を、本章は確認しえたのである。

以上、本章に用いた史料は私文書として、多忙な労働の寸時を利した記事ゆえに、方言や作業を表現する地域独特の文言など、不明な事項もある。日記に関連する諸文書を今後とも併せ検討して、過ぎた時代の深層を確かめたいという筆者の感懐を記して擱筆する。

註

（1）岡田家文書「年中日記帳」は拙編『幕末農事録』（私家版、二〇〇七年）。『近世鳩山農事日記』（鳩山町文化財調査報告書第一集、二〇一〇年）に全文収載。なお同書を用いた研究に青木美智子「近世農民の日記を読む―家内女性の労働と休日へのアプローチ―」（『総合女性史研究』第三五号、二〇一八年）がある。

（2）野中家文書「年中作方諸用見附込帳」は埼玉県立文書館所蔵を用いた拙編『近世農事録』（私家版、一九九五年）の全文収載による。

（3）武蔵国の養蚕について『明治前日本蚕業技術史』（日本学士院日本科学史刊行会、一九六〇年）、『埼玉県蚕糸業史』（埼玉県蚕糸業会、一九六〇年）を参照する。

（4）「百姓四季の産、附百姓の身帯に常有事」は拙編前掲『近世農事録』（宮内庁書陵部本の民間省要）による。なお平川家本による村上直校訂『新訂民間省要』（有隣堂、一九九六年）が最新の成果である。

（5）近世村落史研究会編『武州世直し一揆』（慶友社、二〇一七年）に詳しい。

（6）養蚕農家経営より蚕糸業の展開について荒木幹雄『日本蚕糸業発達とその基盤』（ミネルヴァ書房、一九九六年）を参照。

（7）蚕種について鈴木芳行『蚕にみる明治維新―渋沢栄一と養蚕教師―』（吉川弘文館、二〇一一年）を参照。

（8）小林家文書「年中日記控帳」は川島町史編さん室提供文書による分析である。

第五章　近世地域社会をみつめる人々

第一節　近世社会における人々の鬱屈

——近世人の行動原理——

はじめに

江戸時代の人々＝主として農民＝の脳裏から離れない思考は、決定的に労働であり、総体として生産問題であった。それはひとときも離れず生活感情になっていた。消費の思考は、全くというくらい念頭に無かったのである。

また住居地域は閉塞されたような村落空間に限定されていたから、思考はあくまでも内向きで、生活上のさまざまな葛藤と、それから派生する鬱屈な悩みに満ちたものであった。内向きに頼る思考の解決への糸口は、村の伝統や習俗への向き合い方でもあった。

それゆえ、村社会と生産の変化がひきおこす葛藤や鬱屈を、人々は内向きに、利己的に克服しようとしたのである。それらの問題を、かれらの発した文書から、呟きにも似たような声に耳を傾けてみよう。

本章は武蔵国比企郡大豆戸《まめど》村において発生した名主跡式出入り・流鏑馬神事停廃出入りなどを紹介し、村社会の変質によって生起する人々の行動原理を、縺れる感情の表出をくみとりながら叙述したものである。

一　名主役跡式と座配争論——武蔵国比企郡大豆戸村名主左太夫跡式出入り

徳川八代将軍吉宗が職を九代家重に譲った翌年、すなわち延享三年（一七四六）十一月、武蔵国比企郡大豆戸村のりよ（別名まつ）という女性は入間郡大久保村に住む伯父の武左衛門の後ろ楯により、居村の名主宮崎七郎右衛門を奉行所に訴えたのである。その訴訟内容は「跡式相障り候出入り」というものであった。

りよの実父清水左太夫は大豆戸村草分の家に生まれた。清水氏諸家は古くより鋳物師で寺社に信仰上の名品を遺している。しかしながら左太夫の家筋は藤兵衛景知・景則以後、寺社の大物鋳造に携わった形跡がない(1)。また江戸時代には、代々名主役をも務めていたが、旗本知行所支配下の年貢収奪、すなわち御用金などの負担もあり、経営の危機に遭遇した。村年貢諸納入に窮した左太夫は名主を休役し大豆戸村を離れ、知行主の旗本富田家に奉公人として身を寄せることになるのである。

清水鋳物師という伝統と在村の権威を捨てる左太夫にとって、江戸の富田屋敷における夫役従事は屈辱的な境遇の変化であろう。その無念の心情を、大豆戸村真光寺の住持宛に書き残している。真光寺は清水家の菩提寺ではないが、信仰心の厚かった左太夫は、村に残す老母と幼子など住持に託したかったのであろう。また、村内における対立もあり、疎外された心情と深刻な恨みを述べるなど、村に存在する特有の鬱屈した情勢を垣間見ることができる。

左太夫は「書置事」を残し鋳物師家として大山石尊大権現へ大願を発し、さらに遺文を記すにあたり、その冒頭に「我身こそ　ここになきとてよろこへと　一念のこる　いかつちのくも」と詠い、末期の句として「いていなは　さそやよろこふ人あらん　思へはつらき　うきよなりけり」と結んでいる。

左太夫が此処を去ることを（他出）喜ぶ村人に対する雷のような怨念から始まり、辛い浮世に諦観してゆく心情が縷述されている。左太夫は自分が悪縁・悪果・悪年という具合に、生まれ合わせがよくなく、結局「年貢引負」に陥り、しかも世間から悪口をうけることになった。無念千万ではあるが是非無きことと諦め、ただただ信心は忘れずに生き抜きたい。なお、このような事態に追い込まれたからには、今後、岩をも通す一念で仕返しをしたいものである。真光寺様は御出家であり偽善のない身で在られるから、日頃、村方のものが左太夫を潰そうと考え、悪口讒言を言いふらしている事実を、隠さず御前に披露して頂きたい。また、老母が一生、朝夕貧しくも暮せるようにお頼み申したい。心に懸かるのは老母ばかりでありますので——と。

このような遺文を渡して享保十年（一七二五）頃、村を出たのである。そして「御年貢引負」分を江戸勤め、すなわち旗本家への夫役により相殺できれば、村に戻る所存であると周囲に伝えていた。しかし左太夫は再び故郷大豆戸村の土を踏むことはなかった。

左太夫は老母と幼い娘を残して江戸に出たが、僅かにして病死したという。その実情を伝える史料はない。また老母も清水一族の悲しみのなかで身罷ることになった。

それから数年、左太夫の一人娘りよは伯父のもとで成長した。伯父は大豆戸村の実家へりよを戻し、家督の再興をはかったのである。それは一族にとって当然の思惑であった。

まず、りよと伯父武左衛門は訴訟文において以下のように述べている。身上不如意になった左太夫は、地頭富田八十郎の屋敷に奉公したが享保十三年頃死去するに至った。その当時、りよは僅か四歳、当然のことながら家督を相続できる年齢ではなかったので、大久保村に住む伯父武左衛門方に引き取られ養育されたのであった。その後、寛保二年（一七四二）のこと、地頭富田八十郎知行所の役人が大豆戸村の検見に来村したおり、りよから左太夫跡式継承の願書が出され、江戸において認められることになった。そこで、りよは延享元年（一七四四）、隣村である入間郡小

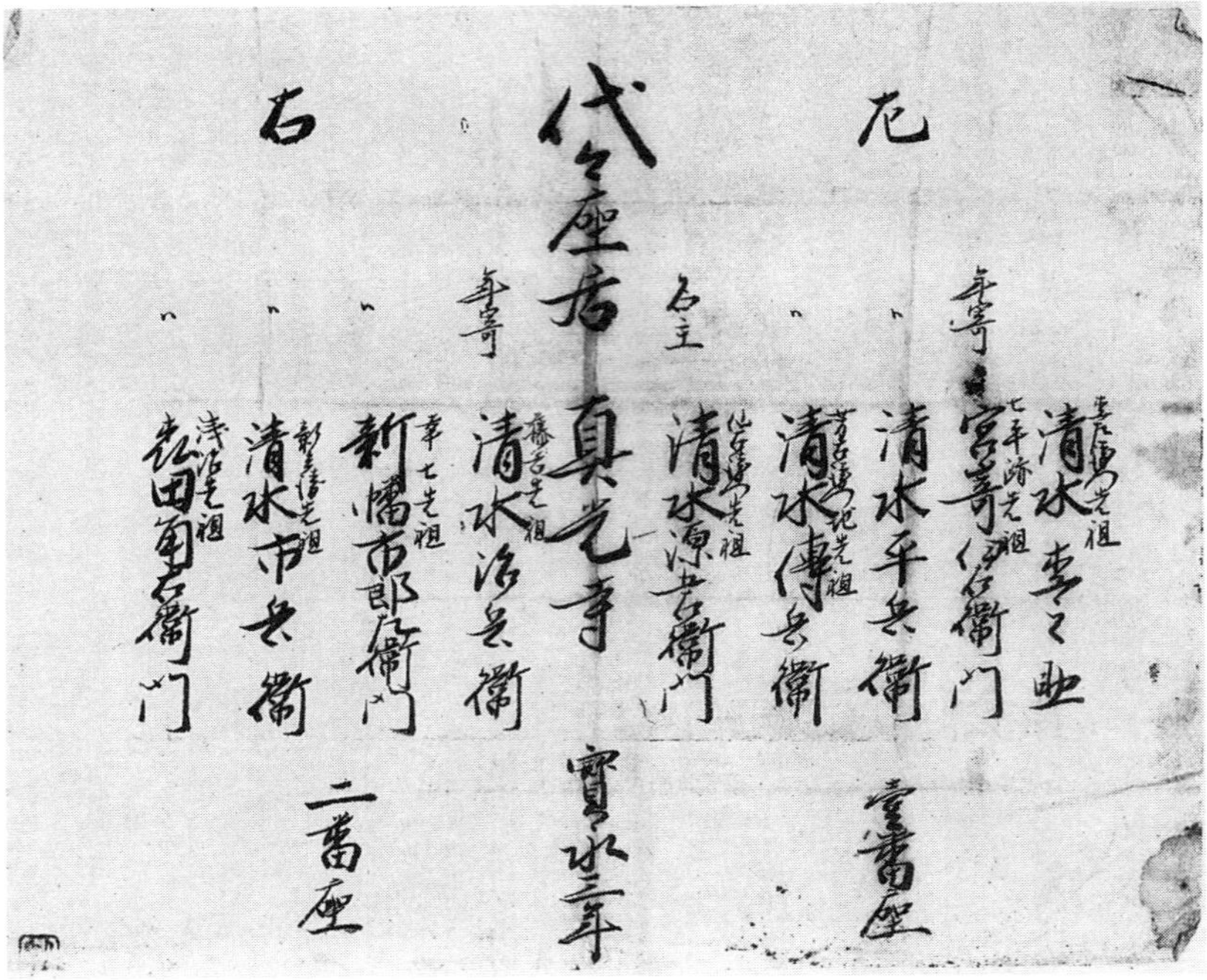

図3　真光寺施餓鬼供養座配

用村甚右衛門の倅安左衛門（左太夫従弟）を養子に迎えて、清水左太夫の跡式を相続し、村内住民もこれを認めたのである。

ところで比企郡大豆戸村の真光寺では、毎年七月十五日に施餓鬼供養がおこなわれ、村内大小の百姓が出席し、旧来からの伝統的格式により座配に従うのが慣習であった（図3参照）。

それにもとづき、養子の安左衛門が座配通りの着座を求めたところ、名主七郎右衛門は左太夫家の旧席に着座したうえ、安左衛門の席継を拒否したのである。

それのみか、村草創の清水家の家柄を否定して、養子となり継嗣した安左衛門を水呑同様に扱い、加えて安左衛門の居住さえ「まかりならぬ」と威嚇したのである。たまりかねた安左衛門は親元の小用村に戻り、再び大豆戸村に足を運ばなかったという。

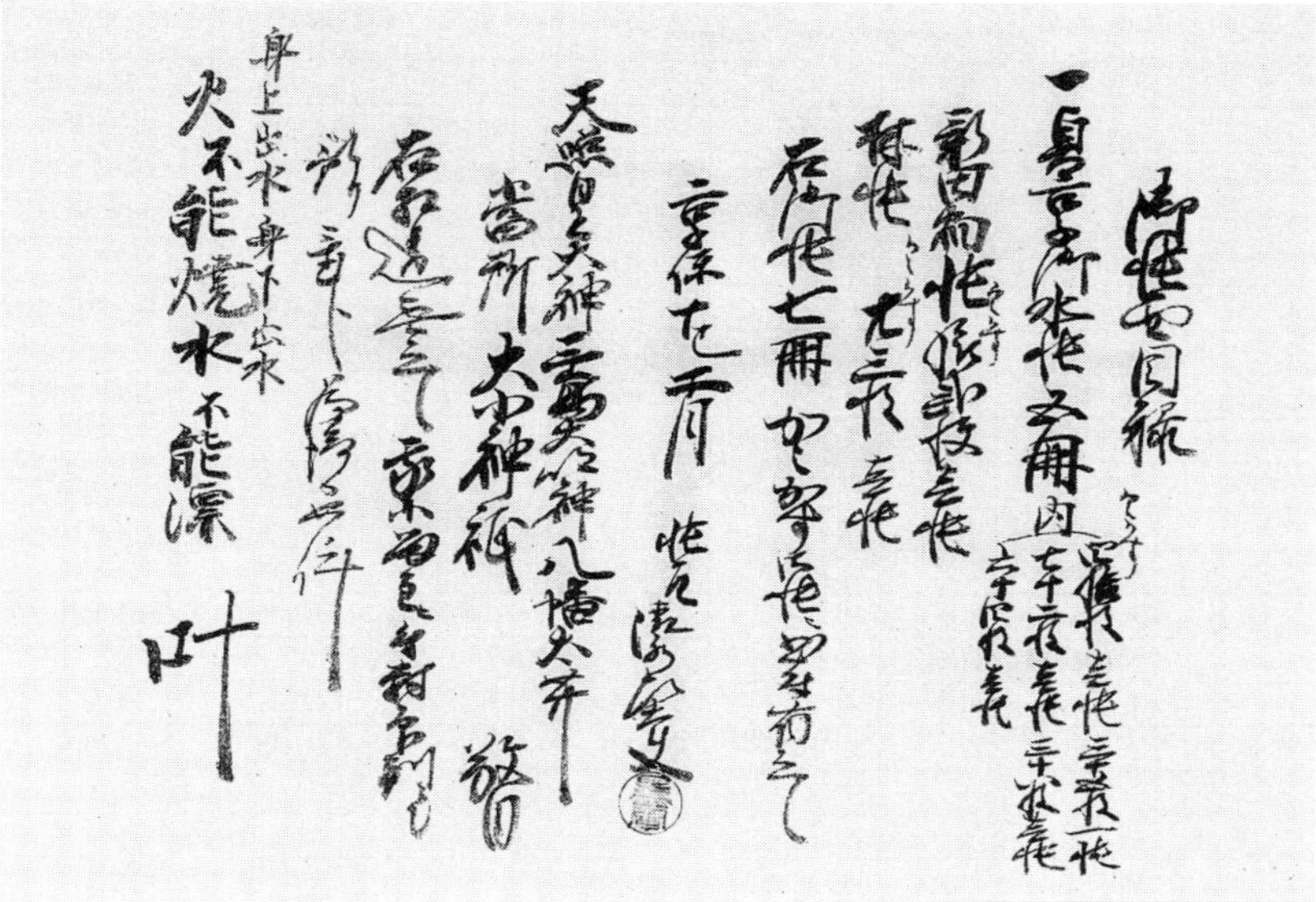

図4　清水左太夫遺言書末尾の村方「御帳面目録」

りよは一人暮らしに追い込まれることになったのである。真光寺における近世の座配がいかに形成されてきたか、検証する史料はない。ただし、清水家は該寺の檀家ではなく、中世鋳物師の伝統を継ぐ越用（小用）鋳物師、すなわち越用寺院の大旦那であった。

一方真光寺の檀家を代表する七郎左衛門家は、近世初頭の立派な墓塔をもち、大豆戸村草創の家柄であった。江戸時代中期を経て、真光寺檀家一族にとっては、檀家でない清水家が座配の筆頭に着座する伝統に対し、快しとせぬ空気が生じていたのであろう。

さて、一人暮らしになった、りよは、伯父武左衛門のもとに戻らざるをえなかった。それは父左太夫の跡式が鋳物師として屋敷のみで田畑は無く、安左衛門が入り婿として持参した田畑六反歩余の作徳により、新生活を始めたからであった。したがって、安左衛門との離縁は、名主七郎右衛門によって死命を制せられたのも同前であると、りよは悲しみ嘆いたのである。

また、名主七郎右衛門が左太夫跡式の復活を阻止した

表36　宝永～延享期，大豆戸村宮崎家の田畑集積（売買・質地証文による）

年代	場所	地目	面積	価格	売主	買主	証人など
宝永4，2	大沼	上田	1斗2升蒔	金2両	利右衛門	七兵衛	武右衛門外
宝永4，8	ようちくぼ	下々畑		金2分2朱	儀左衛門	七兵衛	市郎左衛門
宝永4，9	夜打久保	林		金2両	儀左衛門	七兵衛	市郎左衛門
宝永4，12	右田	下畑	5畝27歩	金6両1分	伝兵衛	七兵衛	武左衛門
宝永5，9	ようちくぼ	野銭山		金3両	太兵衛	七兵衛	儀左衛門
宝永5，10	えこ田	田と山	1反1畝24歩				
同	まい山	山	山5畝歩	田山合計金12両	甚五兵衛	七兵衛	名主武右衛門
宝永6，2	大門さき	中田	7畝16歩と山				
同	なかみね	山	40×41間	合計金10両質金	次兵衛	七兵衛	与五左衛門
宝永6，2	まい山	山	全部	金2両2分	伝兵衛	七兵衛	名主武右衛門
宝永6，6	はて山やつ	畑	1反1畝1歩	金3両2分質金	太右衛門	七兵衛	名主半蔵
宝永6，7	熊井境	山畑	7升蒔	金1分800文	三右衛門	七兵衛	儀左衛門
宝永6，8	熊井境	山畑	6畝24歩				
同	むじな塚	山畑	5畝20歩	合計金4両	利左衛門	七兵衛	三太夫
宝永6，8	えご田	畑	麦1斗5升蒔	金4両2分	角平	七兵衛	吉左衛門
宝永6，9	はと山	林	6畝3歩				
同	同	下々畑	2畝26歩				
同	同	山畑	18歩	3口計金3両2分	伊兵衛	七兵衛	助右衛門
宝永6，10	えこ田	畑	大麦1斗蒔	金3分	郷左衛門	七兵衛	勘右衛門
宝永6，10	はて山	山	3畝29歩				
同	同	林	26歩	2口計金2両	勘左衛門	七兵衛	長五郎
宝永6，11	すわ山	山		金1両3分	太郎兵衛	七兵衛	権太郎
宝永6，11	すわ山	山		金1両3分	勘兵衛	七兵衛	源兵衛
宝永6，11	きたん	山		金3分	与五兵衛	七兵衛	勘兵衛
宝永6，12	はん山	林		金1両3分	をさ	七兵衛	名主武右衛門
宝永7，10	天神之上	下畑	7畝8歩	金4両	次兵衛	七兵衛	与五左衛門
宝永7，2	大沼端	山	8×41間	金1両3分	次兵衛	七兵衛	与五左衛門
宝永7，10	八兵衛前	畑	大麦1斗6升蒔	金4両2分	伝兵衛	七兵衛	武右衛門
宝永7，12	くつがた	下田	4畝22歩	金2両3分	勘右衛門	七兵衛	郷左衛門
宝永8，2	羽白場	上畑	5畝10歩	金10両質金	三太夫	七兵衛	名主半蔵
宝永8，4	須江前	畑	麦1升蒔	金3両	安兵衛	七兵衛	伝兵衛
正徳3，4	大門崎	下田	4畝3歩	金1両3分	孫兵衛	七郎右衛門	孫蔵
正徳4，12	大道の下	下田	1反2畝12歩	金2両2分	市郎兵衛	七郎右衛門	名主半蔵
正徳5，2	五反田	下畑	1畝8歩	金2両2朱	利左衛門	七郎右衛門	与五左衛門
正徳6，4	西畑	畑	5斗蒔	金7両質金	武左衛門	七郎右衛門	源兵衛
享保2，6	前畑	畑	1斗蒔	金3両2分	角平	七郎右衛門	勘左衛門
享保2，8	上台	畑	麦4斗蒔	金5両	政右衛門	七郎右衛門	万助
享保2，10	松之木田	中田	8畝1歩	金6両	五兵衛	七郎右衛門	源兵衛
享保2，12	くつかた	中田	3畝11歩	金3両	伊兵衛	七郎右衛門	助右衛門
享保2，12	新屋敷	下々畑	4畝14歩	金4両	一郎兵衛	七郎右衛門	吉左衛門
享保6，12	五反田	畑	麦5升蒔	金2両1分2朱	源蔵	七郎右衛門	左太夫
享保7，4	上台	中畑	6畝	金4両	市郎兵衛後家	七郎右衛門	名主左太夫
享保7，6	せ戸の田	中田	3畝27歩				

根本的理由は別にあったという。縷述のように、元名主左太夫は「身上不如意」により出府し、知行主富田家に奉公、当然名主は休役となり、村公用文書も継ぎ送りとなった。しかし、左太夫は休役中、大豆戸村検地帳などを封印した史料「御帳面目録」（図4参照）を村に残し、帰村のうえ公用文書を開封して、村御用を継続担当する考えであった。享保十年（一七二五）、左太夫は封印した七冊の田畑基礎台帳を村に預け、さらに開封は左太夫立会いによること、また、左太夫帰村の節、直ちに右の検地帳を清水家に返却すること、などと記した証文を取り交わしていた。したがって今回（延享元年）、左太夫跡式も成立したので、養子安左衛門は七郎右衛門に対し、公用文書の返還約定の遵守を迫ったのである。

このような状況に接し、七郎右衛門はさらに名主役返上に連動する要求が安左衛門側より生ずることをおそれ、左太夫跡式復活を拒む企みをなしたのであろう、というのが、りよ・武左衛門の主張であった。りよ側はその証拠として、名主七郎右衛門は「左太夫地分けの親類」すなわち、清水家側の一部を籠絡して、りよ・安左衛門の身分復活についての願書を地頭所に提出しないようにとの、証文を書かせていたと指摘したのである。概観すれば以上のような展開であった。なお表36のように七郎右衛門家の経済的成長を背景とする村内事情でもあるが、近世初頭以来の、村草創期より内包した負の情念が、ながらく漂流しつつ伝えられていたのであろう。それが、村社会の一面である。

二　流鏑馬神事の停廃争論——武蔵国比企郡大豆戸村三嶋神社流鏑馬出入り

前項において検討した、延享三年（一七四六）大豆戸村の旧名主家の復権運動は水泡に帰した。同村における家格の変動の背景に、伝統的鋳物師職の維持と、新興の鋳物師職への転換問題が存在した。左太夫は主に寺院関係の銅鐘を鋳造する伝統と、名主の家格によって心をささえていたが、結局、江戸において病死せねばならなかった。

一方、大豆戸村の鋳物師職集団から日用品生産に進出する家も出現し、蔵人所真継家の免許状を得て成長したのである。中世の越用鋳物師から展開した近世鋳物師も、転換の時代にあったといえよう。左太夫家の衰退に加えて村は伝統神事の衰微をむかえていた。

それは流鏑馬神事の終焉である。

吉田稔氏の研究(2)によれば、武蔵国比企郡大豆戸郷の三嶋神社祭礼では古来、流鏑馬神事が挙行されていたという。大豆戸郷は『鳩山の中世』（『鳩山町史編さん調査報告書』第七集）に紹介されたように、かつては越生氏の所領であったが、観応の擾乱（一三五〇）に際し鎌倉の足利直義派に属したため、尊氏により没収されたのである。

その後、鎌倉府の御料所となり、変遷をへて武蔵の守護上杉禅秀の重臣明石左近将監に宛行れたが、三嶋大社文書によれば、応永二十三年（一四一六）十月、上杉禅秀の乱後、明石左近将監は鎌倉公方足利持氏により所領を没収されたようである。

翌二十四年十月、大豆戸郷の左近将監跡は足利持氏により、武運長久祈願料所として三嶋大社に寄進されたのである。またこの日、足利持氏の意を受けた関東管領上杉憲基は、武蔵国守護代長尾忠政に対して、この一件にかかわる施行状を与えた。

文書には寄進状の趣旨を守り、早急に下地＝大豆戸郷について三嶋神社の雑掌に沙汰するようにと命じている。すなわち、守護代長尾忠政は施行状の意に従い、配下の奉行人に打渡状を発給したと考えられるのである。このときの打渡状が発見できるならば、大豆戸郷の十五、六世紀の世界、三嶋神社の勧請由来などが、伝説の殻を破り史実として解明できるであろう。

三嶋神社へ流鏑馬を奉納する式祭の起源は不明である。毛呂大明神など近在の神事が参考になろう。結局、大豆戸郷の流鏑馬は、文政九年（一八二六）に終焉を迎えることになるのであるが、この神事出入りの僅かな文書から窺知する以外に方法はない。しかも断簡を含む五点の文書からである。流鏑馬神事の具体像を知ることはできないが、出入りにおよんで記された文書の下書きによれば、次のような事態が把握できる。

文政九年十一月、大豆戸村組頭政右衛門が惣代となり知行主富田宮内に出した願書には次のようなことが述べられている。

大豆戸村の組頭政右衛門を含めた一三人の農民は、当村鎮守真光寺支配の三嶋明神の祭礼日、九月二十九日に往古より「馬乗り的」（流鏑馬）神事をおこなっている。この一家（イッケ）は「家苗」（苗字）を清水と称し、祭礼一番的（まと）を勤めてきた。

二番的は組頭亀右衛門・同源左衛門一家（新幡・宮崎）で隔年につとめている。

三番的は別当真光寺が他の家苗を頼み勤めるしきたりであった。

ところが昨年（文政八）の流鏑馬神事を前にした八月、真光寺の住持は三苗の者を呼び集め、流鏑馬神事に用いる衣装が古び、しかも破れて見苦しいので修復したいとの提言をした。

三苗が相談におよんだところ、亀右衛門・源左衛門一家は金六両を出金する。清水家苗は一番的をつとめるからには、同様に金六両を負担すべきであり、難渋ならば他組へなりとも無心して出金してほしい、との住持の提言となった。しかし一三人の清水家苗は家計不如意、そのうえ田畑不作が続き難儀至極の状態であり、出金は覚束ない。なおまた従来、祭礼衣装は疎服であっても、伝統的な神事を十分担ってきたのであるから、それに準じて少金でおこないたいと申し入れたのである。

これに対し二苗のものは、衣装は定紋付きに美々しく仕立て、今後の管理は各居宅持ちにしたいとの意見であった。しかし、清水家苗の意見は従前のごとく、衣装番号は的番通り一・二・三と印し手軽におこないたい。経費を過分にかけ年貢納入や経営に支障を来たしてはならないと主張し対立した。結局村役人がなかに立ち、この件は一年間の預かりとしておき、ともかく同八年の神事は九月定例のように執行されたのであった。

翌文政九年九月、定例の流鏑馬神事をむかえ、村役人の配慮やおのおの思惑もあったが、清水家苗にとって、大金の拠出は困難であり、ことに神事の古例に悖る計らいは、神慮に対し不本意でもあるので、神事祭礼を中止することを申し出たのである。

真光寺の住持はこのような縺れの続くなか、同年八月より十一月まで江戸に出て不在であった。祭礼の前月より出府したのは、流鏑馬神事の行き詰まりに困惑していたからであろう。江戸よりもどった住持は、十一月初旬、さっそく三苗の者を呼び寄せて次のように伝えた。

往古よりの仕来たりである流鏑馬神事が執行できなければ、寺務怠慢になる。したがって全容を寺社奉行所に訴え、裁許を仰がねばならない。そのため在府などの費用として一日につき銀四匁を要するので、寺方で二匁、他の二苗から二匁を負担し、なお寺社奉行所よりいかなる下知があってもこれに違背しない、との一札を出すようにとの要求であった。

清水苗一三人はこれに対し富田家に文書を出した。すなわち、このたびの件は迷惑至極な仕方であり、真光寺の主張には納得できない。清水苗は神事祭礼を妨害せず、金銭を要する新衣装は作らず、祭礼装束は古来の疎服であっても、仕来りを守って執行したい、との立場である。寺僧が奉行所に対していかなる理由をつけて訴訟をおこなうかわからないが、相手とされるわれわれ一三人は極貧であるから、訴訟経費など諸雑用の出銭は困難である。何卒、以上の状況を賢察されて、真光寺側の源左衛門・亀右衛門一苗を召出し、清水家苗一三人の主張である古例による神事祭礼の執行を命じて頂きたい、と記して知行主の富田宮内宛に願書を提出したのである。

ところで大豆戸村は、近世関東地方の村々と同様に一般的な相給村落であった。領地の知行石高分けは、村落内の一族結合を分け知行（分知）で切り離す場合もままみられた。それは近世の封建領主支配の特徴でもあった。大豆戸村も近世初頭の内藤氏知行から、元禄の地方直しにより、旗本富田・西尾氏の二給知行村にかわっていた。文政期には次のような構成である。

富田宮内知行―三六五石二斗八升七合五勺―四七戸

西尾藤四郎知行―一一三石八斗七升九合―一二戸

さらに流鏑馬神事の縺れにかかわる史料より判明したことは、清水家苗一三人のうち九人が富田知行分、四人が西尾知行分に存在し、事件の展開により行動も変化するのである。

さて、組頭政右衛門が願人惣代となって右の願書を地頭富田宮内宛に作成したが、差添え人が無かった。通常、訴願やこの種の願書には惣代とともに差添えが必要であった。地頭所に提出する場合、江戸の公事宿からの差添えが求められ、それが定式化していたからである。右の願書は政右衛門単独の惣代とみなされ、実現しなかったらしい。次いで同年十一月十二日、あらためて組頭祐右衛門が願人惣代、組頭武右衛門が差添えになって願書を作成した。その内容は前と同一文言であり再度の提出をはかったものである。なお願書の記名に清水家苗の四人が相給旗本西尾知行に属し、同知行分の名主を清水弥惣治が担当していたことがわかる。したがって富田知行所において、名主を長く世襲した清水家苗の左太夫が、享保年間に家運つたなく江戸へ出るまで、富田・西尾両知行所とも、清水家苗の家筋が名主役をつとめていたとみられるのである。

中世末から近世にかけて、清水家苗の地方小土豪は、分家などにより小規模名請けの本百姓となり、分出をかさねて零細規模に陥り、しかも家筋をほこる名主に対し旗本の収奪は、先納御用金などの名目でかけられ、同家苗の凋落に拍車をかけたのであろう。

村内のこのような動向が、伝統的な流鏑馬神事に波紋を及ぼしても不思議ではなかった。

また清水家苗に対抗した他苗は真光寺の檀徒であり、同寺本堂が壊れ、延享元年（一七四四）十一月、再建のはこびとなったおり、檀中施入の上位は、金三両と須弥檀を院号居士の名主宮崎七郎右衛門、金一両二分と道場前三間天井を居士の宮崎宇左衛門・同様に宮崎滝右衛門、その他金銭に加えて堂舎付属の欄間・畳・障子・壁・茶湯間天井などを新幡・富岡・根岸・斎通・西沢などの信士が施入した。

そのおり天正十七年（一五八九）上田能登守創立と伝えられる日影村日蓮宗東光寺の檀徒であった清水家苗からは、清水武左衛門が二両、清水与五左衛門が三分、清水政右衛門が二分など奉納している。流鏑馬神事を執行する三嶋社が真光寺持ちであり、宗教心と村落協調の志をもって施入に及んだのであろう。

右のような事情のなかで、一番的より三番的まで、おのおの順番を明記するいでたちを止め、家紋付きの新衣装を調製し家苗ごとに豪華を誇り、その順番などを蔑ろにする方式が、表向き真光寺より打ち出されたのである。したがって、旧来の家筋の格を固守しようとする清水家苗にとって、到底賛同しうることではなかったのであろう。

村内において微妙な立場に陥った清水家について補足すれば以下の通りである。

清水家苗は中世から武州越用鋳物師の伝承をもち、旧族の誇りを伝えていた。家苗の本家であった名主清水左太夫は享保十年（一七二五）、家をすてて江戸の知行主富田家に身を寄せる前に、先祖代々の記事を残している。年代を記載しないが、各代々の名乗りを次のように掲げている。

越用立眼景長―同式部景広―同修理景久―同土佐守景時―同主膳太夫景光―同大部景玄―清水内匠景利―同外記景時―同善左衛門景広―大石新右衛門景蔵―同縫之助景清―清水隼人助景朝―清水藤兵衛景知―清水藤兵衛景則―清水源五右衛門景定―清水左太夫景庸（享保七年、本人景庸花押・印章）。

一方、延享元年（一七四四）真光寺再建時代の有力檀徒で前掲施入金上位の宮崎七郎右衛門家は、「宮崎家代々記録」によれば、初代として慶長十一年（一六〇六）没の常志院実相道相居士をあげ、二代が承応二年（一六五三）没の光山道明居士、三代は貞享四年（一六八七）没の喜本浄栄居士、四代は元文元年（一七三六）没の蓮葉院真宝光見沙弥、五代が明和三年（一七六六）没の常照院理空円智沙弥と続く。

なお宮崎家明細書によれば、この五代常照院理空が七郎右衛門である。七郎右衛門には子供がなく、入間郡小用村清水定右衛門の次男与市を養子にしたが、伊勢参宮の帰途、信州芦田宿において病死したため、ついで埼玉郡上手子林村酒巻兵右衛門の次男柳七をむかえ、客死した与市の妹と養子合わせにしたのである。

養子柳七保周の実父酒巻兵右衛門は上手子林村に住み、旗本富田氏の家来に取り立てられていた。宮崎七郎右衛門は柳七を養子に迎えるにあたり、富田安房守に願い、その斡旋により大豆戸村宮崎家をつがせたのである。柳七は旗本富田氏より苗字帯刀・高一〇俵・御中小姓格御知行方取締り・代官並に任ぜられ、大豆戸村に在住して旗本の家来役人となったが、寛政十一年（一七九九）に病没した。

柳七の四男礼七も同様に知行取締り代官並に就き、さらに江戸において近習格を命じられ、文政七年（一八二四）、宮崎礼七は石川勝右衛門・石川新五郎とともに知行所財政改革に参画し、富田家一〇ヵ年分暮らし方仕法を確定し、給人格となったが、同年三月死去したのである。

流鏑馬神事をめぐる出入りは礼七の嫡子柳七惟孝の時代に生じている。惟孝も祖父・父と同様に富田家の役職に就いたが、文政九年八月、病弱を理由に退役して村にもどったのである。そのとき、軌を同じくして真光寺住持から、清水家苗に持ちかけたのが流鏑馬一件であった。

以上のようななかで、真光寺が出した新規提案に対し、前述のごとく、最初、反論を加えたのは富田知行所内の清水家苗であった。相給知行分の名主弥惣治など清水家苗四人のものは、西尾知行分であるがゆえに、願書末尾に連印したようであった。

そしてこの四人は、あらためて知行主西尾藤四郎に対して訴願書を提出した。すなわち、氏子一同の席上で三組乗馬の流鏑馬神事を旧来の通り、装束修復のうえ執行すると決定したのにも拘わらず、相手の組は、このたびの修理には多額の金銭をかけ、定紋を装束につけ、祭礼の場で家苗の名声をあげると通告してきた。

そこで清水家苗側は、西尾知行所内には相手家苗のものが存在するのであるから、吟味のうえ、旧来の仕法で執行し、睦まじく弓を納めることができるように、知行所は御威光をもって命じていただきたい、との強硬な訴願書を出したのである。

この一件に関して初めて訴訟文が作成されたのである。西尾知行所宛の訴人は次の通りである。

文政九年十一月　百姓幸次郎など四人、西尾藤四郎宛訴状

訴訟人　幸次郎　武左衛門　幸右衛門　名主弥惣治

右四人惣代兼訴訟人　幸次郎

このように富田・西尾両知行所に清水家苗から交々、願書・訴状が出されたが問題の解決に至らなかった。宮崎家苗の力量は圧倒的であり、富田・西尾両知行所内では清水家苗の主張は容易に通らなかったのである。大豆戸村の文書で判明する動向はここまでである。

ところで毛呂郷の入間郡平山村平山家に、この出入りに関する同九年十二月、西尾知行所の訴訟人百姓幸次郎が、武左衛門・幸右衛門・名主弥惣治が煩いにつき、惣代として提出した訴状が存在する。

平山家は毛呂郷惣鎮守八幡宮の修復・勧化などに応じていたので、大豆戸村における神事出入りに多大の関心をもって筆写したのであろう。訴訟人幸次郎が十一月に西尾知行所に提出し、ついで翌月、あらためて奉行所へ訴えた文書とみられ、大豆戸村の構成および神事・習俗が簡潔・明白に叙述されている。

この訴状は「昔からの仕来りを破り候出入り」といい、訴訟人は大豆戸村字清水組と称し、弥惣治・幸右衛門・武左衛門・幸次郎の四人、前述のように三人煩いとして、代兼訴訟人は百姓幸次郎である。相手は同村字宮崎組の源左衛門・元吉・嘉藤次・伊右衛門・惣吉・安兵衛・勘右衛門・音五郎・勘七・長左衛門・文左衛門・与兵衛後家ぬい、同村字新幡の直右衛門・七郎兵衛・又四郎・武兵衛・良右衛門・藤兵衛・新兵衛・久兵衛・市左衛門・忠三郎・五左衛門・幸七・清右衛門を挙げている。

訴訟人幸次郎はいう。大豆戸村は二給村で高四五〇石余、家数は六〇軒、公用・私用とも近所同士の組合わせでつとめている。村の鎮守は三嶋明神で往古に勧請され、御朱印地を頂戴している。同社の別当は新義真言宗真光寺であり、毎年国家安全祈念の祭礼にあたり、矢槼神事（やふせぎ・やぶせぎ・流鏑馬）を執行しているが、矢槼の勤め方は一番・二番・三番と定められており、一番は清水家苗、すなわち字清水組に属する富田宮内知行所名主与五左衛門など八人、西尾藤四郎知行所名主弥惣治など四人、計一二人の勤めである。

二番は字宮崎組と字新幡組が隔年で勤め、その構成は前掲の人数である。

三番は別当真光寺が勤めたのである（逐年真光寺に選任される家苗）。

しかるに近年、宮崎組の元吉は威勢を奮い、宮崎・新幡両組の小前共を抱きこみ、村内を混乱させている。すなわち、去る八年の祭礼のみぎり、華麗な衣装を新規調達するための出金要請を強い、また、的番を定紋衣装にかえるなど旧例を否定する仕方であった。

この企ては清水組の抵抗と組合・近村の仲介により、旧来の仕来り通りに収拾し執行した。ところが今夏も伝統ある神事を否定し、新規の執行を主張したためさらに縺れ、不法にも豊作祈禱を含め神事祭礼の執行が不可能であった。この事態は畢竟、宮崎・新幡両組が清水組の一番乗りを遺恨とし、高額の出金による難題を押し付けてきたからである。元来、村方の神事は家苗の組成段階より高下があり、それは当然のことと考えられてきたものである。清水組は祭礼当日、三嶋明神の宝殿に昇り、供物・神酒の奉納をおこない上階に留まる仕来りであり、他組の者は宝殿の下において同様の奉納をおこなっていたのである。いわば座配の習俗は伝統的であった。

また、流鏑馬の執行にあたり一番乗りは丸の中に一の字を記し、以下二・三と付けたのである。この作法を改めおのおの定紋を付けて執行するなどは、仕来りを崩すのみならず、清水組の困窮を見透かして、現今の威勢により故実の逆転を企むものである。

さきに富田知行所に属する清水組与五左衛門など九人のものは、宮崎組などの旧例否定に対して抗議、その中止を知行所に願っている。したがって西尾知行所に属する清水家苗四人も、この出願に合流すべく意思表明をしたところ、相手の宮崎組は強引に合流阻止を策動した。このままでは村落の習俗はもとより、旧来の鎮守祭礼、それを執行する格式も崩壊してしまうのである。なにとぞ宮崎組の元吉・源左衛門など五人の重立ちを召し出し吟味し、往古仕来りの神事を守り、村落内の融和を取り戻すように裁許を願いたい。

以上が平山家に遺された詳細な訴状である。

富田知行所においては、清水左太夫の退転以来清水組は凋落を続けていた。しかも宮崎家はその本家が、富田知行所の役人となった酒巻兵右衛門より養子を迎えて、とみに威勢を張っていたので、清水組の見解が認められる状況ではなかったのである。そこで、相給知行の西尾家に属する清水組四人が劣勢を強行突破するため、あえて奉行所へ訴願を提出したのであろう。

おわりに

封建村落内における「家」や「家苗」（族・氏）の対立や葛藤は恒常的に存在した。ここでは言及しないが、整理すれば数種のパターンがみられるであろう。鬱屈した大豆戸村のこの争いは、旧家・職能・伝統的宗教行事・菩提寺の異相・相給村落の知行分け・経済力の変動・知行主との結合などが、複雑にからんで生起したものである。

結局、「年貢引負」の責任をとった左太夫家の悲劇的な凋落は、伝統の衰退を露にした。

また流鏑馬神事一件は、宮崎家苗の柳七惟孝と真光寺が、村落における神事執行の優位性を奪取せず、清水家苗の家筋が、わずかに残していた伝統の光芒を、すなわち、神事を否定し、それを終焉に導くことにより、自己の力量を確立したのである。

それは宮崎家苗の三代が、石高制知行による領主支配の権力編成についての論理を、在府・在郷の旗本知行所役人として熟知し、また清水左太夫の悲劇を眼前にみて、「他山の石以て玉を攻むべし」（它山之石、可以攻玉＝詩経）と、深く配慮したからであろう。

第二節　幕末・明治期における淘宮の展開
――自助論的人格淘治の修行――

はじめに

本節は横山丸三が創始した淘宮（淘宮学・淘宮術）の展開を検討し、幕末・明治期における精神修行の一端を解明するものである。

人々は社会生活のなかで、さまざまな自己認識を確立していく。その試みは人々の在り方によって異なるのであるが、たとえば物質的な富の獲得や、あるいは精神的な学芸の探究などの欲望も、全てその行動の根源は、生きるための「こころ」の哲学から出発している。それは時代が封建制から近代に移行しても、それぞれの社会固有の規制下において、あるいは反発し、あるいは妥協しながら、自己の探究にすすむのである。それは人々の直面する多様な問題のなかから生起するものである。その一端である淘宮は、精神修養により人格の陶冶を達成する「こころ」の哲学として「淘《よなぐ》」ことを原点として発するのである。

淘宮の全容にわたる史的考察はみられないが、幕末・明治期における民衆の思想的展開の一つとして論述された成果を知ることができる。周知される研究は以下の通りである。

まず大槻宏樹氏は一九六三年より、近世社会教育研究の観点から心学・富士講などの分析に加えて淘宮をあげて、これらはともに社会教育として、学派超越した実際の「生き方」を体得する教化方法をとったものであるとされた。

ただし淘宮は、身を淘げ、身を捨てる意味で、己を知り、気質の変化に工夫精進をこらすことを説き、道歌にも知恵を排し専ら身をよなげることによって徳（得）に至ることを掲げ、その特性として開運創造への教化方法を口伝によって達成しようと試みたとされている。(3)

ついで安丸良夫氏は一九七四年、民衆思想史の研究から、近世中後期以降、民衆の世界観形成の主要な原理は「心」の哲学であるとして、心学・富士講・報徳社・大原幽学の思想とともに、「心」を鍛える独自の方法を発展させたものとして、淘宮術・吐菩加美《とほかみ》講に言及している。安丸氏は淘宮術が本心の宿る宮を淘汰することを意味するとして、淘宮が個人の生まれた干支によってその性格を分類し、それぞれの性格にふさわしいように精神修養をはかるもの、すなわち個人の性格の相違を具体的にふまえようとする点で、「心」の哲学の経験心理学的な方向への発展を意味していた、と位置づけられた。そして受容層が豪農・地主・商人の主人・小工場主などであったとし、それは井上正鉄の吐菩加美講の受容層と同質とみている。(4)

さらに小木新造氏は一九七五年より一九八三年にかけて、神奈川県高座郡橋本村の地主、相沢菊太郎の七八年間の日記を分析し、菊太郎が営農・公務のかたわら、淘宮修行に力をいれたのは、人格を淘げ、精神修養による自助論にも通じた人格陶冶・常識涵養の生活指導理念に心酔したからであると、淘宮受容の実態にふれている。(5)

右の三著は淘宮の全容にふれたものではないがその指摘は重要である。以下においてその展開と地方における受容について、若干の考察を試みることにしよう。

一　横山丸三と淘宮の展開

幕末期に淘宮を唱えた横山丸三（以下、丸三と記す）の活動を伝える史料は少ない。しかし門人により淘祖丸三の思想と指導について語る記録は種々残されている。また丸三の伝記は六皆伝のうち五番に皆伝をうけた不老庵飯田勝美により着手され、のちに最初の皆伝者、竹元斎佐野量丸の門人大井正元によって完成されている。(6) はじめ、「淘宮元祖先聖伝」と題し慶応四年（一八六八）に著わされ、格調高い文辞は巷間に淘宮の真実を喧伝するところとなった。しかし、「其文意及び用語の高尚なるがゆえ、縦令へ仮名傍訓を施すといえども、読書の素養なきものにては、未だ容易に会得し難き所なき能はず」という、安井一守らの考慮により、明治四十一年（一九〇八）三月、原著の意を体し『春亀斎　横山丸三先生御伝記』という小冊に成し刊行したのである。

淘宮は幕末より明治以降今日にいたるまで、日常心の哲学として、淘ぐ修行をすすめ、多くの人々に善導を齎したが、創始者の丸三の事績は巷間に伝えられることが少なく、近代の刊行書も二、三の人名辞典に収載されるにとどまっている。(7) したがって前記の「御伝記」により丸三の履歴について大方の知見は得られるが、その人となりは、淘宮を学び、自己の研修と社会の善導に献身する人々にのみ、理解されているに過ぎなかった。

しかしながら、幕末期に丸三のもとにはせ参じた多数の衆庶は、天変地異をはじめ経済的変動などに苦悩し、天源学から発した淘宮という心の修行に没頭した。開運の教義を学び、負っている宿命を、生来の気質を矯正することによって、その宿命を打破し開運に導こうとしたのである。人の性格・気質を生年月日と観相により認知し、生まれつきの癖を淘げ・洗練して本心をたもつならば、幸いを得るというのである。衆庶はこころの安らぎに到達する、日常的哲学を模索していたので、淘席に出で淘話や道歌により、淘ぐ精神修養を学んだのである。「御伝記」から、その一端を窺知できるのである。(8)

1　横山丸三の出自

淘宮術の祖春亀斎丸三は横山氏、名を興孝、通称を三之助と称した。源姓にして家紋は上り藤、父を三五郎、母を嘉宇子といい、共に武州川越の人。家は代々農業であったが、父は江戸に出、縁類の伝により抱入りとして幕府御広敷小使に就き、後に御下男に進み、文化十四丁丑年（一八一七）五月五日に没した。丸三は安永九年（一七八〇）四月二日、江戸小日向武島町に生をうけたが、幼少より病弱、寛政二年（一七九〇）内障眼に罹り、種々治療を施したが全快せず近視眼になった。そのため眼医師や母親は眼労を避けよと、『大学』一巻の素読も止め、音曲をすすめ「したかた」（下方）すなわち、鼓・笛の技を学ばせ、後に名人と呼ばれるにいたった。

丸三は文化七年五月二十八日、父三五郎が隠居したため家督を相続し御下男に就き、同年十二月二十七日、小普請組入りとなった。このことは同家が三五郎のとき、譜代の御家人になっていたことを示している。同十二年九月十四日、三六歳にして、御留守番同心に就き、文政五年（一八二二）十二月二十七日、四三歳にして御留守番同心組頭に進んだ。丸三の内室は梶子といい二女・一男をもうけた。梶子は田安家の物頭野崎藤五郎の妹であった。横山家は俸禄三両一人扶持をうけ、同心としての二〇俵二人扶持をもってしても、家族六人暮らしは窮迫し、「したかた」の余芸をもって糊口を補うことを余儀なくされた。後述のごとく、丸三は天源術より淘宮術を創始し、多数の弟子をえて、天保八年（一八三七）に同心組頭を辞し、同十一年致仕、嗣子辰蔵が継ぐと、同十四年、剃髪して道号を丸三と称し、別に春亀斎・木黄山人・小晌莽・淘山人・百田楼・毛淘人・不学・千亀・支牀等と記している。後述のように、嘉永元年（一八四八）、六九歳のおり、幕府の糾問に対応して圧迫を避けたが、嘉永七年七月、御成道の井上筑後守正和（下総高岡、一万石）邸の淘席で病を発し、門人・医師の看病むなしく八月十三日に没した。ときに七五歳であった。

2　淘宮の展開

文政五年、丸三は御留守居番同心組頭に昇進した前後より、同僚の奥野清次郎（元亀斎丸道・南卜）が究めた天源術に感応し門人となり、文政十年、南卜の死去までその教えをうけ、日夜研究に没頭し奥義を極めたという。さらに丸三は当時「天源術を学ぶものは専ら心を運気の吉凶に傾け、若し之に逆ふときは、其冥罰は遠く子孫にまで及ぶものとし、徒らに恐怖するのみ。是等の弊害は伝来久しきがゆえ容易に除き難し」と、天源術の停滞を把握し、南卜に学びつつも「彼等が固陋の弊を看破り、確乎として別に一見識」を確立した。それは「古来徳を修めんとするには、己れの欲に克つを以て主要とすと雖も、其欲なるものは、人毎に種々の別あることを審らかにせざるがゆえに、動もすれば外に求めて己れに復ることを知らざるに至る、然るに一旦己れの気質の片寄る所を悟り得て之を矯正するときは、自ら其徳を明にすることを得べし、古来書を読み理を講じて以て自己の気癖を知り而して之に克つことを得るまでは、多年の修行を要せざるべからす」と、徳は個人の内省に発し、気質の把握が克己をなすことにより達成できるという見解に達したというのである。

丸三は天源術の門人を指導しながら研究を深め、天源の固陋の弊を脱却し「確乎として別に一見識」を掲げるために自らの構想を著したのが、天保四年八月「阿気の顕支」（秋の嵐、後編は天保七年）であった。その書にいわく、

嵐に木々折れたるを見て幹を精神、枝を気質に譬へ初入の門人に示す、思ひのままに枝の延たる木ハ大風に折る、去れども大木にして風に負けぬ程の力有るか又其の枝の釣合に因て折れず、譬ハ小さき花瓶に大枝を挿す活花の手柄の如し、然共危事有り、善悪ともに持前の枝ハ伐り捨る事なり、枝なくしてハ花実あらざるやうなれども素直なる新芽吹きて猶花実増さるなり（中略）世にはやり病と言事あり、風邪熱病其外とも是ハ気質の善悪によらず煩又重きハ死に至る、則人身の変なり、然共前後の養生によるべし、天地もこれ活物なれハ此の理にひと

し、力を用ひて考ふべし、幹は十二天也、枝ハ十二支地気也、人体にとりて天は精神本心にて是《ぜ》なり、地は十二宮気質にて非なり、天地合て人也、此の十二宮を知らずして我々如きもの何ぞ人欲迷ひを去る術有らんや、又去りて徳有る理を知らんや、人々欲あらばこの徳を求めて一家を治めて難有御世に平らかに住み、日々喜悦しておくるべき事なり、淘宮術に入らずして此意味を知らんや、能く考へよく工夫して学び玉へかしと。

丸三が師匠亡き後の研鑽、刻苦のなかで天源を克服し、淘宮の構想を示したのが「同書」であった。天地万物に意思がはたらいている、宇宙が統一的な法則をもっていると考え、そのもとで、人はこころを従順にして淘ぎ、人と為るべき道を修行するのが淘宮術であると初心者に説いている。だれにも理解できるように、身近な言葉で表現された「阿気の顕支」（秋の嵐）は広く庶民にも迎えられたのであろう。

さらに横山丸三は翌天保五年正月、淘宮を天源淘宮学と命名し、五の道歌を開示した。五文字をかしらにおいた道歌は、丸三の思索と、その構想を表現したものである。

1天道はものいはずしてをしふる（教）を見つけぬうちはとこやみ（常闇）の国 ……（天）

2げんきよく滞らぬがほとけにてよきもあしきも凝りは鬼なり…………………（源）

3たうたう（遠々・淘々）のみちはゆけども足元のつまづく石は見つけざりけり ……（淘）

4きう難（宮難）は外より来たるやうなれどみじん（微塵）つもりしおのが身の銹 …（宮）

5学文（学問）で理屈上手は人に勝つされどおのれに負けどふしなり………………（学）

この道歌の意義を簡潔に述べれば、(9)

1人は天道の指図、すなわち本心の命ずるところに従い行動すればよい、それは、人の心が清浄無垢であれば感受できるのだが、人は気質の欲に覆われてしまう。人は一意専心気質を除き、本心の光明を確立する努力を要する。

2人は眼前の事物にとらわれず、臨機応変にできるのが本心の作用であり、仏の境涯とも称すべきことである。善であれ悪であれ、そこに凝滞するのは気質の所業であり、鬼の境涯である。

3淘宮の修行は幾多の歳月を要し、しかるのちに目的を達すべきもの、一歩一歩、確りと足元に注意し、事毎に気癖の働かぬよう絶えず努力を続けねばならない。

4人の処世はさまざまな難儀のなかにある、人は一途にこれを免れようと苦慮し、他に頼り、果ては天を恨む。心の宮難は因果の道理にもとづくもので、自分の気癖の凝りが積もり難を招いたのである。屈せずたゆまず修行につとめて運勢を取り直したい。

5論争は勝に拘り、負けたくないとの気質よりおこるもので、本心は全く気質の雲に覆われ、胸は永く不安に閉ざされる。論争に勝とも、己が気質にまけているのである、修行により己に克たねばならない。


五文字を中核とした淘宮の道歌は、さらに口伝による淘話において、次々と新たな道歌を生みながら展開した[10]。淘宮の思想は、神仏への信仰のように「社寺境域」の存在によるものではなく、心の哲学としての自立性をもっていた。受容した人々の実態をみると、修行に心の安らぎを求める者もあれば、開運に連なるものとのみ合点する人も生じている。

3　淘宮の危機と再興

天保初期以来、淘宮学（術）は江戸を中心に展開した。指導者も受容層も江戸の武士・庶民であり、情報力の乏しい時代であるから、遠隔地への普及は明治の再興期を俟たねばならなかった。また、丸三の薫陶をうけた、前述の六皆伝がおのおの武士の出身であったことも、その一因をなしたのであろう。六皆伝は大名一人、女性一人のほか四人が旗本の家柄であった。

淘宮学の修行は淘話・道歌を中心にしたものであり、日常性をおびた心の開放にひかれて入門者は増加し淘話会も開かれ、巷間に淘宮現象が生じた。丸三はそれらの傾向を察し、弘化二年（一八四五）天源淘宮学を開運淘宮術と改め、また〈十二宮の気質の教〉の充実をはかり、「十二の辛苦」や「十二童子教歌」などを著した。この年以降、入門者は激増し年七〇人を超え、天保五年より嘉永元年（一八四八）、淘宮の活動停止までの一五年間に、通算一〇四四人を数えたのである。(11)

このように江戸市中における淘宮現象の高揚は、幕府が問題視するほどであった。化政・天保期は種々の宗教・異学・風説が圧迫をうけた時代である。たとえば富士講も内包する特異な信仰性が糺問され、また吐菩加美講の井上正鉄は異端的な神道説を流布した理由により、天保十四年（一八四三）伊豆三宅島に配流されている。

嘉永元年九月、若年寄は配下の御留守居番同心隠居の横山丸三を呼び、淘宮術について糺問した。若年寄大岡主膳正忠固（在職天保七年九月四日～嘉永五年七月四日死去迄）(12)の糺問事項は、丸三の職と実情、天源術の承継、弟子の処遇、天保十三年屋敷類焼の件、弟子のうち幕府役人・諸侯の有無など、六ヵ条にわたるものであるが、その内容は、淘宮を異端として穿鑿する観点ではなく、したがって淘宮術の本質を糺すものではなかった。丸三は弁明にあたり淘宮の本意を開陳することを避け、不二道や吐菩加美講のごとく、訴え抗する姿を微塵も示さなかった。以下に丸三の弁明の概要をあげておく。

①小普請組より御留守居番組頭として、肩衣着用に至るまで、職務のあい間に、幼少の頃に習得した鼓鳴物を教え謝儀を得て、扶持に加えて老母妻女を養ったこと。

②天源術より開運淘宮術への経緯を説明。

③門人からの謝儀は初伝二分、中免三分、奥伝二両二分と定めたが、庶民のなかには一分・扇子・鮮魚などを差出す場合もあり、金銭には拘泥しない。また諸侯・旗本衆は思召し次第である。なお二季の謝礼は二朱より二両二分迄で、身分により高下ありと述べた。

④入門手続きは神仏聖人への誓詞で他言は慎みたいが、十二支を認め、かつ唱えて誓詞血判をする、ただし町人・婦人は爪印である。その後焚き上げの修法にすると述べた。

⑤天保十三年の牛込赤城の大火による類焼および普請に際し、見舞品以外、弟子などより金子の無心出銀は皆無であること。

⑥弟子についての質疑に対し諸侯・幕府役人、町人などの人名を列記した。また奥方・家来を含めて一屋敷三〇人～五七人の例もあること、尾州・田安・仙台侯の奥女中の入門もある、等々の答弁をした。

この弁明に対し同年十月、若年寄大岡主膳正忠固は、伝来不詳の道学を教授し、弟子取り、宅にて人集めなど遺憾のこと、以後、右の一切を禁止し、かつ関連する書物を提出せよと命じた。

ただし、「天源淘宮術はお構いこれなし」という裁許であった。さきにふれたごとく、大岡主膳正忠固は淘宮の解明に深入りすることを避けた。忠固は、諸侯が民治を思料して淘宮を修行する経緯を知り、処罰により収拾することに躊躇したのであろう。なお明敏な忠固は、松平定信が為した「江戸幕府日記」の写本・副本のさらに写本を作成し、後世の災厄に備えるべきとの献策を表明し、その事業に着手し、激務繁忙の日を送っていたことも介入を避けた遠因であろう。

丸三はこの件に際し、処罰ではなく活動の禁令であり、淘宮術に一心を傾注すべきと、皆伝者や諸門人に申しきかせて秩序を維持した。ときに丸三は二首の道歌を詠じた。

大船に乗《のつた》た心の我が噂さ遠島なぞと猿猴御苦労

大船に乗た心地の我が淘げ遠島なぞと遠方御苦労

糺問が開始されたとき、市井では吐菩加美講の井上正鉄と同様に、三宅島送りとの流言が喧しく、丸三は道歌により心境を吐露し対応したのであろう。右の二首は「淘詠集」に収載されてないが、安井一守の解釈によれば「猿猴とあるは、根も無き噂に気を揉む緩の気質」をたしなめる、丸三の泰然として天を信じて渝らぬ姿勢であるという(13)。

その後丸三は禁令を遵守した。心の哲学を経験的に語る行為は、ごく親しい門人以外に伝わることはなかった。嘉永六年(一八五三)、丸三は第五の皆伝を与えた幕府書院番の飯田勝美邸を訪ね、天下狼狽するペリー来航を評し、

今や米艦の来りたるは畢竟我国の幸ひなり。唯願くば応接の役員が信義を重んじ胸襟を披いて、年来鎖国の事情を告げ、未だ世界の大勢を詳かにせず。故に交際の法に暗し。願くば誠意を以、百事誘導せられたしと請はゞ、彼、必ず喜んで之れに応ずべし。然らば即ち座しながら、世界に一つの強友を得、是よりして万国の形勢をも知り、又其学術にも通ずることを得べし。兎角時運の此に至りたるは、我国運発達の機近きにあるを知る。是豈に愉快なることならずや(14)

と語っている。淘宮の思考が弾力性をもつ証左である。

淘宮は嘉永元年の禁令により新規入門はもとより淘席も制限され、衰退を余儀なくされた。しかし皆伝の人たちをはじめ、市井にあって確乎たる修行を続ける人々も多かった。第一の皆伝佐野量丸は、慶応元年九月二十九日『修行用心集　竹元斎量丸述』を版刻している。禁止令を憚り、悖ることを恐れて、題箋に淘宮の文字を入れなかった。

この書は「神伝おろそか成らさる心得の事」より、丸三の教えの数々、量丸自身の修行開始より三二年間の体験から、修行出精の心得を述べ「近在の社中方ハ話しの席へ出る事稀なれハ最寄の同門の衆へ相談し毎月五六度少くも三

度位の芋洗の席を設け寄合相談あるべし」と、「芋洗」（のちに「いもあらひ」誌発行）と称する淘席をもって修行を続けるよう訴えている。そして、「日にまして己か非を知るうれしさよ　よなけてあすのたのしみにせん」と結んでいる。

淘宮術は嘉永の禁令、さらに淘祖丸三なきあとは苦闘を続けたが、幕府の崩壊により解放される。明治新政権は諸宗諸寺院をしりぞけ、神道を中心においた。したがって神道諸派・諸修行会派は転変し再編されつつあった。

淘宮の皆伝者たちは竹伝斎佐野量丸をはじめとして、天保期に皆伝をうけた青亀斎青木十丸（文化十二～明治二十一）・新亀斎新家春三（文化十一～明治二十三）・不労庵飯田勝美（文化十四～明治十六）、のちに皆伝をうけた淡々斎吉川一元（文政九～明治四十二）など淘宮活動の公式再開の策として、神道諸会派への加入を模索した。量丸は明治六年、教導職試補を受け、同十二年、平山省斎が結成した大成教会に所属し、淘宮社長を拝命した。また、新亀斎春三は同十一年五月、神田五軒町において淘宮講社を結成すべく、東京府書記官中村光賢に依頼し、東京府知事楠本政隆経由で内務省より認可をえて、同十三年五月、惟神教会淘宮講社長を命じられ、のちに権中教正に補せられている。同様に淡々斎吉川一元も大成教会に属して淘宮の活動をすすめ、明治三十一年五月、大成教淘宮吉川講社長に就いている。一元はこのとき中教正であったが、同四十二年には大教正を拝命した。淘宮の再興が神道諸派に属し、講社によって修行する活動の方向性を確定したのである。

二　地方における淘宮の受容

1　石川宇右衛門と淘宮

地方における淘宮の展開は維新後に顕著である。前述のように、維新政権の宗教対策に関連して淘宮は神道諸派に属しながら、江戸→東京にかかわりをもつ地方の有力な地主・商人や知識層に波及する。瞥見する史料から二、三の例を指摘しておきたい。丸三なきあと、第一の皆伝佐野量丸は、淘宮の講社を公認されると、老齢を厭わず伝を求めて各地で淘会（淘席）を開いた。禁令と淘祖の死による淘宮の停滞を背負い、再興の責務を果たすために地方への進出を意識したのであろう。量丸から皆伝をうけた吉川一元がこれを助け、東京周辺の諸地域に出張した。

埼玉県埼玉郡潮止村（川崎村）の台藤之助・隆次郎・清三郎の三名は、量丸とその夫人陽月に師事し皆伝をうけた。『八潮市史』（資料編　近代二）によれば、藤之助（緑碧斎陽洋）は村会議員、隆次郎は同村長を歴任、ともに村の改良に尽力した名望家であり、治水をはじめとして近隣住民の保全に努力を傾注している。

埼玉県葛飾郡松伏領村（松伏村）の石川宇右衛門の修行について若干の史料が得られたので検討しよう。石川宇右衛門は天保八年（一八三七）二月二十七日、武蔵国葛飾郡松伏村に生まれた。同村は近世初頭より石川本家が「富豪にて世々民部と称し里正を勤む」と代々名主として君臨したことが『新編武蔵風土記稿』にみえ[15]、天正・慶長期より土豪的存在であった。「石川民部幸正家訓記（明和五年）」「石川民部幸房家訓記（安永二年）」（石川家文書）によれば、石川宇右衛門家は本家の民部より五代を数える幸重（法珠）の義弟、幸房を祖とし分家したことがわかる[16]。

宇右衛門家は江戸中期より農業の傍ら醤油醸造などを営み、柳屋と号して商業分野に進出した。持高も村落の最上層にあり、明治四年の統計によれば表37のごとく、二〇石以上層の上部に位置していた。同村は一石未満が戸数の四二％占める一方、その合計所有石高は村民総持高の僅か一・四％であった。多数の村民は江戸時代より小作人として働き、地代の米麦を地主に納入した。小作米麦は酒・醤油・味噌として、庶民向け商品に加工されて江戸（東京）市場へ販売し、比較的安定した価格維持により、地主経営を補完したのである。葛飾郡や近接する千葉県野田周辺の醸造業者は極度な収益を求めず、恒常的な安定経営を期待していた模様である。

石川宇右衛門家も地域の趨勢のもとに、自己の醸造量を増やしながら、明治二十年代の初め、東京府南葛飾郡大嶋

表37　明治4年，武蔵国葛飾郡松伏村住民の概要

階　層	戸　数	階層別石高	全持高に占める割合	全戸数に占める割合
20石以上	18	1073石286合	57.6%	7.2%
10石以上	33	433石843合	23.3%	13.3%
5石以上	31	227石349合	12.2%	12.4%
3石以上	21	83石533合	4.5%	8.4%
1石以上	43	13石708合	0.7%	17.3%
1石未満	103	30石246合	1.6%	41.4%

註　この表は，明治4年3月武蔵国葛飾郡松伏村未年宗門人別書上帳（石川福家文書）により作成した．埼玉県北葛飾郡松伏町総合調査資料報告参照．松伏村は高1919石5斗9升7合，そのうち本家石川翁輔447石8斗1合4勺．

村一五番地に販売店を設けて、同二十四年には代理人信田幸内に任せ、さらに翌二十五年五月、同市神田区佐久間町三丁目に醬油販売店を設立し、二男幸次郎を出張させている。(17)

また維新後、石川宇右衛門は松伏領村の戸長をつとめ地域行政に重きをなしていた。(18)当時の村役人・地主層は地租改正後の増徴策により不安定な経営に陥り、また村内没落農民の激増による村の動揺に悩むものが多かった。かれらは精農であり、地域の知識人であり、また村政の指導者でもあったからである。

石川宇右衛門が淘宮に入門した直接の経緯は不明であるが、村内有数の家筋にあり、戸長として村民善導の強い意志を持っていた。おそらく潮止村の台藤之助などと同様であったと思われる。

石川宇右衛門は明治十二年四月一日には、淘宮講の中教正佐野量丸の門人となっていたようである。

宇右衛門が記した記録によれば、

東京湯島三組町八十五番地　中教正佐野量丸門人

明治十二年四月一日甲寅

埼玉県武蔵国北葛飾郡松伏村百六十番地　平民　石川宇右衛門

とあり、別に書き添えて、

明治二十一年十月八日　佐野量丸遷化、陽月斎佐野喜志子継続在り

東京神田中猿楽町十一番地　少講義　吉川伊哲先生

とみえる。

竹元斎佐野量丸が同二十一年に没した後は、その夫人佐野陽月斎や淡々斎吉川一元（吉川伊哲、明治四十二年没）のもとで修行に勤めた模様である。

一元は佐野量丸から皆伝をうけ、老いた量丸を補佐し、その門人たちの現地指導のために出張して淘席を開き、門人を開拓している。宇右衛門の「思記録」というメモに量丸と一元の淘話や、宇右衛門自身の修行記録と道歌などが見られる。

石川宇右衛門も淘宮術の有力門人がたどった行動の原理に倣い、佐野量丸の門下より明治十七年一月に、神道大成教会に加入している。おそらく淘宮講社のすすめであろう。

宇右衛門の願書は次のようなものであった。

拙者儀年来敬神罷在、且淘宮術伝ヲモ受居候旁神道教義ニ従事仕度志願ニ付、本教大成教会江加入仕度、此段奉願候也

埼玉県北葛飾郡松伏村百八十三番地

戸長　石川　宇右衛門

天保八年二月廿七日生

明治十七年一月十九日

神道大成教管長

大教正　平山省斎殿

（割印）書面請願之趣承認候事

明治十七年一月十九日

神道大成教管長

大教正　平山省斎　御印

石川宇右衛門

敬神戴上ノ志趣ヲ以本教会員タルヲ表スル為信牌及信記ヲ附ス

大成教管長

大教正　平山省斎　御印

信牌御印

右のごとく石川宇右衛門は埼玉県大宮町において平山のもとに願書を提出し、即日承認され、同時に信牌・信記、規則大要付録などが与えられたのであった。

加入願いを受理した大成教管長平山省斎は、文化十二年（一八一五）陸奥国三春藩家中黒岡活円斎の子として生を享け、才知を見込まれて幕臣平山家に迎えられた人物である。周知のごとく、安政元年（一八五四）ペリー応接の役を果たし、同四年には目付岩瀬忠震に同行し、長崎においてオランダ・ロシアとの条約締結にあたった。その後省斎は書物奉行に任ぜられたが、将軍継嗣問題により一橋派とみられ免職になった。しかし慶応元年（一八六五）二の丸留守居より目付にすすみ、同二年八月、外国奉行となり将軍の信任をえたのである。さらに省斎はフランス公使ロッシュとの交渉に主導的な役割を果たし、同三年四月若年寄並兼外国総奉行となった。幕府崩壊後は慶喜にしたがい静岡に屛居し、省斎はこの地において神道家となった。明治六年上京し、埼玉県の大宮氷川神社大宮司となり、翌七年、

埼玉県中教院を同社社務所に設けたのである。(19)

さらに省斎は、禊教・淘宮・天元・儒教・心学などを研鑽して、新たに教派神道系の大成教を創始し、明治十二年に大成教会を結成した。そして同十五年、教派神道の一つとして独立をゆるされ、神道の布教と庶民の教化にあたった。省斎は教祖として庶民の善導をすすめ、修行は禊祓の修法と淘宮術をとりいれ「静坐調息・立誓・内外清浄により気法を変化させ、安心立命を得る」と説いている。

松伏村の戸長石川宇右衛門に対し試問もなく即日加入を認めたのは、省斎が竹元斎量丸のもとにおいて淘宮の本義を体得した経緯から、宇右衛門の淘宮および神道修養への情熱を察知したからであろう。

宇右衛門は淘宮者と同時に大成教会員であり、知己に修養を勧め、明治二十二年十二月五日の淘会に女性五人、男性一二人の会員をあつめている。また加入希望者の保証人になっている。

さて、宇右衛門の淘宮修行をしめす史料をみると『淘歌集』(「淘詠集」の写本であるが、慶応二年以降の道歌も混載している)などの簿冊や、観相の初伝(簿冊)・別伝(簿冊)、あるいは明治十四年四月、当時惟神教会淘宮講の社長であった新亀斎春三が、淘祖丸三の直筆「我身をためして」を社中に配布した写本等、多数残されている。

次に、宇右衛門が修行に身を挺した二、三の史料を示し、かれの意識をさぐってみよう。

宇右衛門は前述のように明治十二年四月一日、佐野量丸が七二歳のとき入門し、初伝を許され修行をはじめる。多くの入門者と同様に村落内にあっては富裕層であり、かつ宇右衛門は寺子屋を経て漢学の塾生に上り、教養に恵まれていた。

宇右衛門に与えられた初伝は、

(表紙)「初伝　　石川」

淘宮初伝

三論之事。大輪　　歳　六十迄。　　中輪　　月　四十迄。小輪　　日　二十迄。

各二十年ツツ強イ運。但し口伝。向支。

是ハ七ッ目に当る宮を云、

（以下、一〇紙略の最後に）

初心の社中朝夕の祈禱

活て居る天地へ誓詞しれ修行大事に罰を忘るな

十二宮心にかけて覚えおけそらでしらるば一生のそん

己が身にありし仕合不仕合みな図にあたる三論はとけ（淘）

黒星をよく淘けれハ変化して白星よりも立まさる運

人の非にかまけて居るな己か怨を常に心にかけるとうきう（淘宮）

（中略）

右　七十二歳　量丸

次いで十二宮の修行がおこなわれた。同様の例は相沢菊太郎も入門直後の「日記」により「淘宮術にて酒盛の十二客を考定し網野へ差出す」と記しており、初心者の学習課程の一つであったことが知られる。宇右衛門は次のように考定している。

酒もり十二客

一酒の席にて始終はかまをぬがぬ人　　　　　結

一さっさとのんで先へ帰る人　実
一三味せんの隠しげいにてかちを取る人　堕
一こわ色をつかふ人　緩
一音曲や芸をふかく感心してきく人　老
（以下、奮・演・練・合・豊・止を略す）
一おどりが始ると割れ物や道具を片付る人　慈

石川宇右衛門

淘宮が入門初歩において、身辺における必須な徳目を修行・修養し淘ぐことの発想と思考を体得させたことが知られるのである。また表紙を欠き無題の記録、仮に「石川宇右衛門修行記録」と呼ぶが、宇右衛門は、

○当時ニ放心致して居り我か身に神の在ことをしらすいまして淘けやうもしらず、万事気侭の行跡《ふるまい》のみに穢れ。人の痛憂もかへり見ず、よからぬ事を行《な》しよからぬ事をいひ。よからぬ事のみ思ひめぐらし、他のよしあしを批判し、我に勝るものを厭ひ、我に諂《へつらふ》ものを悦ひ、人の善事《よきこと》を嫉み、我勝ちの我儘に暮したと内省を深め、さらに、

○人を欺き詐《いつわり》怨念嫉憎（ねたむ）と思ふ事もなく嘲《あざけりそしる》謗事もなく、邪欲邪推をすることなく、媚諂《こびへつらひ》穢にふれされば、心のもの忌みもととのほりて、我神明の守つきすして身安く家富栄ん事疑へからす。

一、常々我身の神を斎奉といふは悪敷事を思はす、悪事をせぬやうに勤むる也。
一、気の僅かにうごけば其よしあしはしるる也、悪ならば其わずかに気のうごく所にて二念をつかず払清むべし、二念は神道の穢とす、伊勢の二見の浦にて垢離をとるも、二念の穢を払清むる教しへ也。倭姫の世紀にもはや

二見のうらといふも、二念の悪敷ことは見まじすまじと誓て払清めて参宮する所也。
一、常々のこと我等尖（とか）に敷、角闘《つの》たち面目醜《おそろ》しきは福神の姿にあらず教にあらず、我顔つき和悦に愛しく言葉も柔順ならんとねかふべし。
一、神明の天にましますを事をわするべからす。
一、神道は我胸の天に神坐を以常に穢しきをはらひ清むるを以、こころのつつみとす、此ゆへに神事も人事も一にして別して心清笑楽み。
一、神道の工夫は常に我独穢き所を顧みて其穢を払清むる事也。
此の修行常にわつかに発けば其のよしあしは知るる也、我独穢き所を顧みて其穢を払清むる也。

と、大成教に入り神道の研究とあわせ、淘宮の修行につとめるのである。そして、「神は聡明正直なるもの也、人能礼を以て神を敬ひは、神必す人に福を与ふ、若不礼を以て神に近けば祟りを受るなり」と畏敬の念を記している。その後、明治十九年・同二十一年の宇右衛門の道歌により修行の道程を知り得るのであるが、煩瑣にわたるので略し、晩年の気概を紹介しておきたい。

宇右衛門は大成教の会員になって一〇年を経た明治二十六年の暮、

（表紙）「廿六年十二月来　思記録」（石川宇右衛門修行記録）を残している。
一、いまここ計りにて明日にも知れ難き命と決心しているを疑ひ、又さきは何十年もあるとするなり、さなければ楽みなし。
一、思ふもの多きに至る恐れあるも免れず、然れども祖先は皆汝に出て、汝に帰るもの也、他の与り知らぬ所に非ず。ままならず身は浮き船ぞ時代の風にさからはて淘け。

一、あま照らす神の利益はよなげ（淘）にて、欲不服か妙といふらん。
○恥かしや顔ては気質はたらかせ、いつもまかほに作る人前。偶然とよなけもせずにすましては、口は達者て運は開かず。

と、淘宮を体得したようすである。そして悩み多い友人に次のような言葉を送っている。
○渡辺君、師の厚恩を報ゆるには淘けなり、淘るには陽発致し喜先よく、有難く嬉しく有かたい事を能く考へよく押して気質を退散致さんことなり。
古歌、人多ふき人の中にも人そなき、人になせなん人に成るひと。どふか日止に近付くやうに励んで修行を慰まんことを志願する。

さらに老友には、
○荻原老君、老を立てることとくしけたら立て直し、足元の石、足元のぬかる道も先はよいと思つて淘すれは難儀てもないな、など。

と激励し、自身は、
日月の徳は我が身に有ながら気質の雲をたててそんする。

と、戒めを綴るのである。

明治二十一年五月十七日に吉川一元は淘席において、宇右衛門に御示しの言葉を与えた。

此の体天地の御細工なれし御宮也、中に神の在す此神を信し祈れば必利益有るもの厚く致すること也。

宇右衛門は「御示しに思ふことを取り捨ててすっはり取さりて其の所か運、心付いたら直くによなけて」と学び、経営の悩みも「節約と労働とハ人に満足を得せしめ又往々富饒を得せしむるの源なり、浪費と遊惰とは鉅万の冨を有するものをも頓ニ窮乏に至らしむるの源なり」と精神修養を続けている。

また、ときには漢文によって淘意を記録することもあった。その一部分を掲げると、

○一念之全、吉神随之、一念之悪、厲鬼随之、知此可以使役鬼神
富貴家宜学寛、聡明人宜学厚
先淡後濃、先疎後親、先遠後近、交友道也
人常想病時則塵心便滅、人常想死時則道念自生
過分求福、適以速禍、安分遠禍、将自得福

（後略）

石川宇右衛門の史料は散佚し僅かな断簡類をみるにすぎないが、日清戦争景気が後退し経営が停滞すると、内省に加えて社会観があらわれる。晩年をむかえた明治三十二年頃、次のような記録を残している。

宇右衛門は太公望の「六韜」の書にある「六賊七害」を用いて、現状の政治状況にかさね合わせ次のごとく論じている。すなわち、その六賊は、

一、臣大に宮室他榭を作り遊観唱楽する者あり、王の徳を傷ぶる。
二、民農桑を事とせす、任気遊俠し、法禁を犯し歴て、吏の教えに従はさる者あり、王の化を傷ふる。
三、臣朋党を結び、賢智を蔽ひ、主の明を障る者あり、王の権を傷ふる。
四、士志を抗け、節を高して気勢をなし、外諸侯に交り、其の主を重せさるものあり、王の威を傷ふる。
五、臣爵位を軽むじ、有司を賎しみ、上の為めに難を犯すを羞る者あり、功臣の労を傷ぶる。
六、強宗にして侵奪し、貧弱を凌き侮る者あり、庶人の業を傷ぶる。

王の徳、王の化、王の権、王の威を傷り、功臣の労を傷り、庶人の業を傷ぶる、天下は終に太平なるを得ざるなり。

また七害については、

一、知略権謀なくして重く之を尊爵す、故に強勇戦を軽して外に僥倖す、王者謹むて将たらしむる勿れ。

二、名ありて実なく、出入異言して善を掩ひ悪を揚げ、進退功をなす、王者謹むて與に謀る勿れ。

三、其の身躬を朴にし、其の衣服悪くし、無為を語て名を求め、無欲を言て以て利を求む、此れ偽人なり、王者謹むて近く勿れ。

四、其の冠帯を奇にし、其の衣服を偉にし、博聞弁辞にして、虚論高議し以て容美をなし、静処に究居して時俗を誹る、此れ姦人なり、王者謹むて寵する勿れ。

五、讒佞苟も得て以て官爵を求め、禄秩を貪り、大事を圖らずして利を貪て動き、言説虚論を以て人主に説く、王者謹むて使ふ勿れ。

六、彫文刻鏤をなし、技巧華飾して農事を傷ふる、王者必ず禁ぜよ。

七、偽方異技巫蠱左道不祥の言は、良民を幻惑す、王者必ず之を止よ。

と曰ふ。其の尤も今の世に適切なるは三・四・五是なり。其の所謂偽人と姦人とは、官吏中の稍頭角を抜き、政客中の名声あるもの多く此の類なり。

第三種の人にあらすむば必ず第四種の人、而して世之を喚むて政治家と曰い、之を尊崇す。太公望は一を偽人と曰い、一を姦人と曰ふ。政治家は遂に偽人と姦人とに免れざる歟。第五種の人に至ては、官吏と政客とを問はす普通に此の風習を見る。天下は滔々として此の如し。明主上に在りと雖も、輔弼の臣、其の人を得すむは、雍熙の政、遂にみるへからさるなり。此の国家民人を如何すへき。

斉藤拙堂曰ふ。

天下雖有大才必用而後見其為才矣才不自才也用者大也則才亦大

大才と雖も用ふるもの大ならすむは其の才を全用する能はす、之を用うるの人にあらずして彼れ大才に非すと曰ふは、瞽の銅槃を撫して日の大さを擬すると一般なり、陋も亦甚たし。今の世、世才なきに非す才自ら重むせす、又用ふるの人を得す、故に皆其の才を全用する能はすして止む、用らるてものは自重して、用ふる人を得るを待つべらる人も自ら大にして大才を容るての器を開くべし、然らすむば才の天分に負《そむ》き天錫を殺すること尠からず、政党内閣を当初の旗幟としたる人、毫か藩閥内閣と苟合して事をなさむとするは天分に負くものにして、又天錫を殺するもの、惜しむべきかな。（傍線筆者）

このように淘宮に傾倒し修行に励んだ宇右衛門は経営の停滞や、時局・地租の問題等について、本家の石川鳳蔵(20)と語ることがままあった。

宇右衛門は第一議会以後の地租軽減派と地価修正派の対立などにも注目したが、鳳蔵は中立的立場であった。宇右衛門は右のごとく、斉藤拙堂の天下大才あるといえどもの文言を引用して、第三次伊藤内閣が自由党の板垣入閣を拒否し、さらに地租増徴案が否決されると解散の挙に出た政争を批判したのである。増税批判の新聞論調などを我が意として感懐を纏めたのであろう。この年の晩秋、第二次山県内閣が発足し、明治三十一年十二月、地租増徴・地価修正法を公布した頃、石川宇右衛門は倒れ、病床に臥し、明治三十三年七月に没したのである。

表38　明治5年，神奈川県高座郡橋本村住民の概要

階　層	戸　数	階層別石高	全持高に占める割合	全戸数に占める割合
70石以上	1	71石873合	20.2%	0.6%
40石以上	1	40石082合	11.3%	0.6%
30石以上	1	30石384合	8.5%	0.6%
20石以上	1	27石498合	7.7%	0.6%
10石以上	2	35石614合	10.0%	1.3%
5石以上	7	45石389合	12.8%	4.5%
3石以上	5	21石085合	5.9%	3.2%
1石以上	25	40石144合	11.3%	16.2%
1石未満	111	43石913合	12.3%	72.1%

註　この表は，『相模原市史』第3編近代資料編94-97頁を加工し，表37に準じて作成した．戸数155軒（内大神宮1軒高記入欠を除く154軒）．

2　相沢菊太郎と淘宮

神奈川県高座郡橋本村の地主相沢菊太郎は、明治十八年（一八八五）より昭和三十七年（一九六二）まで、七八年の間、一日もかかさず日記を書き続けている。『相沢日記』と呼ばれる大記録である。小木新造氏の『ある明治人の生活史—相沢菊太郎の七十八年間の記録—』により周知され(21)、日記をよむ誘惑にさそわれた人も多かったであろう。相沢菊太郎（以下、菊太郎と記す）は慶応二年（一八六六）、橋本村の地主、安次郎の次男として生を享け、長じて営農の工夫に力をいれ、また村民のために身を挺して公務に従事したことが、日記から詳細に伝わってくる。

相沢家は、明治五年の橋本村戸籍表(22)によれば、元名主であった父安次郎は、村内筆頭の持高七一石八斗七升三合二勺、家族六人を擁する地主であった。同村の戸数一五五軒（その内、大神宮を除く一五四）を概観すると、表38の通りである。一石未満の農民戸数が村の七二・一%をしめながら、その持高は全持高の一二・三%にすぎない。このような村落を安定した地域として維持するためには、旧来の村落共同体を保ちながら、地主も小作も共に精農であり続け、怠農は許されないことであった。

自然環境は純然たる畑作地帯であり、八王子と横浜がこの地域の経済構造を規定し、したがって商品的農業生産が中核であり、それゆえ、作付けの品種、輪作栽培の技術など、たゆまぬ努力が必要であった。しかし勤勉な農作業のみで経営を維持できる時代は終わっていた。

菊太郎は村の洋学教室に精勤し将来を期して、また農業雑誌・新聞などから広汎に情報を集約し、アメリカから種を取り寄せ、農器具を輸入するなども実行している。また改良新種の交換や、収量増大の技術を獲得すると直ちに村に広めた。進取の気に富む菊太郎は、古い五人組の相互扶助や、共同体的なモアイ作業が、厳然とした地主―小作関係の存在のもとでは、矛盾を拡大する以外の何物でもないことを熟知していた。地租改正を経て地代は変化をとげ、村の階層分化はすすみ、そのため精神的な一体感は喪失し、旧来から内包した村の閉塞はさらに拍車をかけていた。一方において、未熟な政治的風土を席捲した民権運動の波及により村民は成長もしたが、同時に精神的荒廃を深めた。村々の指導層はおおむね地主層であり、幕藩制的な救恤は継承可能であった。しかし精神的救済は、新政権の宗教政策のもとで試みることは困難であった。また共同体の祭祀・仏法は、人々の自立しつつある心を救う力とはなりえないのである。

宗教統制から解かれた信仰や修行の組織もいまだ孤立的で、わずかに蠢動するにすぎなかった明治十年代、前述のように心の自立的哲学となった淘宮は権力の抑圧を解かれ、徐々に淘席（淘会）をもつにいたった。なかでも江戸〜東京から周辺地方に淘席を広めたのは、吉川一元であった。[23] 一元は明治十五年に皆伝を受け門人をもつと同時に、佐野量丸の代理となり、東京周辺に出張して淘会を開いた。八王子・相原・小山・御岳・黒澤・三田・青梅、埼玉県の川口・二合半・松伏・粕壁・越谷・川越、千葉県の柏・野田・行徳・七左衛門村などである。この地方は佐野家の社中とみられたが徐々に吉川一元のもとに入門している。

明治二十年頃、武州相原村の網野貞助[24]は一元や佐野陽月[25]の教えをうけて、相武の村々において淘宮術を説き多数の賛同者を得ていた。菊太郎も網野のすすめに応じ、相沢栄久編『相沢菊太郎　相沢日記』によれば、明治二十一年三月一日、淘宮の社に入門した。この日、網野宅の淘席において吉川一元は入門者にむけて、十二宮の初伝を講じた。一席の後、入門者全員の観相と十二支、おのおのの気質を明言して、はずれることがなかったという。終了すると一元は、同席した小山村の原清兵衛宅へ人力車で向かった。原清兵衛は小山村において筆頭の持高一五石八斗九升三合七勺、家族六人の地主であった[26]。村長や筆頭地主層が入門し精神修行をもとめる姿は、自己の安楽や利徳追求に偏するものではなかったようである。

菊太郎の淘宮への情熱は、精神修養によって村の意識改革を求める希いでもあった。行動の全貌は省略するが日記により察知できる活動は次の通りである。

同年三月六日、初伝をゆるされ、修行にはげみ、同二十六日には酒席の十二客を考定して網野に提出するなど、内省の研究をふかめ、その後も精力的に学習・修行に励んでいる。また各地の淘席に出て、自らも同二十四年九月十六日の淘話を皮切りに、その機会を増やしている。近隣知己や使用人にも入門をすすめ、同十二月十九日に兄の入門を実現し、翌二十五年四月十六日には母親・妻・妹が網野の保証により入門、翌十七日に、網野宅において吉川一元より、おのおの中免をうけたのである。その後も社中の淘席に精勤し、同年十二月十九日、一元より九天の伝を下付され、兄安右衛門も中免に達した。菊太郎は自宅に駐屯した教導団兵士の昼食接待など、不可避な事態を除き、深夜遠路も厭わず淘席に出席したのである。

菊太郎の情熱をこめた淘宮の修行は、武相民権の思想を一身に受けながら、兄の地主経営とともに、分家地主としての自らの経営を確立するうえで、おのれに課した必須の精神修養であった。

この修行法は明治三十年、村役場の助役（明治四十一年より相原村村長）に選任されるまで情熱をこめて続けられた。しかし、公務の多忙さとともに自らの拠ってたつ地主制が、日清戦争後の各種酒造税・営業税法などの増税、ついで明治三十一年十二月、地租条例改正法と田地地価修正法によって、地租が地価の三・三％に大増税されるにいたって、地主経営の深刻な危機を意識せざるを得なかったのである(27)。

この時点で官僚・吏員、あるいは都市上層市民を中核とする淘宮門人層と、地方地主層との精神的乖離に遭遇したといえるのであろうか、菊太郎の日記より淘席の動向は完全に消えて行くのである。

それは同年、松伏村の石川宇右衛門がはじめて示した、政治的な意味合いを持つメッセージ（前掲二七二頁）と同質の問題意識であったと思われるのである。

おわりに

横山丸三の淘宮術は究極的に人格陶冶の哲学であった。何事も固定的な思考が尊重されている体制下において、人格の陶冶は、それぞれの生まれもった性格にふさわしい精神修行によりなされるとの主張は斬新的である。しかも清浄無垢な、本心の命ずるところより行動すればよい。本心の作用は人々がもつ凝滞する気質を淘ぐことができるのである。

淘宮の修行は事ごとに気癖の働かないように、絶えず努力を続けることにより達成される。人々は処世の難儀を免れようと苦慮するが、それは他を頼ることとなり、結果的に天を恨む。それは自己の気癖の凝りが積もった難であるから、個人の性格の差を直視して、屈せずたゆまず修行し、運勢をとり直すことが大事であると。

すなわち精神修行による自助論により人格陶冶をなすと主張したのである。しかもその修行は、難解な語彙を連ねた抽象論の著作ではなく、淘席という参加者の発言、淘話によって、心の凝りを解いて向上する手法であった。参加者は淘話をおこなうことにより、思考も行動も淘ぎ、人格陶冶にすすむのである。士農工商、男女の差なく淘話に加わり、一定の教程を上るものであった。

心を鍛える自助論的人格陶冶の体系をもつ思想構造は、個人主義的内省であった。当然受容層の直面する問題意識の異同は存在し、心の内奥を社会観が占めるとき、新たな近代的人格による行動がはじまる。生きることの中核を同じくする、石川宇右衛門や相沢菊太郎の日常が、変化をもたらしたのはその基点からであろう。

本節では分析に及ばなかったが、淘宮の受容層の中核は近代市民層・知識人層による人格陶冶の健全な組織化であった。その動向については後日を期したい。

〔付記〕淘宮の調査にあたり二〇〇六年四月以来、社団法人日本淘道会理事長原田茂々子先生に御教導を賜りました。記して深甚の謝意を表します。

註

（1）島野隆司「小用鋳物師少考」（『埼玉県立歴史資料館研究紀要』第一七号、一九九五年）。同「小用鋳物師遺品集成1・2」（『同紀要』第一八号・第一九号、一九九六・一九九七年）。
（2）吉田稔「史料から見た埼玉の流鏑馬」（『埼玉県立歴史資料館研究紀要』第一八号、一九九六年）。
（3）大槻宏樹『近世日本社会教育史論』（校倉書房、一九九三年）三〇〇頁。
（4）安丸良夫「民衆思想の展開」（金井圓編『総合講座　日本の社会文化史2封建社会』講談社、一九七四年、のち同『日本ナショナリズムの前夜』朝日新聞社、一九七七年、に収録）一四七頁。
（5）小木新造『ある明治人の生活史—相沢菊太郎の七十八年間の記録—』（中公新書、一九八三年）一六二頁。

（6）六皆伝とは竹元斎佐野量丸・森鶴斎久留島丸一・青亀斎青木十丸・陽気庵相原貞三・不労庵飯田勝美・新亀斎新家春三をさす。

①佐野量丸　文化四年、幕府御家人御譜代席青木家に生まれ、祖父佐野氏を継ぐ。歌人香川景樹の門弟でもあり数千の淘歌を詠む。天保六年皆伝。

②久留島丸一　文化八年、豊後森藩の久留島伊予守通嘉の嫡子として生まれ、天保五年入門。禄高一万二五〇〇石の小藩であったが、淘宮を藩政・民治に活かしたという。嘉永四年若くして没した。

③青木十丸　文化十二年、幕府御家人御譜代席青木家に生まれ、佐野量丸の実弟である。天保十四年皆伝。

④相原貞三　寛政五年、江戸両国の割烹に生まれ、浅草蔵前の札差上総屋相原随岸に嫁ぎ、家運を興隆した。天保十四年皆伝。大名・旗本の奥向きに淘宮を伝えた。

⑤飯田勝美　文化十四年生まれ、庄蔵と称し天保十一年入門、弘化四年皆伝をうけた。『諸向地面取調書』（内閣文庫蔵）によれば「書院番　白須甲斐守組　飯田庄蔵　居屋敷　赤坂大沢町二四三坪　拝領屋敷　浜町元矢の倉　三二五坪」。飯田勝美は書院番組に属していたが維新後、徳川慶喜に従い駿府に隠棲した。

⑥新亀斎新家春三　文化十一年、小石川白山御殿跡で生まれた。父は幕臣新家与五左衛門、天保二年家督を相続し、天保六年入門し同十四年皆伝をうけた。

なお六皆伝に準ずる淡々斎吉川一元は文政九年、幕臣久野玄蔵の二男として江戸茅町に生まれ、のち能狂言・茶道宗匠として将軍家慶に仕えた吉川正慶の養子となり、弘化元年入門、淘祖丸三没後、竹元斎量丸より安政二年に奥伝、明治十五年皆伝をうけた。一元は維新政権の施策下、淘宮存続の艱難を乗り切った中興の祖である。

（7）辞典類の記載も『大日本人名辞書』（同書刊行会、一八六六年）、『日本人名大事典』（平凡社、一九三七年、一九七九年覆刻）など戦前版にみられる。

（8）大井正元編纂『春亀斎　横山丸三先生御伝記』（淘友会、一九四〇年）。同「写本」。日本淘道会編『淘宮』（日本淘道会、一九九四年）などによる。

（9）横山丸三「淘詠集」巻頭の五首、解釈は若干異なるものもあるので、本節は淘友会発行の『淘詠集講義』を基本とする。

（10）淘宮術はおのおの修行のなかで、淘ぐ心の内省を確認し、自由な道歌に表現している。したがって皆伝の竹元斎量丸は「壱心を貫けハ気質変化の楽」といい、「おのれ天源の門に入る事三十六年、淘宮と改号してより三十二年、月日に関守なくして尊師に分かれ十二年の今歳となり、こしかたをかへり見れは修行におこたりては罰を蒙り、進みて八広大の利益を得る事汐のさし引のそれより速なり、されともゆるむが故に猶足らぬこと多し、恥ずかしき事也」と『修行用心集』に述べ慶応元年に版刻している。また新亀斎新家春三は『新亀斎淘歌集』、淡々斎吉川一元は『一元集』等々、道歌集を刊行して指導にあたり、門人は淘祖以下皆伝の道歌を写し、また自らの道歌を加えて修行した。したがって写本のなかに「淘詠集」をはじめとする多様な道歌が混在して伝えられている。

(11) 日本淘道会編『淘宮』(社団法人日本淘道会、一九九四年)による。なお入門者は庶民より御家人・旗本・諸侯などさまざまな身分・階層に及んでいる。なかでも淘祖直門の諸侯は、久留島安房守通容(豊後森藩)、南部丹波守信誉(陸奥七戸藩)、稲垣安芸守太篤(近江山上藩)、諏訪因幡守忠誠・諏訪伊勢守忠怒(諏訪高嶋藩)、井上筑後守正和(下総高岡藩)、三宅土佐守康直(三河田原藩)、一柳土佐守末延(播磨小野藩)、加納備中守久徴(上総一ノ宮藩)、竹腰兵部少輔正富(美濃今尾藩)である。諏訪・竹腰両家は三万石余であるが、他は全て一万石余の小藩である。

(12) 『柳営補任』第一巻(東京大学出版会、一九六三年)三三一頁。

(13) 安井一守「淘祖遺詠(その三)」『淘之友』(淘友会、一九三六年)二頁。

(14) 大井正元編「春亀斎横山丸三先生御伝記」(慶応丁卯三年飯田勝美の跋有り)。

(15) 『新編武蔵風土記稿』第二巻、一六七頁。なお宇右衛門の本家、石川民部家について調査報告書は以下の通り。大河内博「ある豪農の盛衰―石川民部の系譜―」(『月刊東京書籍高校通信日本史』一九七五年)。宇高良哲「近世新義真言宗本末制度の一考察―特に松伏静栖寺を中心として―」(『八潮市史研究』第一〇号、一九八五年)。松伏町教育委員会『松伏町史資料第一六集　町有石川民部家文書』解説、一九八七年。

(16) 石川民部家は四代幸正が関東郡代伊奈氏や葛飾郡庄内領代官小嶋庄左衛門の奨励策をうけて開発をすすめ、開発土豪地主として地歩をかため、五代は養子幸重が継嗣、幸重の女に下総小金より宇右衛門幸房を迎えて別家を立て代々宇右衛門を襲名した。淘宮を修行する宇右衛門は八代目である。

(17) 明治二十四年四月一日、石川宇右衛門より信田幸内宛委任状。明治二十五年五月、二男幸次郎婚姻祝の謝辞。

(18) 明治十三年四月十日、松伏村字本田圦自普請協議費出金覚(飯島家文書)などの記録による。

(19) 埼玉県教育委員会『埼玉人物事典』(埼玉県、一九九八年)

(20) 石川鳳蔵（民部家一四代）は明治二十九年郡会議員、その後県会議員。多額納税議員互選人名によれば地租一二五一円、所得税一〇三円、合計一三五五円の税額であった。
(21) 相沢栄久編『相沢菊太郎　相沢日記』（一九六五年、私家版）。
(22)『相模原市史』（第三編　近代資料編）九五頁。
(23) 吉川一元は弘化元年、丸三のもとに入門し、その没後、量丸について修行した。一元は江戸城本丸・西丸奥勤めを経て東京府の行政確立に活躍し、明治十五年退官とともに淘宮の奥伝を量丸より受けて府下・近県まで淘席に出張し活動した。
(24) 網野貞助は佐野量丸のもとに入門し、武相農村の淘宮普及の上で中心的な役割を果たした。量丸没後は夫人の佐野陽月のもとで修行し、明治三十五年十一月三十日、皆伝をうけ竹延斎陽節と号した。
(25) 佐野陽月は高井蘭山の孫で佐野量丸のもとに嫁ぎ、明治二十一年量丸の没後、佐野講社を継ぎ多くの皆伝を育てた。武相の農村まで淘席に出張し、指導にあたった様子が『相沢日記』に散見する。
(26)『相模原市史』（第三編　近代資料編）神奈川県高座郡小川村戸籍、一〇〇頁。
(27) 小木新造註(5)前掲書、二八頁。

あとがき

本書は「はしがき」において触れたように、二〇一〇年前後より書きはじめた論考の一部をまとめたもので、内容は農村史の分野から近世史の研究状況に視点をからめて叙述している。

現在、近世史の研究は多様性などが論議され、農村史問題は判然としない状況下にある。その遠因のひとつは、国の命運を左右する食の自給問題が軽視され、国の土台である農業をかえりみず、そのため村が消えようとしているからである。

たしかに、農村史は逝きし世の研究であり、時代にそぐわないことかもしれない。しかし、現今の新たな戦争時代の到来を目にして、かつての昭和の戦争時代を想起すれば、農村史を学び、その根底に存在する「平和な暮らし」を構築する、人々の心性に触れることも忘れてはならないと思うのである。揺れ動く近世史研究の現状のなかで拙稿を編むのは、心もとないことであるが諒承を願いたい。

さて、このたびの拙著を編む発意の一端は、長期にわたり「古文書を訪ねる」（ＮＨＫ学園講座）の一環として各地を訪ね、現地学習のため、古文書所蔵の皆さま、あるいは関係公共機関のご好意によりえた貴重な体験に発している。地域によっては過疎もすすみ、胸をうつような寂寞を感じ、皆さまが口々に村の退潮を深く悩む嘆息を忘れることができなかったからである。

なお、本書の一部は近世村落史研究会主宰の森安彦氏をはじめ会員各位のご指導により執筆し、編集にあたり佐藤孝之氏には懇切なるご助言、さらに校正の労をたまわり、感謝にたえない。会誌『近世史藁』に発表のおりは北田宣夫氏のご協力をえて作成したものである。

最後になりましたが、このたびの本書の刊行にあたり吉川弘文館のご高配にあずかりました。厚く御礼申し上げます。

二〇二四年九月十日

大舘右喜

著者略歴
一九三三年　埼玉県に生まれる
一九五七年　國學院大學文学部史学科卒業
元帝京大学教授、博士（史学）

〔主要編著書〕
『論集日本歴史8　幕藩体制Ⅰ・Ⅱ』（編、有精堂、一九七三年）
『幕末社会の基礎構造』（埼玉新聞社、一九八一年）
『幕藩制社会形成過程の研究』（校倉書房、一九八七年）
『近世関東地域社会の構造』（校倉書房、二〇〇一年）
『武州世直し一揆』（編、慶友社、二〇一七年）

古文書が語る近世農村社会

二〇二四年（令和六）十二月一日　第一刷発行

著　者　大舘《おおだち》右喜《うき》

発行者　吉川道郎

発行所　株式会社　吉川弘文館
郵便番号一一三―〇〇三三
東京都文京区本郷七丁目二番八号
電話〇三―三八一三―九一五一〈代〉
振替口座〇〇一〇〇―五―二四四番
https://www.yoshikawa-k.co.jp/

印刷＝株式会社 平文社
製本＝株式会社 ブックアート
装幀＝清水良洋

ISBN978-4-642-04367-0